国家出版基金项目
NATIONAL PUBLICATION FOUNDATION

智能电网技术与装备丛书

智能配电系统的安全域
Smart Distribution System Security Region

肖　峻　祖国强　屈玉清　著

科学出版社
北　京

内 容 简 介

安全域能刻画满足安全性要求下的系统最大运行范围，是研究一个系统最基本的问题。自 2012 年配电安全域概念提出后，本书首次全面地介绍配电系统安全域理论，梳理其起源和发展过程，阐明配电安全域的概念定义、数学模型、求解方法、观测手段以及性质机理等基本问题，探讨安全域在规划运行领域的应用，还结合智能电网的新特性，介绍配电安全域理论的最新发展。安全域不但能丰富现有的配电网分析理论，而且还是实现配电网安全高效的基础，具有重要的科学意义和广阔的应用前景。

本书不仅可作为研究人员和工程技术人员的参考书，还可作为电气工程专业本科生、研究生的选修课教材。

图书在版编目（CIP）数据

智能配电系统的安全域＝Smart Distribution System Security Region / 肖峻，祖国强，屈玉清著. —北京：科学出版社，2021.5

（智能电网技术与装备丛书）

国家出版基金项目

ISBN 978-7-03-066871-4

Ⅰ. ①智…　Ⅱ. ①肖…　②祖…　③屈…　Ⅲ. ①配电系统-安全技术　Ⅳ. ①TM727

中国版本图书馆 CIP 数据核字（2020）第 222906 号

责任编辑：范运年　霍明亮 / 责任校对：王萌萌
责任印制：师艳茹 / 封面设计：蓝正设计

科 学 出 版 社 出版
北京东黄城根北街 16 号
邮政编码：100717
http://www.sciencep.com

北京通州皇家印刷厂 印刷
科学出版社发行　各地新华书店经销
*

2021 年 5 月第 一 版　开本：720×1000 1/16
2021 年 5 月第一次印刷　印张：16 1/2
字数：332 000

定价：116.00 元

（如有印装质量问题，我社负责调换）

"智能电网技术与装备丛书"序

  国家重点研发计划由原来的国家重点基础研究发展计划(973 计划)、国家高技术研究发展计划(863 计划)、国家科技支撑计划、国际科技合作与交流专项、产业技术研究与开发基金和公益性行业科研专项等整合而成,是针对事关国计民生的重大社会公益性研究的计划。国家重点研发计划事关产业核心竞争力、整体自主创新能力和国家安全的战略性、基础性、前瞻性重大科学问题、重大共性关键技术和产品,为我国国民经济和社会发展主要领域提供持续性的支撑和引领。

  "智能电网技术与装备"重点专项是国家重点研发计划第一批启动的重点专项,是国家创新驱动发展战略的重要组成部分。该专项通过各项目的实施和研究,持续推动智能电网领域技术创新,支撑能源结构清洁化转型和能源消费革命。该专项从基础研究、重大共性关键技术研究到典型应用示范,全链条创新设计、一体化组织实施,实现智能电网关键装备国产化。

  "十三五"期间,智能电网专项重点研究大规模可再生能源并网消纳、大电网柔性互联、大规模用户供需互动用电、多能源互补的分布式供能与微网等关键技术,并对智能电网涉及的大规模长寿命低成本储能、高压大功率电力电子器件、先进电工材料以及能源互联网理论等基础理论与材料等开展基础研究,专项还部署了部分重大示范工程。"十三五"期间专项任务部署中基础理论研究项目占 24%;共性关键技术项目占 54%;应用示范任务项目占 22%。

  "智能电网技术与装备"重点专项实施总体进展顺利,突破了一批事关产业核心竞争力的重大共性关键技术,研发了一批具有整体自主创新能力的装备,形成了一批应用示范带动和世界领先的技术成果。预期通过专项实施,可显著提升我国智能电网技术和装备的水平。

  基于加强推广专项成果的良好愿景,工业和信息化部产业发展促进中心与科学出版社联合策划以智能电网专项优秀科技成果为基础,组织出版"智能电网技术与装备丛书",丛书为承担重点专项的各位专家和工作人员提供一个展示的平台。出版著作是一个非常艰苦的过程,耗人、耗时,通常是几年磨一剑,在此感谢承担"智能电网技术与装备"重点专项的所有参与人员和为丛书出版做出贡献的作者和工作人员。我们期望将这套丛书做成智能电网领域权威的出版物！

　　我相信这套丛书的出版，将是我国智能电网领域技术发展的重要标志，不仅能使更多的电力行业从业人员学习和借鉴，也能促使更多的读者了解我国智能电网技术的发展和成就，共同推动我国智能电网领域的进步和发展。

2019-8-30

序　一

在国际社会推动能源转型发展、应对全球气候变化背景下，大力发展可再生能源，实现能源生产的清洁化转型，是能源可持续发展的重要途径。近十多年来，我国可再生能源发展迅猛，已经成为世界上风电和光伏发电装机容量最大的国家。"高比例可再生能源并网"和"高比例电力电子装备接入"将成为未来电力系统的重要特征。

由中国电力科学研究院有限公司牵头、清华大学康重庆教授担任项目负责人的国家重点研发计划项目"高比例可再生能源并网的电力系统规划与运行基础理论"(2016YFB0900100)是"智能电网技术与装备"重点专项"十三五"首批首个项目。在该项目申报阶段的研讨过程中，根据大家的研判，确定了两大科学问题：一是高比例可再生能源并网对电力系统形态演化的影响机理和源-荷强不确定性约束下输配电网规划问题，二是源-网-荷高度电力电子化条件下电力系统多时间尺度耦合的稳定机理与协同运行问题。项目从未来电力系统结构形态演化模型及电力预测方法、考虑高比例可再生能源时空分布特性的交直流输电网多目标协同规划方法、高渗透率可再生能源接入下考虑柔性负荷的配电网规划方法、源-网-荷高度电力电子化的电力系统稳定性分析理论、含高比例可再生能源的交直流混联系统协同优化运行理论五个方面进行深入研究。2018 年 11 月，我在南京参加了该项目与《电力系统自动化》杂志社共同主办的"紫金论电——高比例可再生能源电力系统学术研讨会"，并做了这方面的主旨报告，对该项目研究的推进情况也有了进一步的了解。

经过四年多的研究，在 15 家高校和 3 家科研单位共同努力下，项目进展顺利，在高比例可再生能源并网的规划和运行研究方面取得了新的突破。项目提出了高比例可再生能源电力系统的灵活性理论，并应用于未来电网形态演化；建立了高比例可再生能源多点随机注入的交直流混联复杂系统高效全景运行模拟方法，揭示了高比例可再生能源对系统运行方式的影响机理；创立了高渗透率可再生能源配电系统安全边界基础理论，提出了配电系统规划新方法；发现了电力电子化电力系统多尺度动力学相互作用机理及功角-电压联合动态稳定新原理，揭示了装备与网络的多尺度相互作用对系统稳定性的影响规律；提出了高比例可再生能源跨区协同调度方法及输配协同调度方法。整体上看，项目初步建立了高比例可再生能源接入下电力系统形态构建、协同规划和优化运行的理论与方法。

项目团队借助"十三五"的春风，同心协力，众志成城，取得了一系列显著成果，同时，他们及时总结，形成了系列著作共 5 部。该系列专著的第一作者鲁宗相、程浩忠、肖峻、胡家兵、姚良忠分别为该项目五个课题的负责人，其他作者也是课题的主要完成人，他们都是活跃于高比例可再生能源电力系统领域的研究人员。该系列专著的内容系项目团队成果的集成，5 部专著体系结构清晰、富于理论创新，学术价值高，同时具有指导工程实践的潜在价值。相信该系列专著的出版，将推动我国高比例可再生能源电力系统分析理论与方法的发展，为我国电力能源事业实现高效可持续发展的未来愿景提供切实可行的技术路线，为政府相关部门制定能源政策、发展战略和管理举措提供强有力的决策支持，同时也为广大同行提供有益的参考。

　　祝贺项目团队和系列专著作者取得的丰硕学术成果，并预祝他们未来取得更大成绩！

周孝信

2020 年 6 月 28 日

序　二

发展风电和光伏发电等可再生能源是国家能源革命战略的必然选择，也是缓解能源危机和气候变暖的重要途径。我国已经连续多年成为世界上风电和光伏发电并网装机容量最大的国家。据预测，到 2030 年至 2050 年，我国可再生能源的发电量占比将达 30%以上，而局部地区非水可再生能源发电量占比也将超过 30%。纵观全球，许多国家都在大力发展可再生能源，实现能源生产的清洁化转型，丹麦、葡萄牙、德国等国家的可再生能源发电已占重要甚至主体地位。风、光资源存在波动性和不确定性等特征，高比例可再生能源并网对电力系统的安全可靠运行提出了严峻挑战，将引起电力系统规划和运行方法的巨大变革。我们需要前瞻性地研究高比例可再生能源电力系统面临的问题，并未雨绸缪地制定相应的解决方案。

"十三五"开局之年，科技部启动了国家重点研发计划"智能电网技术与装备"重点专项，2016 年首批在 5 个技术方向启动 17 个项目，在第一个技术方向"大规模可再生能源并网消纳"中设置的第一个项目就是基础研究类项目"高比例可再生能源并网的电力系统规划与运行基础理论"（2016YFB0900100）。该项目牵头单位为中国电力科学研究院有限公司，承担单位包括清华大学、上海交通大学、华中科技大学、天津大学、华北电力大学、浙江大学等 15 家高校和中国电力科学研究院有限公司、国网能源研究院有限公司、国网经济技术研究院有限公司3 家科研院所。项目团队以长期奋战在一线的中青年学者为主力，包括众多在智能电网与可再生能源领域具有一定国内外影响力的学术领军人物和骨干研究人才。项目面向国家能源结构向清洁化转型的实际迫切需求，以未来高比例可再生能源并网的电力系统为研究对象，针对高比例可再生能源并网带来的多时空强不确定性和电力系统电力电子化趋势，研究未来电力系统的协调规划和优化运行基础理论。

经过四年多的研究，项目取得了丰富的理论研究成果。作为基础研究类项目，在国内外期刊发表了一系列有影响力的论文，多篇论文在国内外获得报道和好评；建立了软件平台 4 套，动模试验平台 1 套；构建了整个项目层面的共同算例数据平台，并在国际上发表；部分理论与方法成果已在我国西北电网、天津、浙江、江苏等典型区域开展应用。项目组在 *IEEE Transactions on Power Systems*、*IEEE Transactions on Energy Conversion*、《中国电机工程学报》、《电工技术学报》、《电力系统自动化》、《电网技术》等国内外权威期刊上主办了 20 余次与"高比例可再生能源电力系统"相关的专刊和专栏，产生了较大的国内外影响。项目组主办和参与主办了多次国内外重要学术会议，积极参与 IEEE、国际大电网组织(CIGRE)、国际电工委员会(IEC)等国际组织的学术活动，牵头成立了相关工作组，发布了多本技术报告，受到国际广泛关注。

基于所取得的研究成果，5 个课题分别从自身研究重点出发，进行了系统的总结和凝练，梳理了课题研究所形成的核心理论、方法与技术，形成了系列专著共 5 部。

第一部著作对应课题 1 "未来电力系统结构形态演化模型及电力预测方法"，系统地论述了面向高比例可再生能源的资源、电源、负荷和电网的未来形态以及场景预测结果。在资源与电源侧，研判了中远期我国能源格局变化趋势及特征，对未来电力系统时空动态演变机理以及我国中长期能源电力典型发展格局进行预测；在负荷侧，对广义负荷结构以及动态关联特性进行辨识和解析，并对负荷曲线形态演变做出研判；在电网侧，对高比例可再生能源集群送出的输电网结构形态以及高渗透率可再生能源和储能灵活接入的配电网形态演变做出判断。该著作可为未来高比例可再生能源电力系统中"源-网-荷-储"各环节互动耦合的形态发展与优化规划提供理论指导。

第二部著作对应课题 2 "考虑高比例可再生能源时空分布特性的交直流输电网多目标协同规划方法"。以输电系统为研究对象，针对高比例可再生能源并网带来的多时空强不确定性问题，建立了考虑高比例可再生能源时空分布特性的交直流输电网网源协同规划理论；提出了考虑高比例可再生能源的输电网随机规划方法和鲁棒规划方法，实现了面向新型输电网形态的电网柔性规划；介绍了与配电网相协同的交直流输电网多目标规划方法，构建了输配电网的价值、风险、协调性指标；给出了基于安全校核与生产模拟融合技术的规划方案综合评价与决策方法。该专著的内容形成了一套以多场景技术、鲁棒规划理论、随机规划理论、协同规划理论为核心的输电网规划理论体系。

第三部著作对应课题 3 "高渗透率可再生能源接入下考虑柔性负荷的配电网规划方法"。针对未来配电系统接入高比例分布式可再生能源引起的消纳与安全问题，详细论述了考虑高渗透率可再生能源接入的配电网安全域理论体系。该著作给出了配电网安全域的基本概念与定义模型，介绍了配电网安全域的观测方法以及性质机理，提出了基于安全边界的配电网规划新方法以及高比例可再生能源接入下配电网规划的新原则。配电安全域与输电安全域不同，在域体积、形状等方面特点突出，安全域能够反映配电网的结构特征，有助于在研究中更好地认识配电网。配电安全域是未来提高配电网效率和消纳可再生能源的一个有力工具，具有巨大应用潜力。

第四部著作对应课题 4 "源-网-荷高度电力子化的电力系统稳定性分析理论"。

针对高比例可再生能源并网引起的电力系统稳定机理的变革，以风/光发电等可再生能源设备为对象、以含高比例可再生能源的电力电子化电力系统动态问题为目标，系统地阐述了系统动态稳定建模理论与分析方法。从风/光发电等设备多时间尺度控制与序贯切换的基本架构出发，总结了惯性/一次调频、负序控制及对称/不对称故障穿越等典型控制，讨论了设备动态特性及其建模方法以及含高比例可再生能源的电力系统稳定形态及其分析方法，实现了不同时间尺度下多样化设备特性的统一刻画及多设备间交互作用的量化解析，可为电力电子化电力系统的稳定机理分析与控制综合提供理论基础。

第五部著作对应课题 5 "含高比例可再生能源的交直流混联系统协同优化运行理论"。针对含高比例可再生能源的交直流混联电力系统安全经济运行问题，该著作分别从电网运行态势、高比例可再生能源集群并网及多源互补优化运行、"源-网-荷"交互的灵活重构与协同运行、多时间尺度运行优化与决策、高比例可再生能源输电系统与配电系统安全高效协同运行分析等多个方面进行了系统论述，并介绍了含高比例可再生能源交直流混联系统多类型"源-荷"互补运行策略以及实现高渗透率可再生能源配电系统"源-网-荷"交互的灵活重构与自治运行方法等最新研究成果。这些研究成果可为电网调度部门更好地运营未来高比例可再生能源电力系统提供有益参考。

作为"智能电网技术与装备"丛书的一个构成部分，该系列著作是对高比例可再生能源电力系统研究工作的系统化总结，其中的部分成果为高比例可再生能源电力系统的规划与运行提供了理论分析工具。出版过程中，系列专著的作者与科学出版社范运年编辑通力合作，对书稿内容进行了认真讨论和反复斟酌，以确保整体质量。作为项目负责人，我也借此机会向系列专著的出版表示祝贺，向作者和出版社表示感谢！希望这 5 部专著可以为从事可再生能源和电力系统教学、科研、管理及工程技术的相关人员提供理论指导和实际案例，为政府部门制定相关政策法规提供有益参考。

2020 年 5 月 6 日

前　言

配电系统是城市的基础设施，对城市供电安全具有重大影响。安全性是配电系统规划运行的首要目标，也是制约配电系统高效运行、高比例分布式能源接入的瓶颈。安全性含义为正常运行或有部分元件退出场景下，系统仍能向负荷持续供电，同时满足元件容量和节点电压等约束。传统配电安全性分析主要采用逐点法。本书将论述另一种刻画配电安全性的新方法：配电系统安全域（distribution system security region，DSSR），简称配电安全域。与逐点法相比，DSSR 首次刻画配电系统运行的整体边界，在系统状态连续变化时，能够提供量化的、可视化的全局安全信息；还能避免逐个故障的 N-1 仿真，大大提升安全性分析速度。

DSSR 还为观察分析配电网提供一个全新的、有趣的视角。传统分析配电网的方法是基于拓扑结构和网络参数计算功率、电压等状态量。DSSR 是配电网安全性分析后的映射，它是在高维状态空间中的一个超多面体，包含了丰富的信息，其形状、体积、半径等空间几何属性直观地反映了配电网的结构与安全性特征。已有研究显示，通过观察安全域能发掘现有方法难以发现的配电网缺陷，更能深入地揭示配电网隐藏的规律和机理。

本书覆盖目前 DSSR 的主要研究成果。本书共包含 8 章。第 1 章概述安全域的普遍性、研究起源与发展历程；第 2 章介绍 DSSR 的基础知识；第 3 章给出 DSSR 的数学定义，论证 DSSR 的存在性问题；第 4 章介绍 DSSR 的模型与求解方法；第 5 章介绍 DSSR 的观测方法，并分析 DSSR 的性质与机理；第 6 章介绍 DSSR 在配电网运行中的应用；第 7 章介绍在智能电网新条件下的 DSSR；第 8 章进行总结和展望。

肖峻教授工作于天津大学电气自动化与信息工程学院，是 DSSR 理论的提出者，撰写了本书大部分章节，组织把关全书内容。祖国强博士在天津大学就读期间进行了 DSSR 的基础理论研究，现在国家电网天津市电力公司工作，结合实际工程经验对 DSSR 应用进行研究，参与了本书的撰写工作。屈玉清是天津大学博士生，从事 DSSR 的研究，参与了本书的撰写工作。我们希望读者通过本书能对配电安全域有较为全面的了解，进而更深入地了解配电网。

作　者

2020 年 8 月

目　　录

第1章 概 述

安全域不是配电系统独有的，自然界和工程上的多数系统，尤其是网络系统，都普遍存在安全边界，边界围成的封闭区域为安全域。当系统运行在域内时，可以在扰动下仍然维持其功能，即系统是安全的，否则是不安全的。本章首先论述安全边界和安全域在各类系统中的存在性，然后梳理安全域研究的起源以及在电力系统中的发展历程，最后讨论配电安全域研究的意义。

1.1 安全域的普遍性

首先，观察最简单的双元件并联系统，其网络如图 1-1 所示。

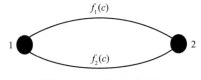

图 1-1 双元件并联系统

图 1-1 是最简单的具有冗余拓扑结构和容量的网络。两条边的流量为 f_1、f_2，边的容量为 c，当正常运行时，需满足 $f_1 < c$，$f_2 < c$。N-1 安全是指任一元件从系统中移除时，均能够通过另一元件保证一定运行的要求，最简单和常见的是保持元件移除前系统正常的流量传送。显然，图 1-1 中双元件并联系统的 N-1 安全约束为两条边的流量之和小于单条边的容量。得到此网络满足 N-1 安全运行的范围如式(1-1)所示。

$$W_f = \left\{ (f_1, f_2) \,\middle|\, f_1 + f_2 \leqslant c \right\} \tag{1-1}$$

在式(1-1)范围内，所有工作点(系统状态)都是 N-1 安全的，范围外所有工作点都是 N-1 不安全的。式(1-1)表示的集合就是双元件并联系统这种最简单网络的安全域，$f_1+f_2=c$ 则表示系统的安全边界。图 1-2 显示了这个安全域。

在互联网、交通网、电力网、基础代谢网等现实网络中有时会出现一些与人们常识相悖的有趣现象：例如，电网可能在负载很高时 N-1 后却能保证负载不失电，但有时在负载不太高时 N-1 后却造成大面积停电；交通网有时在高峰期能保持 N-1 后不瘫痪，而非高峰期却发生 N-1 后的交通瘫痪。为解释这种现象，定义

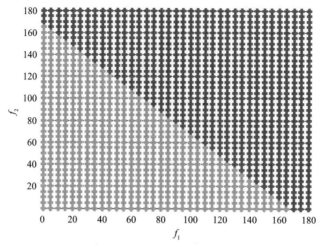

图 1-2　双元件并联系统的 N-1 安全域

注：安全工作点用浅色点表示，不安全工作点用深色点表示。

网络在 N-1 后能保持一定功能的要求为 N-1 安全约束。对任意一个网络工作点都能判断其是否满足 N-1 安全约束，若满足则是 N-1 安全的，否则不安全。大量仿真发现，安全工作点和不安全工作点之间存在一个边界。

以图 1-3 的网络为例来阐述这一现象。对状态空间中的大量工作点进行 N-1 仿真，结果中观测到明显的安全性分界现象，如图 1-4 所示。所有安全工作点都集中在一个封闭区域内，称为安全域。

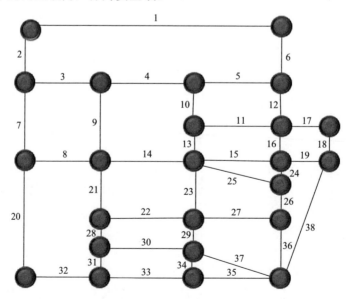

图 1-3　网络拓扑结构

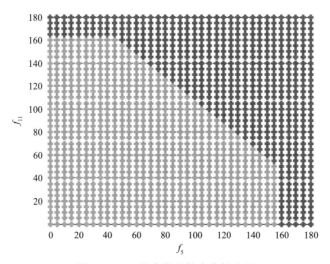

图 1-4 N-1 仿真发现的安全性分界

注：图 1-3 网络有 24 个节点 38 条边。设定初始工作点。固定除边 5、11 之外的其他边的流量，以一定的
步长改变边 5、11 的流量值，对得到的工作点进行边移除的 N-1 仿真，移除之后遵循最短路径路由分配
原则，若分配后不引起其他边过载，则将工作点用浅色点表示，若会引起过载，则记为深色点

找到满足安全性要求的系统运行最大允许范围（域边界）是研究一个系统最基本的问题。例如，在通信领域，1961 年 Shannon 著名论文的结论是两路通信网存在一个容量域（capacity region）[1]，如图 1-5 所示，从此以后，容量域一直是通信领域研究的基本问题，至今在最先进的无线通信中仍然是一个热点。在交通网中，安全域能描述交通系统的运输能力极限[2]，如图 1-6 所示。在天然气管网中，安全域还能描述天然气系统安全输气的极限范围，如图 1-7 所示。在结构力学领域，稳定边界（elastic stability boundary）能描述一个结构可以承受的最大综合负载[3]，如图 1-8 所示。

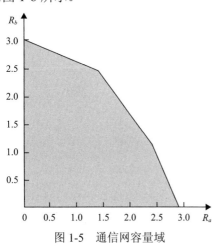

图 1-5 通信网容量域

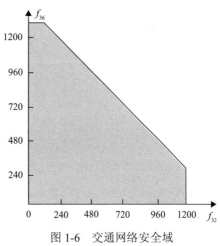

图 1-6 交通网络安全域

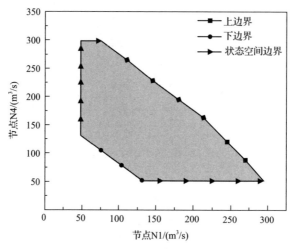

图 1-7　天然气系统安全域

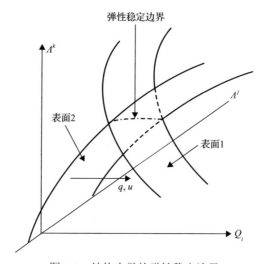

图 1-8　结构力学的弹性稳定边界

　　综上可见，安全域与安全边界在网络系统中是广泛存在的。同样，对于配电系统，描述其安全域也是一个基本问题。

1.2　配电安全域的起源和发展

1.2.1　与输电安全域的关系

　　电力系统安全域源于输电系统，Hnyilicza 等[4]在 1975 年首次提出后，输电安全域在概念、建模、性质机理等方面已建立了较完整的理论[5-9]。输电安全域的研究表明，域方法与逐点法相比具有优越性。目前基于域的在线安全评价与控制方法已应用于实际输电网。

配电安全域的产生受到输电系统安全域的启发,特别是余贻鑫[10]的安全域方法学对配电安全域(distribution system security region,DSSR)的研究具有重要的指导意义。但输电系统安全域理论并不适用于配电系统,原因是两者在安全性概念上有很大区别,表现在以下几方面。

(1)输电网和配电网关注的安全性问题类型不同。输电网关注静态和动态安全性,需要考虑稳定问题,而配电网主要为静态安全性,不需要考虑稳定问题。原因在于:输电网是能量封闭系统,电源输出的能量能够在系统内完全消纳(网损、负荷等)。但是配电网是能量不封闭的,其能量大多数都来自上级的输电网,即使发生动态安全和稳定问题,也是由上级输电网考虑并采取措施解决的,因此一般不考虑动态安全性和稳定问题。

(2)输电网 N-1 安全性和配电网 N-1 安全性对负荷失电的规定不同。输电网是闭环运行,N-1 故障后需要保证负荷不失电。配电网开环运行,N-1 后允许短时停电。例如,当馈线 N-1 故障时,由于需先跳开出口断路器切除短路电流,所以所在馈线负荷都要经历短时停电,然后,非故障段负荷通过开关操作恢复供电,而故障段负荷则需要停电直到故障修复。

(3)输电网和配电网在运行方式上不同。输电网由于闭环运行,因此在 N-1 后潮流是自然分布的;而配电网在 N-1 故障后需要进行网络重构,开关操作往往有多种方案,负荷也有多种的再分配形式。

(4)输电网和配电网的系统参数特征不同,例如,线路的阻抗比方面,输电网远远大于配电网,这导致一些输电网常用的分析方法(例如,PQ 分解法计算潮流)在配电网无法应用。

1.2.2 配电安全域研究的各阶段

安全域在配电领域出现比较晚,随着配电网的演变其发展分为 4 个阶段。

1. 阶段 1:配电网辐射结构阶段(不考虑 N-1 的负荷能力)

长期以来,配电网普遍采用单辐射状网络,其安全性分析非常简单,只需考虑正常运行即 N-0 下的约束。此时主要研究集中在单辐射网的负荷能力(loadability)[11-13]上,一般采用连续潮流来计算。同时可以发现,IEEE 的配电网标准算例也是以单回馈线的辐射状结构为主的。

2. 阶段 2:配电网互联结构无自动化阶段(考虑 N-1 的容载比)

20 世纪 90 年代末到 2010 年的十多年间,我国开展了大规模的城市电网建设改造，为提高供电可靠性，城市地区配电网普遍建立了馈线联络。但配电自动化还未普及，缺乏中低压配电网络实时数据，开关操作以人工为主，耗时较长。在此情况下，N-1 安全性问题分解为站和网两个独立问题，分别由 N-1 准则简单确定。站的安全性问题退化为满足变电站内主变间 N-1 后互带的简单问题：多台主变采用分列运行，N-1 安全的条件是负荷不超过单台主变退出时其余主变总的短时负载能力。主变故障时备自投装置将快速合入母联开关以转带负荷到站内其他主变，若过载将再由中压配电网转带到其他站。但未自动化的中压配电网操作时间很长，技术原则按 2h 考虑，这时主变具有 1.3 倍过负荷能力，因此得到两主变变电站的最大负载率为 0.65[14]。同样，网的安全性问题退化为满足馈线 N-1 互带的最大负载率问题，由网络接线模式决定，例如，"手拉手"单联络接线的负载率应控制为 0.5，多分段多联络接线则更高一些[15]。

3. 阶段 3：配电网互联结构普及自动化阶段（DSSR 理论建立）

智能电网对配电系统的升级换代首先体现在配电网络上。智能电网加快了配电网自动化的普及，目前我国厦门、天津、南京等一些城市配电网已在城区普及了配电自动化。物联网技术将进一步地让中低压配电网实现信息化和自动化。传感器和通信实现中低压网信息化；智能开关使网络转供操作时间大大缩短（几分钟或秒级），主变短时过载能力此时能达到 2 倍，故障主变的负荷不但通过站内转带，还通过中压网络快速转移到其他变电站。此时，负荷能在不同变电站间顺畅地分配流动，网络更好地支撑了变电站，站网真正成为一个整体，这是今后配电系统一个重要的新边界条件[16,17]。安全性分析不再是站网独立的简单问题。

在此背景下，文献[16]借鉴最大输电能力提出了最大供电能力（total supply capability，TSC）的概念，将 TSC 定义为配电网满足 N-1 安全准则下的最大负荷供应能力。目前 TSC 基础原理的研究已涉及数学模型、算法、解的性质、作用机理等多方面，在作者的《智能配电系统供电能力》[18]一书中有详细介绍。然而，TSC 仅是安全边界上少数效率最高的临界点，应研究所有的临界点，即安全边界。

在 TSC 研究和输电安全域的启发下，Xiao 等[19]首次提出了配电安全域 DSSR 的概念。文献[20]通过 N-1 仿真观测到了 DSSR 边界，后续研究逐步涉及了 DSSR 的模型[21-23]、算法[20,24]、性质[20]、机理[25,26]等基础原理。目前，DSSR 理论已得到应用。一些学者基于 DSSR 提出了 DG（distribution generator）出力监控[27]、随机规划[28]、网络重构[29,30]等一系列新方法。文献[31]和[32]还将 DSSR 和 TSC 的概念与方法推广到舰船直流配电网。

4. 阶段 4：智能配电网阶段（DSSR 扩展进化）

智能电网对配电系统的升级换代还体现在用户接入节点上。最重要的影响是分布式能源（distributed energy resources，DER）的大量接入。配电网从无源变为有源，网络功能从单纯供电转变为对负荷、DER 和上级电源的能量交易服务。用户互动是另一新的特征，这同时体现在负荷和 DER 上。DSSR 和 TSC 的最新研究已相继涉及这些领域。智能电网带来的另一个重要变化是电力电子柔性化，文献[33]提出柔性配电网（flexible distribution network，FDN）的概念，其主要特征是柔性闭环运行。FDN 能明显地提高配电网对能量的实时交换和优化能力。FDN 的 DSSR 研究也有最新的进展[33-35]。除柔性交流外，柔性直流、交直流混合、区域综合能源网[36-39]都是配电网的发展方向。随着配电网的发展进化，DSSR 的研究有很大的扩展空间。

1.3　配电安全域的研究意义

配电安全域的研究具有重要的科学意义。首先，刻画系统运行最大允许范围（域）本身就是研究一个系统最基本的科学问题，在通信、交通、力学领域已经形成共识。其次，域提供了全新的、并能很好可视化的视角来观察配电系统，帮助人们深入了解配电系统的规律和机理。DSSR 蕴含了系统运行安全性和效率的丰富信息，安全域是高维状态空间中的封闭超几何体，其大小、形状等几何特性非常适合直观观察，进而揭示电网的安全特征；通过观察 DSSR 能帮助人们发现直接观察电网难以发现的缺陷。

基于 DSSR 理论能发展新的运行监控技术，使配电网更安全、高效和智能。这是由于域方法相对仿真法具有明显优势[10]：首先，得到允许运行范围（域）后，调度员才敢于让配电网运行在接近其安全边界的位置，做到既安全又高效。其次，域方法能大大减少计算量，便于在线安全性分析。最后，N-1 仿真很难给出整个状态空间的全局安全信息，故现有配电自动化高级应用主要针对故障后处理，而安全预警和预防控制鲜有报道[40,41]。域方法通过工作点与边界距离，使运行人员获得系统整体的安全性测度，易于做到态势感知和主动预防控制。

基于 DSSR 理论还能发展出新的规划技术。城市电网土地资源变得稀缺昂贵，获取变电站和线路通道的地上地下资源日趋困难，充分地利用现有配电网已成为一个共识[16,17,19,42-44]。精确计算现状网和规划方案的允许运行范围，才能更充分地消纳新增负荷和可再生能源；同时，由于域提供的新观察视角，能帮助揭示网架结构、参数配置及元件位置等对域形状大小的作用机理，据此优化容易得到安全高效的规划方案。

参 考 文 献

[1] Shannon C E. Two-way communication channels[C]. Proceedings of the 4th Berkeley Symposium on Mathematical Statistics and Probability, Volume 1: The Regents of the University of California, Berkeley, 1961.

[2] 肖峻, 龙梦皓, 林启思. 交通网络的安全域[J]. 交通运输系统工程与信息, 2016, 16(4): 31-38.

[3] Huseyin K. The post-buckling behaviour of structures under combined loading[J]. Zamm-Journal of Applied Mathematics and Mechanics, 1971, 51(3): 177-182.

[4] Hnyilicza E, Lee S T Y, Schweppe F C. Steady-state security regions: The set-theoretic approach[C]. Proceedings of the 4th Berkeley Symposium on Mathematical, New Orleans, 1975: 347-355.

[5] Wu F. Probabilistic steady-state and dynamic security assessment [J]. IEEE Transactions on Power Systems, 1988, 3(1): 1-9.

[6] 余贻鑫, 冯飞. 电力系统有功静态安全域[J]. 中国科学: A 辑, 1990, 33(6): 664-672.

[7] 曾沅, 余贻鑫. 电力系统动态安全域的实用解法[J]. 中国电机工程学报, 2003(5): 25-29.

[8] 吴英俊. 一种基于超平面的电力系统实用近似静态安全域及其求解方法[J]. 电工技术学报, 2014, 29(S1): 374-383.

[9] 王菲, 余贻鑫. 基于广域测量系统的电力系统热稳定安全域[J]. 中国电机工程学报, 2011, 31(10): 33-38.

[10] 余贻鑫. 安全域的方法学及实用性结果[J]. 天津大学学报, 2003, 36(5): 525-528.

[11] Miu K N, Chiang H D. Electric distribution system load capability: Problem formulation, solution algorithm, and numerical results[J]. IEEE Transactions on Power Delivery, 2000, 15(1): 436-442.

[12] 丘文千. 基于交流潮流模型的电网供电能力评价算法[J]. 浙江电力, 2007, 26(2): 1-4.

[13] Zhang S, Cheng H, Zhang L, et al. Probabilistic evaluation of available load supply capability for distribution system[J]. IEEE Transactions on Power Systems, 2013, 28(3): 3215-3225.

[14] 国家电网公司. 城市电力网规划设计导则[Z]. 2006.

[15] 姚福生, 杨江, 王天华. 中压配电网不同接线模式下的供电能力[J]. 电网技术, 2008, 32(2): 93-95.

[16] 肖峻, 谷文卓, 郭晓丹, 等. 配电系统供电能力模型[J]. 电力系统自动化, 2011, 35(24): 47-52.

[17] 肖峻, 张婷, 张跃, 等. 基于TSC理论的配电网规划理念与方法[J]. 中国电机工程学报, 2013, 33(10): 106-113.

[18] 肖峻, 祖国强, 甄国栋. 智能配电系统供电能力[M]. 北京: 中国电力出版社, 2020.

[19] Xiao J, Gu W Z, Wang C S, et al. Distribution system security region: Definition, model and security assessment[J]. IET Generation, Transmission and Distribution, 2012, 6(10): 1029-1035.

[20] 肖峻, 贡晓旭, 贺琪博, 等. 智能配电网 N-1 安全边界拓扑性质及边界算法[J]. 中国电机工程学报, 2014, 34(4): 545-554.

[21] 肖峻, 谷文卓, 王成山. 面向智能配电系统的安全域模型[J]. 电力系统自动化, 2013, 37(8): 14-19.

[22] 肖峻, 苏步芸, 贡晓旭, 等. 基于馈线互联关系的配电网安全域模型[J]. 电力系统保护与控制, 2015, 43(20): 36-44.

[23] 肖峻, 左磊, 祖国强, 等. 基于潮流计算的配电系统安全域模型[J]. 中国电机工程学报, 2017, 37(17): 4941-4949.

[24] 刘佳, 程浩忠, 李思韬, 等. 考虑 N-1 安全约束的分布式电源出力控制可视化方法[J]. 电力系统自动化, 2016, 40(11): 24-30.

[25] 肖峻, 张苗苗, 祖国强, 等. 配电系统安全域的体积[J]. 中国电机工程学报, 2017, 37(8): 2222-2231.

[26] 肖峻, 张宝强, 张苗苗, 等. 配电网安全边界的产生机理[J]. 中国电机工程学报, 2017, 37(20): 5922-5932.

[27] 刘佳, 程浩忠, 李思韬, 等. 考虑 N-1 安全约束的分布式电源出力控制可视化方法[J]. 电力系统自动化, 2016, 40(11): 24-30.

[28] 刘佳, 程浩忠, 徐谦, 等. 安全距离理论下计及故障恢复的智能配电网随机规划[J]. 电力系统自动化, 2018, 42(5): 64-71.

[29] 祖国强, 肖峻, 左磊, 等. 基于安全域的配电网重构模型[J]. 中国电机工程学报, 2017, 37(5): 1401-1410.

[30] Zu G Q, Xiao J, Sun K. Distribution network reconfiguration comprehensively considering N-1 security and network loss[J]. IET Generation Transmission and Distribution, 2018, 12(8): 1721-1728.

[31] 肖晗, 叶志浩, 马凡, 等. 舰船直流区域配电系统安全运行边界计算与分析[J]. 电工技术学报, 2016, 31(20): 202-208.

[32] 肖晗, 叶志浩, 纪锋. 考虑电动机启动的舰船直流区域配电系统最大供电能力计算与分析[J]. 中国电机工程学报, 2017, 37(18): 5217-5228.

[33] 肖峻, 刚发运, 蒋迅, 等. 柔性配电网: 定义、组网形态与运行方式[J]. 电网技术, 2017, 41(5): 1435-1446.

[34] 肖峻, 刚发运, 黄仁乐, 等. 柔性配电网的最大供电能力模型[J]. 电力系统自动化, 2017, 41(5): 30-38.

[35] 肖峻, 刚发运, 邓伟民, 等. 柔性配电网的安全域模型[J]. 电网技术, 2017, 41(12): 3764-3774.

[36] Chen S, Wei Z N, Sun G Q, et al. Convex hull based robust security region for electricity-gas integrated energy systems[J]. IEEE Transactions on Power Systems, 2019, 34(3): 1740-1748.

[37] Chen S, Wei Z N, Sun G Q, et al. Steady-state security regions of electricity-gas integrated energy systems[C]. IEEE Power and Energy Society General Meeting, Boston, 2016: 1-5.

[38] 刘柳, 王丹, 贾宏杰, 等. 综合能源配电系统运行域模型[J]. 电力自动化设备, 2019, 39(10): 1-9.

[39] 刘柳, 王丹, 贾宏杰, 等. 面向区域综合能源系统的安全域模型[J]. 电力自动化设备, 2019, 39(8): 63-71.

[40] 华煌圣, 刘育权, 张君泉, 等. 基于配电管理系统的"花瓣"型配电网供电恢复控制策略[J]. 电力系统自动化, 2016, 40(1): 102-107, 128.

[41] Staszesky D M, Craig D, Befus C. Advanced feeder automation is here[J]. IEEE Power and Energy Magazine, 2005, 3(5): 56-63.

[42] Chen K, Wu W, Zhang B, et al. A method to evaluate total supply capability of distribution systems considering network reconfiguration and daily load curves[J]. IEEE Transactions on Power Systems, 2016, 31(3): 2096-2104.

[43] 刘健, 殷强, 张志华. 配电网分层供电能力评估与分析[J]. 电力系统自动化, 2014, 38(5): 44-49, 77.

[44] 欧阳武, 程浩忠, 张秀彬, 等. 城市中压配电网最大供电能力评估方法[J]. 高电压技术, 2009, 35(2): 403-407.

第 2 章　配电安全域的基础知识

配电安全性是配电安全域的基础，本章对配电系统安全性相关概念进行数学上的严格描述和规范化梳理。首先，本章给出工作点、状态空间的基本概念和数学描述。然后，给出交流潮流、直流潮流方法的适用场景。最后详细介绍 N-0 和 N-1 安全性的基本概念和数学描述，并给出城市配电网安全性的基本假设。

2.1　工　作　点

本书中工作点定义为在配电安全性分析中能唯一描述系统状态的独立状态变量集合。该集合通常可以用一个 n 维向量表示。工作点按观测视角主要分为两类：节点视角工作点和馈线段视角工作点。

2.1.1　节点视角工作点

配电系统运行中的状态量包括两种。①潮流数据：所有节点的电压幅值与相角、所有节点的流入流出复功率、线路功率损耗。②运行方式数据：所有参与电网调节控制装置的状态，例如，开关状态和变压器分接头、电容器组的投切位置。但在运行规划的安全性分析中，一般只保留节点潮流作为状态量，理由如下：

(1) 运行方式是系统为满足负荷需求而采取的应对措施，正常运行和 N-1 情况下，系统为保证安全性会主动地改变运行方式，因此状态量不含运行方式数据。

(2) 安全性分析一般假定馈线在变电站出口处(馈线出口)的电压是满足调压需求的给定值(常取 1.05p.u.或 1.1p.u.)，依据潮流方程，支路潮流和节点电压能根据节点潮流计算得到，因此状态量去掉了支路潮流和节点电压。

另外，由于各节点的功率因数相差较小，规划和运行中常只采用视在功率幅值。综上，工作点简化为所有非平衡节点视在功率幅值的向量。对于含 n 个非平衡节点的系统，S_i 为节点 i 的视在功率幅值，工作点 W 表示为

$$W = [S_1, \cdots, S_i, \cdots, S_n]^{\mathrm{T}} \tag{2-1}$$

配电网的节点功率正方向一般取流出方向，这与输电网(注入为正)不同。

2.1.2 馈线段视角工作点

实际上，工作点的观测视角不是唯一的。依据观测负荷的层次，工作点可分为 5 个视角，由低到高分别是：①节点视角；②馈线段视角；③馈线视角；④主变视角；⑤变电站视角。高视角负荷可以由下级低视角负荷计算得到，例如，主变负荷可由其馈线负荷汇总得到。工作点视角层次越低，信息越全面，但是数据量也越大。因此，需要针对网络规模和问题特点选择合适的工作点视角。

节点视角工作点可以确定任意结构配电网的安全状态，但是由于配电网节点数量巨大，且通常只有部分关键节点有测量装置，因此实际应用中较少采用节点视角。而主变、变电站负荷虽然数量少、易于量测，但是只能反映主变容量约束，而无法准确判断具体线路的安全性。

当前城市配电网常采用多分段多联络的接线模式[1]，N-1 后故障恢复方案也往往是简单规范的。例如，文献[2]提出，在馈线自动化条件下，故障后不同馈线段负荷将分别由不同联络线转带，此时可以获得最大的 N-1 馈线负载率。因此，在标准接线模式下，将馈线段的所有负荷节点等效成一个负荷节点，以馈线段为最小单位观测负荷，可唯一确定系统的安全状态，数据量远小于节点视角。

特别地，对于单联络手拉手配电网，馈线段视角与馈线视角等价。

设配电系统馈线段数量为 m，S_i 为馈线段 i 的视在功率幅值，则馈线段视角工作点表示为

$$W = [S_1, \cdots, S_i, \cdots, S_m]^\mathrm{T} \tag{2-2}$$

2.1.3 工作点观测视角的选择

对于无源配电网，本书采用馈线/馈线段视角，当手拉手单联络时，采用的是馈线视角，当多联络结构时采用馈线段视角。这样做的目的是在满足安全性分析精度的前提下简化，并与配电网规划运行人员的视角相同，他们在实际工作中主要关注馈线出口电流。

在有源配电网安全性分析中，采用了节点视角工作点，原因是需要突出 DG 的作用。在涉及 DSSR 数学推导等内容时，本书也采用了节点视角工作点，目的是保证结论对任意结构配电网具有一般性。

2.2 状　态　空　间

对于运行问题，电网是给定不变的。节点负荷不会超过其所接配电变压器容量，节点功率只能在一定范围内变化，安全性分析只需考虑可能范围内的工作点。

用于配电安全性分析的状态空间定义为所有可能出现的工作点集合，符号为 Θ。出工作点的视角划分，Θ 进一步划分为节点状态空间 Θ_N 和馈线段状态空间 Θ_F。

对于 n 个节点的配电系统，节点状态空间 Θ_N 定义为

$$\Theta_N = \{W = [S_1, \cdots, S_i, \cdots, S_n]^T | \forall 1 \leqslant i \leqslant n, \exists S_{i,\max} > S_{i,\min} \geqslant 0, S_{i,\min} \leqslant S_i \leqslant S_{i,\max}\} \tag{2-3}$$

式中，S_i 为节点 i 的视在功率幅值；$S_{i,\max}$ 和 $S_{i,\min}$ 分别为 S_i 的上下限；$S_{i,\min}$ 缺省值为 0，此时空负载工作点(零点)也在 Θ 中。

对于含 m 个馈线段的配电系统，馈线段状态空间 Θ_F 定义为

$$\Theta_F = \{W = [S_1, \cdots, S_i, \cdots, S_m]^T | \forall 1 \leqslant i \leqslant m, \exists S_{i,\max} > S_{i,\min} \geqslant 0, S_{i,\min} \leqslant S_i \leqslant S_{i,\max}\} \tag{2-4}$$

式中，S_i 为馈线段 i 的视在功率幅值；$S_{i,\max}$ 和 $S_{i,\min}$ 分别为 S_i 的上下限；$S_{i,\min}$ 缺省值为 0，此时空负载工作点(零点)也在 Θ 中。

状态空间 Θ 是有界的。实际上，Θ 是有限维欧氏空间 E 的有界子集。

2.3 潮 流 方 程

工作点观测可以获得节点的功率信息，而安全性分析最终需要线路电流和节点电压的数据，此时需要进行潮流计算。潮流计算因适用场景不同可分为交流潮流与直流潮流两种。

2.3.1 交流潮流方程

配电网是一个典型的变结构系统，系统的潮流分布随开关状态的变化而变化。设某开关状态 $\tau_t (t \in \Gamma)$，其中 Γ 是系统所有开关状态的集合，包括正常运行状态和 N-1 后的系统的所有可能的开关状态。配电系统潮流方程为

$$\begin{cases} P_i = V_i \sum_{j=1}^{n} V_j (g_{ij} \cos\theta_{ij} + b_{ij} \sin\theta_{ij}) \\ Q_i = V_i \sum_{j=1}^{n} V_j (g_{ij} \sin\theta_{ij} - b_{ij} \cos\theta_{ij}) \end{cases} \tag{2-5}$$

式中，P_i、Q_i 为节点 i 的有功、无功功率；V_i 为节点 i 电压幅值；g_{ij}、b_{ij} 为线路 ij 的电导和电纳；θ_{ij} 为线路 ij 两端电压相角差，$\theta_{ij} = \theta_i - \theta_j$。

因为全网功率因数差别较小时，$S_i \approx |P_i + jQ_i|$，S_i 是工作点 W 的元素，即节点 i 的视在功率幅值。与输电网不同，传统无源配电网的潮流方程解一定存在[3]，因此式(2-5)可以简化表达为

$$[V, \theta] = f_{\mathrm{PF}, \tau_t}(W) \tag{2-6}$$

式中，$f_{\mathrm{PF}, \tau_t}(W)$ 为开关状态 τ_t 下的潮流方程，式(2-6)表示已知工作点 W，节点电压 V、θ 将由潮流计算唯一确定。

基于 V、θ 可以确定线路的功率幅值 S_B，继而主变的功率 S_T 也可确定。综上，已知工作点 W 和潮流方程，安全性判断所需的最终参数：节点电压幅值 V、线路功率 S_B、主变功率 S_T 都可以唯一确定，因此存在方程：

$$[V, S_B, S_T] = f_{\mathrm{PF}, \tau_t}(W) \tag{2-7}$$

2.3.2　直流潮流方程

在实际配电网安全性分析工作中，更多采用直流潮流法[4-7]。此时，主要考虑约束为元件容量约束，在有功潮流能满足容量约束前提下，通过调压措施，电压约束能够满足，因此不再求解电压幅值。

对于辐射结构的配电网，直流潮流方程 $f_{\mathrm{PF}, \tau_t}(W)$ 实际上就是功率平衡方程；元件流经功率等于元件下游节点功率的代数和：

$$[S_B, S_T] = f_{\mathrm{PF}, \tau_t}(W)$$
$$\begin{cases} S_{B,i} = \sum_{j \in \Lambda_{B,i}} S_j \\ S_{T,i} = \sum_{j \in \Lambda_{T,i}} S_j \end{cases} \tag{2-8}$$

式中，$\Lambda_{B,i}$ 为线路 i 下游所有节点的集合；$\Lambda_{T,i}$ 为主变 i 下游所有节点的集合。

2.4　N-0 安全性

N-0 安全性指某个状态是否满足正常运行安全约束，即线路与变电站主变不过载，电压偏移在允许范围内。若满足，则该状态是 N-0 安全的，否则不安全。N-0 安全性的命名是为了与城市配电网普遍采用的 N-1 和 N-X 安全性相对应的。

配电系统 N-0 安全约束主要包括节点电压幅值约束和元件容量约束两种，元件容量约束又分为线路容量约束和主变容量约束。

对于含 m 个非平衡节点，n 条线路，p 台主变的配电网的 N-0 安全约束为

$$\begin{cases} C_V = \left\{ V \,\middle|\, V_{i,\min} \leqslant V_i \leqslant V_{i,\max}, \forall i \in N \right\} \\ C_C = \begin{cases} [S_B, S_T] \\ S_{B,i} \leqslant c_{B,i}, \forall i \in B \\ S_{T,i} \leqslant c_{T,i}, \forall i \in T \end{cases} \end{cases} \tag{2-9}$$

式中，C_V 为节点电压幅值约束，$V = [V_1, \cdots, V_i, \cdots, V_m]$ 为 C_V 的节点电压向量；$V_{i,\min}$ 和 $V_{i,\max}$ 为 V_i 的下限和上限；N 为节点集合；C_C 为元件容量约束，元件包括线路和主变两种；$S_B = [S_{B,1}, \cdots, S_{B,i}, \cdots, S_{B,n}]$ 为线路视在功率幅值向量；$c_{B,i}$ 为线路 i 的容量；$S_T = [S_{T,1}, \cdots, S_{T,i}, \cdots, S_{T,p}]$ 为主变视在功率幅值向量；$c_{T,i}$ 为主变 i 的容量；B 为线路集合；T 为主变集合。

配电网正常运行时，如果工作点 W 满足

$$\begin{cases} V \in C_V \\ [S_B, S_T] \in C_C \end{cases} \tag{2-10}$$

则认为工作点 W 是 N-0 安全的；否则是 N-0 不安全的。

2.5 N-1 安全性

N-1 安全性是指某个工作点发生单一元件退出运行后，非故障区域负荷仍能持续供电，且系统仍满足元件容量与电压等运行约束。

2.5.1 故障集

配电网运行中，因自身故障或系统故障而退出运行元件的集合称为故障集，记为 Ψ，如下：

$$\Psi = \{\psi_1, \cdots, \psi_k, \cdots, \psi_{n_f}\} \tag{2-11}$$

式中，ψ_k 为故障元件 k。

由于配电网元件数量巨大，因此在安全性分析中，故障集通常只考虑两种较严重的故障：变电站主变故障与馈线出口故障。若这些故障下系统安全，则在其他故障下系统仍然安全。

故障集可以扩展到考虑 N-X 的情况，常见的包括：①N-1-1 故障，即配电网进行 N-1 检修时，同时又随机发生单一故障，两个故障一般没有关联。②N-2 故

障，即两个元件同时发生故障(检修)，一般两个元件有关联，例如，同一站的两台主变。

2.5.2　N-1 安全性模型

配电系统 N-1 安全性的数学描述为在某工作点 W 下，故障集单一元件 ψ_k 退出，系统通过故障隔离、开关操作以恢复非故障区供电，此时形成新的开关状态 τ_k。

新开关状态 τ_k 下改变后的潮流方程为

$$[V, S_{\mathrm{B}}, S_{\mathrm{T}}]_k = f_{\mathrm{PF}, \tau_k}(W) \tag{2-12}$$

判断 $[V, S_{\mathrm{B}}, S_{\mathrm{T}}]_k$ 是否满足式(2-13)所述的安全约束，若

$$\begin{cases} V_k \in C_{\mathrm{V}} \\ [S_{\mathrm{B}}, S_{\mathrm{T}}]_k \in C_{\mathrm{C}} \end{cases} \tag{2-13}$$

则称 W 关于元件 k 是 N-1 安全(简称安全)的；否则是不安全的。

N-1 安全性分析包括线路 N-1 校验与主变 N-1 校验，它主要考察配电网中任一元件故障时能否持续供电的能力。在当前配电系统安全运行分析中，最广泛使用的准则是 N-1 安全准则，这可以保证非故障段负荷的正常供电。本节主要介绍馈线 N-1 安全性和主变 N-1 安全性，具体如下。

1. 馈线 N-1 安全性

馈线 N-1 安全性指的是配电系统中某回馈线因检修或故障而退出运行后，仍能保证负荷持续供电且电网能够满足电压约束、馈线传输容量及主变容量的约束。馈线 N-1 安全性的校验主要考察的是配电系统中馈线任意位置因故障或检修而退出运行时，能否通过联络开关与分段开关的操作，将故障隔离并快速实现负荷转带，使得非故障段的负荷转带到对应的联络馈线，从而恢复供电。通常，馈线 N-1 安全性校验仅针对馈线出口故障。

配电网中的各回馈线之间通过联络开关(tie switch，TS)相连，一回馈线本身可能会被自动隔离装置或分段开关(sectionalizing switch，SS)划分为不同区域，这些区域称作馈线分区或者馈线段。针对单联络线路，线路仅有一个馈线分区，即馈线本身。馈线出口负荷是馈线自身所带负荷。对于多分段线路，线路的馈线分区不止一个，馈线的出口负荷是馈线段负荷之和。

因此，在进行馈线 N-1 安全性的校验时，应观察线路是否为多分段多联络线路。如果线路是多联络线路且不属于同一馈线分区，则应分别按照馈线分区转带负荷。以图 2-1 所示的简单配电系统为例，图中共 3 回馈线，馈线 F_1 有两个馈线段，所带负荷分别为 S_{11} 和 S_{12}；馈线 F_2 只有一个馈线段，所带负荷为 S_2；馈线 F_3 只有一个馈线段，所带负荷为 S_3。

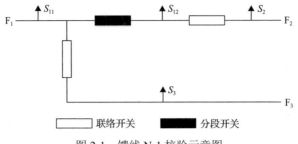

图 2-1　馈线 N-1 校验示意图

当馈线 F_1 发生 N-1 故障时，负荷 S_{11} 和 S_{12} 可分别通过联络开关转带到馈线 F_2 和馈线 F_3。当馈线 F_2 发生 N-1 故障时，负荷 S_2 可通过联络开关转带到馈线 F_1。当馈线 F_3 发生 N-1 故障时，负荷 S_3 可通过联络开关转带到馈线 F_1。图 2-1 所示的配电网馈线 F_1、F_2、F_3 发生出口故障后，各馈线应满足的安全约束如下：

$$\begin{cases} S_{11} + S_{12} + S_2 - c_{F,1} \leqslant 0 \\ S_{11} + S_{12} + S_3 - c_{F,1} \leqslant 0 \\ S_{12} + S_2 - c_{F,2} \leqslant 0 \\ S_{11} + S_3 - c_{F,3} \leqslant 0 \end{cases} \tag{2-14}$$

式中，S_i 代表馈线的负荷大小；S_{ij} 代表馈线段或馈线分区所带负荷大小；$c_{F,1}$、$c_{F,2}$、$c_{F,3}$ 分别代表馈线 F_1、F_2、F_3 的额定传输容量。

式 (2-14) 中，第一个式子表示：馈线 F_2 发生出口故障时，馈线负荷 S_2 转带到馈线 F_1 上，此时馈线 F_1 所带负荷总量在线路容量允许范围内；第二个式子表示：馈线 F_3 发生出口故障时，负荷 S_3 转带到馈线 F_1 上，此时馈线 F_1 所带负荷总量在线路容量允许范围内；第三和第四个式子分别表示：馈线 F_1 发生出口故障时，负荷 S_{11} 和 S_{12} 分别转带到馈线 F_3 和馈线 F_2，馈线 F_2、F_3 所带负荷总量都在线路容量允许范围内。

2. 主变 N-1 安全性

主变 N-1 安全性指的是配电系统中某台主变发生 N-1 故障后，仍能保证负荷持续供电且电网能够满足电压约束、馈线容量和主变容量约束。当一台主变因检修或故障而退出运行时，同站内其他主变及站外有联络关系的变电站主变都会受到影响。因此，主变 N-1 故障所产生的后果比馈线 N-1 故障更严重。

当主变发生 N-1 时，负荷转带策略为优先考虑通过站内母联开关将负荷转带给同站其他主变。如果同站主变发生过载现象，则需要将部分负荷通过馈线联络开关转带给站外其他主变。负荷转带结束后，所有元件均不能过载。此外，故障主变的负荷转带需要遵循以下 3 条规则。

(1) 故障主变负荷在进行站内转带时，优先考虑负荷裕量大的主变。

(2) 站内转带不能成功恢复所有失电负荷时，则进一步通过站外出线进行负荷转移，并优先考虑自身负荷小的馈线。

(3) 如果故障主变的母线上直接挂接负荷(例如，辐射状馈线负荷)，则仅能通过站内非故障主变转供负荷。

以图 2-2 为例，详细说明主变 N-1 的原理。在图 2-1 的基础上，增加一回馈线 F_4、F_5 和主变 T_1、T_2、T_3。馈线 F_1、F_5 出自主变 T_1，馈线 F_2、F_3 出自主变 T_2，馈线 F_4 出自主变 T_3。

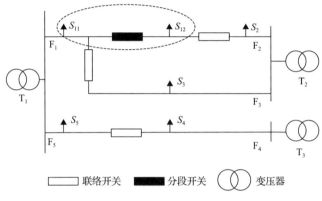

图 2-2　主变 N-1 校验示意图

在主变 T_1 发生故障时，其馈线 F_1 负荷 S_{11}、S_{12} 经联络开关转带给主变 T_2，馈线 F_5 负荷 S_5 经联络开关转带给主变 T_3。主变 T_2 故障时，其馈线 F_2 负荷 S_2 经联络开关转带给主变 T_1，其馈线 F_3 负荷 S_3 经联络开关转带给主变 T_1。主变 T_3 故障时，其馈线 F_4 负荷 S_4 经联络开关转带给主变 T_1。主变 T_1～T_3 发生 N-1 故障后，系统内各元件应满足的 N-1 安全约束如下：

$$\begin{cases} S_{12} + S_2 - c_{F,2} \leqslant 0 \\ S_{11} + S_3 - c_{F,3} \leqslant 0 \\ S_5 + S_4 - c_{F,4} \leqslant 0 \\ S_{11} + S_{12} + S_2 + S_3 - c_{T,2} \leqslant 0 \\ S_5 + S_4 - c_{T,3} \leqslant 0 \\ S_2 + S_{11} + S_{12} - c_{F,1} \leqslant 0 \\ S_3 + S_{11} + S_{12} - c_{F,1} \leqslant 0 \\ S_2 + S_3 + S_{11} + S_{12} + S_5 - c_{T,1} \leqslant 0 \\ S_4 + S_5 - c_{F,5} \leqslant 0 \\ S_4 + S_{11} + S_{12} + S_5 - c_{T,1} \leqslant 0 \end{cases} \qquad (2\text{-}15)$$

式中，$c_{T,i}$ 为主变 i 的额定容量；$c_{F,j}$ 代表馈线 j 的额定传输容量。

式 (2-15) 中，第一至第三个式子表示主变 T_1 发生故障后，负荷转带应满足的馈线 N-1 校验，第四和第五个式子表示主变 T_1 发生故障后，负荷 S_{11}、S_{12} 分别转带给主变 T_2 和 T_3 时所需满足的主变容量约束。第六和第七个式子表示主变 T_2 发生故障后，负荷成功转带应满足的馈线 N-1 校验。第八个式子表示主变 T_2 发生故障后，负荷 S_2 和 S_3 成功转带给主变 T_1 时应满足的主变容量约束。第九个式子表示主变 T_3 发生故障后，负荷 S_4 成功转带应满足的馈线 N-1 校验。第十个式子表示主变 T_3 发生故障后，负荷转带给主变 T_1 时应满足的主变容量约束。由此可见，主变 N-1 安全约束比馈线 N-1 安全约束更严格。

2.5.3 N-1 安全准则

N-1 安全准则：对于故障集任意单一故障后系统均能满足 N-1 安全性。

如果

$$\begin{cases} V_k \in C_V \\ [S_B, S_T]_k \in C_C \end{cases}, \qquad \forall \, \psi_k \in \Psi \tag{2-16}$$

则系统关于 W 满足 N-1 安全准则；否则不满足。

2.5.4 关键元件 N-1 安全性

N-1 安全准则要求任意元件发生 N-1 后应保持安全性，对所有元件全面采用 N-1 安全准则，限制了配电网的带负荷能力。在电网实际运行中，单一元件发生 N-1 的概率并不高。因此，分析不同元件 N-1 对 DSSR 的影响，并找到能显著地提升安全域范围的少数关键元件是有必要的[8]。

定义关键故障集为对配电系统的安全域影响最大的元件集合，数学符号记为 Ψ^*，同时应满足条件 C1～C3。

$$\Psi^* = \left\{ T_1, T_2, \cdots, T_i, \cdots, T_{n_t}, F_1, F_2, \cdots, F_k, \cdots, F_{n_f} \right\} \tag{2-17}$$

式中，T_i 表示第 i 台主变；F_k 表示第 k 回馈线；n_t 为关键主变的总数；n_f 为关键馈线的总数。式 (2-17) 表明，关键故障集中的元件只考虑主变压器和馈线出口线路。一般认为变电站主变故障和馈线出口故障是配电系统中最严重的两类故障。因此，在配电系统数量巨大的元件中，选取变电站主变和馈线作为分析元件。

条件 C1～C3 具体如下。

条件 C1：关键故障集元件数小于等于配电系统元件总数一半，且大于 1。

$$1 < k \leqslant n/2 \tag{2-18}$$

式中，k 为关键故障集中元件数目，$k = n_t + n_f$。

条件 C2：关键故障集中的元件能够显著地提高安全域，即

$$H \geqslant \mu \tag{2-19}$$

式中，H 代表评价关键故障集对安全域影响结果的某个单一指标或综合评价指标；μ 是该指标对应阈值，阈值 μ 的选取可根据经验或需求确定。

条件 C3：关键故障集的评价指标必须严格大于它任意子集的指标。

$$\begin{cases} N(\Psi_i) = n_1, N(\Psi_i') = n_2 \\ \forall \Psi_i' \subset \Psi_i, \forall i \in \{1, 2, \cdots, n\}, n_1 > n_2, H(\Psi_i) > H(\Psi_i') \end{cases} \tag{2-20}$$

式中，Ψ_i 表示第 i 个元件集；Ψ_i' 表示 Ψ_i 的子集；$N(\Psi_i)$ 表示 Ψ_i 的元件数，其数值记为 n_1；$N(\Psi_i')$ 表示 Ψ_i' 的元件数，其数值记为 n_2，要求 $n_1 > n_2$；$H(\Psi_i)$ 表示 Ψ_i 的综合评估指标值；$H(\Psi_i')$ 表示 Ψ_i' 的综合评估指标值。

条件 C1 要求关键故障集中的元件是配电系统中的少量元件。条件 C2 要求关键故障集中元件对安全域都有较好的提升效果。具体阈值可以人为根据经验或需求确定。条件 C3 要求关键故障集中的每个元件都对安全域的提升有实质贡献。

2.6　城市配电网安全性分析的假设

DSSR 的主要应用场景为城市配电网，主要原因是①用户对供电可靠性具有较高要求。②网络规模大，联络结构复杂，安全性分析难度更大。③自动化、信息化程度高，能获得足够的基础数据并能实行控制方案。

城市配电网通常具有如下特征：

(1) 供电半径较短。

(2) 同回馈线主干线的导体型号一致。

(3) 具有电压无功调节装置。

(4) 馈线自动化程度较高，负荷可以通过联络快速灵活转带。

(5) 采用标准接线模式，例如，手拉手单联络、两分段两联络。

基于上述特征，在城市配电网的安全性分析中常采用一些假设来简化分析。现有配电网安全性分析[4-11]和 DSSR[12-14]，以及实际城市配电网安全性分析也大都采用这些假设，主要包括以下几种。

(1) 采用直流潮流。简化考虑网损，认为全网节点电压相等。

由于供电半径较短，故网损较小，可通过网损系数计及在馈线出口负荷中；且变电站和馈线均有调压装置，电压越限不突出。故采用直流潮流误差较小。文献[15]～[17]的研究也表明，对于城市电网，基于直流潮流的安全性分析误差可以接受。

(2)我国广泛采用三相配变，因此忽略三相不平衡因素。

(3)城市配电网的安全约束仅考虑元件容量约束 C_C，忽略电压约束 C_V，可以由无功补偿解决。

(4)N-1 故障集只包括变电站主变以及馈线出口两种最常见的严重故障，认为在这两种故障校验通过的情况下，馈线中段发生 N-1 校验也能通过。

(5)馈线的容量约束只考虑馈线出口线路，这是由于回馈线导体型号通常一致[18]，所以 N-1 负荷转带后馈线出口处最易发生功率越限。

(6)考虑 N-1 约束时忽略正常运行的安全性约束(N-0 约束)，因为 N-1 安全约束通常更加严格。

参 考 文 献

[1] 谢莹华, 王成山, 葛少云, 等. 城市配电网接线模式经济性和可靠性分析[J]. 电力自动化设备, 2005, 25(7): 12-17.

[2] 刘健, 张志华, 张小庆, 等. 配电网模式化故障处理方法研究[J]. 电网技术, 2011, 35(11): 97-102.

[3] 王守相, 王成山. 现代配电系统分析[M]. 北京: 高等教育出版社, 2014.

[4] 刘健, 司玉芳. 考虑负荷变化的配电网架安全评估及其应用[J]. 电力系统自动化, 2011, 35(23): 70-75.

[5] 刘健, 毕鹏翔, 董海鹏. 复杂配电网简化分析与优化[M]. 北京: 中国电力出版社, 2012.

[6] 刘伟, 郭志忠. 配电网安全性指标的研究[J]. 中国电机工程学报, 2003, 23(8): 85-90.

[7] 张雪梅, 郭志忠. 配电网安全性分析的 k(N-1+1)准则[J]. 继电器, 2001, 29(10): 9-12, 37.

[8] 肖峻, 伊丽达, 佘步鑫, 等. 部分元件 N-1 下的配电网供电能力与安全域[J]. 电网技术, 2019, 43(4): 1170-1178.

[9] 邱丽萍, 范明天. 城市电网最大供电能力评价算法[J]. 电网技术, 2006, 30(9): 68-71.

[10] 胡尊张, 艾欣. 配电网供电能力计算研究[J]. 现代电力, 2006, 23(3): 16-20.

[11] 刘健, 赵树仁, 张小庆, 等. 配电网故障处理关键技术[J]. 电力系统自动化, 2010, 34(24): 87-93.

[12] Xiao J, Gu W, Wang C, et al. Distribution system security region: Definition, model and security assessment[J]. IET Generation, Transmission and Distribution, 2012, 6(10): 1029-1035.

[13] 肖峻, 谷文卓, 王成山. 面向智能配电系统的安全域模型[J]. 电力系统自动化, 2013, 37(8): 14-19.

[14] 肖峻, 苏步芸, 贡晓旭, 等. 基于馈线互联关系的配电网安全域模型[J]. 电力系统保护与制, 2015, 43(20): 36-44.

[15] 肖峻, 刘世嵩, 李振生, 等. 基于潮流计算的配电网最大供电能力模型[J]. 中国电机工程学报, 2014, 34(31): 5516-5524.

[16] 肖峻, 李振生, 刘世嵩, 等. 电压约束及网损对配电网最大供电能力计算的影响[J]. 电力系统自动化, 2014, 38(5): 36-43.

[17] 肖峻, 左磊, 祖国强, 等. 基于潮流计算的配电系统安全域模型[J]. 中国电机工程学报, 2017, 37(17): 4941-4949.

[18] 蓝毓俊. 现代城市电网规划设计与建设改造[M]. 北京: 中国电力出版社, 2004.

第3章 配电安全域的定义与存在性

配电网是否存在安全域，这是 DSSR 理论的最基本问题，也是 DSSR 概念出现后最令人质疑的地方。在 DSSR 出现前的 N-1 仿真中，我们已经观测到状态空间中安全工作点和不安全工作点之间会出现分界现象，这暗示了安全边界的存在性。本章从仿真观测、数学推导、实证研究三个途径证明 DSSR 的存在性，为域方法在配电网的应用奠定基础。此外，本章还给出 DSSR 及安全边界的数学定义，这是 DSSR 理论的基石。

3.1 配电安全域的定义

3.1.1 通用安全域的数学定义

安全域是一个通用概念，不局限于配电网，还可适用于输电网、交通网、通信网等。首先给出通用安全域的数学定义：状态空间 Θ 中满足条件 C1～C4 的安全工作点 W 的集合，数学符号为

$$\Omega_{SR} = \{W \in \Theta \mid W \in C_{security}\} \tag{3-1}$$

式中，$C_{security}$ 为工作点需要满足的安全约束。对于不同类型的安全域，$C_{security}$ 的类型也不同。多数情况下，$C_{security}$ 可以表示为一组等式或不等式约束。

条件 C1～C4 具体如下所示。

C1：Ω_{SR} 存在边界点，即边界点集非空。

C2：边界封闭。所有边界点的集合构成边界。边界封闭的等价条件为边界将 n 维状态空间 Θ 分成互不连通的两个子空间 Θ^+, Θ^-，且 $\forall W_1 \in \Theta^+, W_2 \in \Theta^-$，$W_1$，$W_2$ 的连线一定与边界相交。

C3：边界围成的内部空间中，所有工作点都安全。

C4：边界外部空间所有工作点都不安全。

若条件 C1～C4 不完全满足，则 Ω_{SR} 只能称为安全集，不能称为安全域。

3.1.2 DSSR 的数学定义

配电系统安全域 DSSR 定义为状态空间 Θ 中所有满足条件 C1～C4 的安全工作点的集合。此处，式(3-1)中的 $C_{security}$ 替换为 N-0 安全约束、N-1 安全准则约束。

$$\Omega_{\text{DSSR}} = \{W \in \Theta \mid g_{\text{N-0}}(W) \leqslant 0, g_{\text{N-1}}(W) \leqslant 0\} \tag{3-2}$$

式中，$g_{\text{N-0}}(W) \leqslant 0$ 表示 N-0 安全约束，即式 (2-10) 的 $[V, S_B, S_T] \subset \{C_V \bigcup C_C\}$；$g_{\text{N-1}}(W) \leqslant 0$ 表示 N-1 安全准则，即式 (2-13) 的 $\forall \psi_k \in \Psi$，$[V, S_B, S_T]_k \subset \{C_V \bigcup C_C\}$。条件 C1～C4 与通用安全域 Ω_{SR} 中的描述相同。

从考虑 N-0 约束还是 N-1 约束的角度，DSSR 可以分为两类。①配电系统 N-1 安全域 (DSSR)：简称配电安全域，定义为满足 N-1 安全准则的所有工作点的集合，符号 Ω_{DSSR}。②配电系统 N-0 安全域 (DSSR0)：仅满足正常运行 (N-0) 安全约束的所有工作点的集合，符号 Ω_{DSSR0}。从无源配电网和有源配电网的角度，DSSR 的概念还可以进行划分，如表 3-1 所示 (TQSR 为全象限安全域 (total quadrants-distribution system security region))。

表 3-1　DSSR 规范概念

域类型	缩写	符号	名称	定义	网络类型
DSSR	DSSR	Ω_{DSSR}	无源网 N-1 安全域	满足 N-1 安全准则的所有工作点的集合	无源
	TQSR	Ω_{TQSR}	有源网 N-1 全象限安全域		有源
DSSR0	DSSR0	Ω_{DSSR0}	无源网 N-0 安全域	满足 N-0 安全约束的所有工作点的集合	无源
	TQSR0	Ω_{TQSR0}	有源配电网 N-0 全象限安全域		有源

3.2　DSSR 边界的数学定义

DSSR 边界是安全子空间和不安全子空间的分界线，是 DSSR 最重要的部分。

1) 边界分类

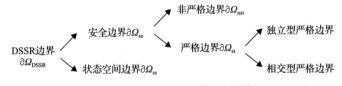

图 3-1　DSSR 边界的概念关系

从图 3-1 看出，任意 DSSR 边界由安全边界和状态空间边界组成；安全边界由严格边界和非严格边界两部分组成[1]。严格边界再分为两种：相交型严格边界和独立型严格边界。

2) 边界点

DSSR 边界点的定义为若以 W 为中心作任意球 $B(W; r)$，$B(W; r)$ 至少包含集合 Ω_{DSSR} 的一个点以及补集 $E-\Omega_{\text{DSSR}}$ 的一个点，则 W 为 Ω_{DSSR} 的边界点。E 为欧

氏空间，状态空间 Θ 是 E 的一个子集。DSSR 的边界定义为所有边界点的集合，记为 $\partial\Omega_{\mathrm{DSSR}}$:

$$\partial\Omega_{\mathrm{DSSR}}=\left\{W\left|\begin{array}{l}\forall r>0,\\B(W;r)\bigcap\Omega_{\mathrm{DSSR}}\neq\varnothing\\B(W;r)\bigcap(E-\Omega_{\mathrm{DSSR}})\neq\varnothing\end{array}\right.\right\} \tag{3-3}$$

3）状态空间边界

此处的状态空间边界仅包含参与构成 DSSR 封闭边界的部分。若以 W 为中心作任意球 $B(W;r)$ ， $B(W;r)$ 至少包含集合 Ω_{DSSR} 的一个点以及补集 $E-\Theta$ 的一个点，则 W 为 Ω_{DSSR} 的状态空间边界点[1]。状态空间边界定义为所有状态空间边界点构成的集合，记为 $\partial\Omega_{\mathrm{ss}}$:

$$\partial\Omega_{\mathrm{ss}}=\left\{W\left|\begin{array}{l}\forall r>0,\\B(W;r)\bigcap\Omega_{\mathrm{DSSR}}\neq\varnothing\\B(W;r)\bigcap(E-\Theta)\neq\varnothing\end{array}\right.\right\} \tag{3-4}$$

4）安全边界

安全边界由具有临界安全性的边界点构成。

临界安全性，简称临界性，即对于某安全工作点，至少存在一个负荷增加后，新工作点会不安全。

若以 W 为中心作任意球 $B(W;r)$ ， $B(W;r)$ 至少包含集合 Ω_{DSSR} 的一个点以及绝对补集 $\Theta-\Omega_{\mathrm{DSSR}}$ 的一个点，则 W 为 Ω_{DSSR} 的安全边界点。安全边界定义为所有安全边界点构成的集合，记为 $\partial\Omega_{\mathrm{se}}$:

$$\partial\Omega_{\mathrm{se}}=\left\{W\left|\begin{array}{l}\forall r>0,\\B(W;r)\bigcap\Omega_{\mathrm{DSSR}}\neq\varnothing\\B(W;r)\bigcap(\Theta-\Omega_{\mathrm{DSSR}})\neq\varnothing\end{array}\right.\right\} \tag{3-5}$$

按临界性的强弱程度（即限制负荷增加的严格程度），安全边界可分为严格安全边界和非严格安全边界两类。

严格临界性定义为对于某安全工作点，任何负荷单独增加都一定造成系统不安全。严格临界性的数学描述如下：

原工作点 $W=[S_1,S_2,\cdots,S_n]^{\mathrm{T}}$ 位于安全边界 $\partial\Omega_{\mathrm{se}}$ 上，即 $W\in\partial\Omega_{\mathrm{se}}$ 。第 j 个负荷增加后形成新工作点 $W'=[S_1,\cdots,S_j+\varepsilon,\cdots,S_n]^{\mathrm{T}}$ ，其中， ε 为任意小的正数。如果对于 $\forall\varepsilon>0$ 和 $j\in\{1,2,\cdots,n\}$ ，都有 $W'\notin\partial\Omega_{\mathrm{se}}$ ，则称工作点 W 具有严格临界性。

严格安全边界(简称严格边界)定义为所有具有严格临界性工作点的集合，记为$\partial \Omega_{\mathrm{st}}$:

$$\partial \Omega_{\mathrm{st}} = \left\{ W \left| \begin{array}{l} W = [S_1, \cdots, S_i, \cdots, S_n]^{\mathrm{T}} \in \partial \Omega_{\mathrm{se}} \\ W' = [S_1', \cdots, S_i', \cdots, S_n']^{\mathrm{T}} \\ S_j' = S_j + \varepsilon \\ S_i' = S_i (i \neq j) \\ \forall \varepsilon > 0, \forall j = 1, 2, \cdots, n, W' \notin \partial \Omega_{\mathrm{se}} \end{array} \right. \right\} \tag{3-6}$$

大多数配电网的严格边界都是多个近似为超平面的边界相交形成的，这样的边界称为相交型严格边界；极少数很小规模配电网的严格边界不是由多个超平面相交而是由单个超平面独立形成的，表示所有负荷在 N-1 后受到同一元件容量的限制，这样的边界称为独立型严格边界。

非严格临界性定义为具有临界性但不具备严格临界性，即对于某安全工作点，至少存在一个负荷单独增加会造成不安全，但同时也存在某一个负荷增加后仍然保持安全。

非严格临界性的数学描述如下：

原工作点 $W = [S_1, S_2, \cdots, S_n]^{\mathrm{T}}$ 位于安全边界 $\partial \Omega_{\mathrm{se}}$ 上，即 $W \in \partial \Omega_{\mathrm{se}}$。第 j 个负荷增加后形成新工作点 $W' = [S_1, \cdots, S_j + \varepsilon, \cdots, S_n]^{\mathrm{T}}$，其中，$\varepsilon$ 为任意小的正数。如果 $\exists \varepsilon > 0$，且 $\exists j \in \{1, 2, \cdots, n\}$，仍使得 $W' \in \partial \Omega_{\mathrm{se}}$，则称工作点 W 具有非严格临界性。

非严格安全边界(简称非严格边界)定义为所有具有非严格临界性工作点的集合，记为$\partial \Omega_{\mathrm{nst}}$:

$$\partial \Omega_{\mathrm{nst}} = \left\{ W \left| \begin{array}{l} W = [S_1, \cdots, S_i, \cdots, S_n]^{\mathrm{T}} \in \partial \Omega_{\mathrm{se}} \\ W' = [S_1', \cdots, S_i', \cdots, S_n']^{\mathrm{T}} \\ S_j' = S_j + \varepsilon \\ S_i' = S_i (i \neq j) \\ \exists \varepsilon > 0, \exists j = 1, 2, \cdots, n, W' \in \partial \Omega_{\mathrm{se}} \end{array} \right. \right\} \tag{3-7}$$

3.3 DSSR 与供电能力的关系

最大供电能力[2]是近年来提出的与输电网的输电能力 TTC(total transfer capability) 相对应的概念，指一定供电区域内配电网满足 N-1 准则条件下，考虑到网络实际运行情况下的最大的负荷供应能力[3-5]。TSC 数学模型可以简化表示为式(3-8)，是一个求解最优安全工作点的优化问题，其可行域就是 DSSR，求得 TSC 时对应的馈线负载率向量 F_{TSC} 就是整个系统的一个最优工作点。

$$\begin{cases} \max \sum_{i=1}^{n} S_i \\ \text{s.t.} \quad W = [S_1, \cdots, S_n] \in \Omega_{DSSR} \end{cases} \tag{3-8}$$

式中，S_i 为馈线 i 负荷；$W = [S_1, \cdots, S_n]$ 为工作点；TSC 为配电网所有馈线负荷之和的最大值。

式(3-8)表明：达到 TSC 时的工作点是 DSSR 边界上效率最高的点。TSC 也是 DSSR 的一个评价指标。

单一指标描述系统能力往往是不够的，例如，汽车发动机，最大功率仅描述了最佳转速下的输出能力，故还采用功率曲线来描述不同转速下的输出。我们发现，配电网存在供电能力曲线(TSC 曲线)，能完整地描述配电网的供电能力，最大供电能力是 TSC 曲线的一部分。

供电能力曲线定义为所有 DSSR 严格安全边界点负荷按从小到大排列构成的曲线[6]，记作 TSC$_{curve}$。图 3-2 给出了 TSC 曲线的样例。

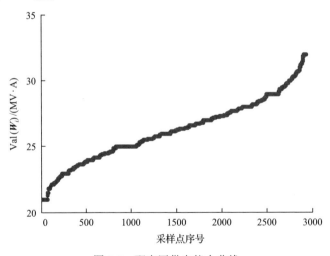

图 3-2　配电网供电能力曲线

曲线最高点的值为 TSC；其他点的值为严格边界点总负荷 $\text{Val}(W_i)$。多数情况下曲线最高点不止一个。在 N-1 约束下，TSC 曲线普遍存在曲线点的值相对于 TSC 下降的现象。

3.4　N-1 仿真分界现象

在大量配电网的 N-1 仿真中发现，状态空间中的安全工作点与不安全工作点之间存在分界现象[7]。

生成大量的工作点并投影在二维子空间；再对 N-1 安全和不安全的工作点分别标记："○"为安全点，"+"为不安全点。其中一个在平面 (S_7, S_1) 的安全性分界图像如图 3-3 所示。

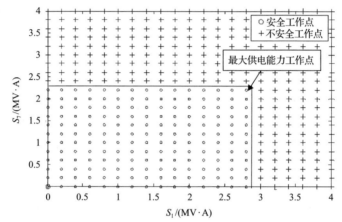

图 3-3　二维空间的工作点安全性分界现象

如图 3-3 所示，该二维空间分为两个区域：所有安全点集中在靠近原点一侧，不安全点在远离原点一侧，两个区域间有明显的分界线。最大供电能力工作点位于边界的顶点上。

相似地，三维空间的工作点安全性分界现象如图 3-4 所示。

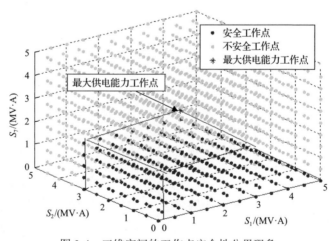

图 3-4　三维空间的工作点安全性分界现象

如图 3-4 所示，黑色点为安全点，灰色点为不安全点。在三维空间中，也观察到安全点和不安全点之间仍存在分界现象。

大量观测到的分界现象暗示了在安全点和不安全点之间很可能存在边界。

3.5　DSSR 存在性证明

从大量算例中观测到配电系统存在安全边界，对于任意配电网，安全域是否一定存在，需要严格的数学证明。本节先从数学上描述配电网 N-1 安全性，在此基础上对 DSSR 的存在性进行数学证明[8]。

配电安全域需要满足多个元件 N-1 安全的要求，首先讨论满足单个元件 N-1 安全的安全域，即单元件安全域。

定义节点状态空间 Θ_N 中，满足单元件 N-1 安全的所有工作点集合，同时满足条件 C1～C4 时，称为单元件安全域。

C1：集合存在边界点。

C2：边界封闭。

C3：边界围成的内部空间中，所有工作点都安全。

C4：边界外所有工作点都不安全。

第 k 个元件故障对应的安全域记为 $\Omega_{\text{of}}^{(k)}$。对于满足多个元件 N-1 安全的所有工作点集合，则相当于对多个 Ω_{of} 取交集。特别地，N-1 安全准则要求工作点满足故障集中所有元件 N-1 安全，所以配电系统的安全域为

$$\Omega_{\text{DSSR}} = \bigcap_{1 \leqslant k \leqslant p} \Omega_{\text{of}}^{(k)} \tag{3-9}$$

式中，p 表示故障集 Ψ 元件个数。

由式 (3-9) 可知，DSSR 是多个单元件安全域 Ω_{of} 的交集，因此先证明 Ω_{of} 的存在性。

进一步分析，多联络配电网结构中，N-1 后可能存在多种恢复方案，每种方案下满足相应安全约束工作点的集合仍然构成一个更小的域 Ω_b，即单元件单恢复方案安全域，Ω_{of} 为多个 Ω_b 取并集。

$$\Omega_{\text{of}}^{(k)} = \bigcup_{1 \leqslant l \leqslant q_k} \Omega_b^{(k,l)} \tag{3-10}$$

式中，q_k 表示元件 k N-1 后的故障恢复方案总数；(k,l) 表示第 k 个元件 N-1 后的第 l 种恢复方案。

由式 (3-9) 和式 (3-10) 可知，Ω_b 是组成 DSSR 的基本单元，因此从 Ω_b 的存在性入手，再结合集合交并运算，证明 Ω_{of} 以及 Ω_{DSSR} 的存在性。

由于 N-1 安全性分析是 DSSR 的基础，因此先定义安全函数 f_{N-1}，并证明了其具有连续且单调减的性质，为安全域存在性证明奠定基础。

3.5.1　N-1 安全函数

1. 安全函数的定义

在 N-1 安全性分析中度量系统安全或不安全程度的函数，称为安全函数，记为 f_{N-1}。

对具有电气连接关系的某区域配电网：m 回馈线 $(F_1,\cdots,F_m)$ 通过联络开关相连，共有 m 个馈线出口的根节点，n 个负荷节点；设 F_k 出口发生 N-1，按某种恢复方案 l 进行负荷转带，转带方案记为 (k,l)。F_i 出口线路功率为 $S_{F,i}$。

故障恢复后，在保持工作点不变(不失负荷)的前提下，若出现线路功率越限，则判定不满足 N-1 安全。通常，功率越限最易发生在馈线出口线路，所以 N-1 安全性可用馈线出口线路功率是否越限作为判据。构造具体的安全函数 f_{N-1}

$$f_{N-1} = \min_{i \in F}\left\{(c_{F,i} - S_{F,i})/c_{F,i}\right\} \tag{3-11}$$

式中，F 为 m 回馈线出口线路的集合。$S_{F,i}$ 为 F_i 出口线路功率；$c_{F,i}$ 为其上限，也是线路 i 的容量。式(3-11)表明，f_{N-1} 数值上等于 N-1 后各馈线剩余容量的最小值。$S_{F,i}$ 可用节点功率表示：

$$S_{F,i} = \sum_{k \in F_i} S_k \tag{3-12}$$

式中，$k \in F_i$ 表示负荷节点的电源为馈线 F_i。节点负荷 S_k 恰好为 Θ_N 状态空间中的工作点向量 W 的元素。综上，N-1 安全函数可表示为

$$f_{N-1}(W) = \min_{i \in F}\left\{\left(c_{F,i} - \sum_{k \in F_i} S_k\right)\Big/c_{F,i}\right\} \tag{3-13}$$

式中，$c_{F,i}$ 为常数。

安全函数值能量化系统安全的程度：值越大越安全；反之则越不安全。

2. 安全函数的性质

安全函数应满足以下性质。

1)连续性

由式(3-13)可知，$f_{N-1}(W)$ 是 m 个形如 $\left\{\left(c_{F,i} - \sum_{k \in F_i} S_k\right)\Big/c_{F,i}\right\}$ 表达式的最小值，

称每一个表达式为一个分段，则 $f_{N-1}(W)$ 的第 i 个分段为

$$f_{N-1,i}(W) = \left(c_{F,i} - \sum_{k \in F_i} S_k \right) \Big/ c_{F,i} \qquad (3\text{-}14)$$

$f_{N-1}(W)$ 在第 i 个分段具有初等函数形式，因此一定连续。对式(3-14)做恒等变形，可得

$$f_{N-1,i}(W) \times c_{F,i} + \sum_{k \in F_i} S_k = c_{F,i} \qquad (3\text{-}15)$$

当 $f_{N-1,i}(W)$ 取值确定时，式(3-15)为 n 维 Θ_N 中 N-1 维超平面 π_i，对应 $f_{N-1}(W)$ 的第 i 个分段；其法向量为 v_i。

因为配电网开环运行，N-1 后任一节点至多存在一个电源，即每个 S_k 只出现在一个超平面中。所以，$\forall s \neq t$，$\forall v_s \neq v_t$。即 π_s 和 π_t 恒不平行。所以，$\forall s \neq t$，$\pi_s \bigcap \pi_t \neq \varnothing$。因此 $f_{N-1,i}(W)$ 的不同分段之间连续。

综上，$f_{N-1}(W)$ 在整个状态空间连续。

图 3-5 可视化了一个配电网算例安全函数，可看出其连续性。

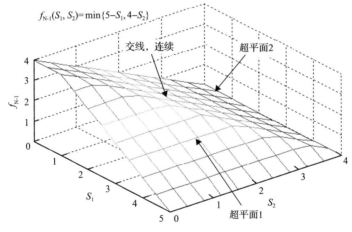

图 3-5　安全函数的连续性

2) 单调减性

总存在一个或多个分段 $f_{N-1,i}$ 为 $f_{N-1}(W)$ 提供函数值(称为 A 类分段)，而另一些分段则不为 $f_{N-1}(W)$ 提供函数值(称为 B 类分段)。

因为每个 S_k 只能在一个分段中出现，因此 S_k 也分为两类：记属于 A 类分段的 S_k 的编号集合为 Φ_A；属于 B 类分段的 S_k 编号集合为 Φ_B。$\Phi_A + \Phi_B$ 遍历 k 的所有取值 $1 \cdots n$。对 $f_{N-1}(W)$ 求偏导，可得

$$\frac{\partial f_{\text{N-1}}(W)}{\partial S_k} = \frac{\partial \min\limits_{i\in \boldsymbol{F}}\left\{\left(c_{\text{F},i} - \sum\limits_{k\in F_i} S_k\right)\right\}}{c_{\text{F},i} \times \partial S_k}$$

$$= \frac{\partial f_{\text{N-1},i}(W)}{c_{\text{F},i} \times \partial y_k} = \frac{\partial\left(c_{\text{F},i} - \sum\limits_{k\in F_i} S_k\right)}{c_{\text{F},i} \times \partial S_k} \qquad (3\text{-}16)$$

式中，分子 $f_{\text{N-1},i}(W)$ 恒为 A 类分段。

$\forall k\in \Phi_{\text{A}}$，式 (3-16) 分母中的 S_k 将在分子中出现，有 $\partial f_{\text{N-1}}(W)/\partial S_k = -1/c_{\text{F},i}$。

$\forall k\in \Phi_{\text{B}}$，式 (3-16) 分母中的 S_k 不会在分子中出现，即分子是分母的常函数，有 $\partial f_{\text{N-1}}(W)/\partial S_k = 0$。

$\forall k\in \Phi_{\text{A}}\bigcup \Phi_{\text{B}}$ 即 $\forall 1\leqslant k\leqslant n$，安全函数偏导数 $\partial f_{\text{N-1}}(W)/\partial S_k \leqslant 0$。因此，$f_{\text{N-1}}(W)$ 是 W 的单调减函数。

由 $f_{\text{N-1}}(W)$ 定义域和单调性，$f_{\text{N-1}}(W)$ 最大值在零点取到：$f_{\text{N-1}}(0)=1$。

$f_{\text{N-1}}(W)$ 单调减的性质表明，在当前工作点基础上，增加任意节点负荷的功率，整个系统的安全性一般会下降，至少不会提高。

另外，$f_{\text{N-1}}(W)$ 不是严格单调减的，当 $\forall k\in \Phi_{\text{B}}$，$\partial f_{\text{N-1}}(W)/\partial S_k = 0$。负荷增加后 $f_{\text{N-1}}(W)$ 值不变，这与安全性的定义方式有关。以系统元件裕量的最小值表征安全程度，当裕量较大线路的负荷增长时，由于瓶颈元件不变，安全函数值也不变。

3. 安全性的数学描述

将安全性问题转化为安全函数是否满足一个阈值的问题，以判断系统是否安全。由于 N-1 安全准则规定除故障段外不丢负荷，因此安全函数阈值取 0：

当 $f_{\text{N-1}}(W) > 0$ 时，系统为安全。

当 $f_{\text{N-1}}(W)=0$ 时，系统为临界安全状态。

当 $f_{\text{N-1}}(W) < 0$ 时，系统为不安全。

3.5.2　DSSR 的存在性证明思路

DSSR 存在性证明的总体思路归纳见图 3-6。

首先，N-1 安全分析是 DSSR 的基础，故先证明安全函数 $f_{\text{N-1}}$ 具有连续且单调减的性质，为安全域存在性证明奠定基础。

其次，DSSR 是多个单元件安全域 Ω_{of} 的交集，因此证明 Ω_{of} 的存在性。

最后，多联络配电网结构中，N-1 后可能存在多种恢复方案，每种方案下满足相应安全约束工作点的集合仍然构成一个更小的域 Ω_{b}，即单元件单恢复方案安全域，Ω_{of} 为多个 Ω_{b} 取并集。

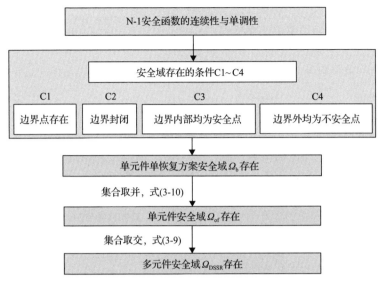

图 3-6　DSSR 存在性证明总体思路

可见，单元件单恢复方案安全域 Ω_b 是组成 DSSR 的最基本单元，因此从 Ω_b 存在性入手，再结合集合交并运算，证明 Ω_{of} 及 Ω_{DSSR} 的存在性。

3.5.3　单元件单恢复方案域的存在性证明

单元件单恢复方案安全域 Ω_b 描述为

$$\Omega_b = \{W \in \Theta_N \mid f_{N\text{-}1}(W) \geqslant 0\} \tag{3-17}$$

下面依次证明 Ω_b 满足性质 C1～C4。

1. C1 边界点存在

对于任意满足 $f_{N\text{-}1}(W)=0$ 的临界安全工作点 W，以其为中心作半径为 r 的广义球 $B(W;r)$。

设安全函数 $f_{N\text{-}1}(W)$ 的第 a 个分段为 $f_{N\text{-}1,a}(W)=0$，则根据安全函数单调减性质，$\forall k \in F_a$，有 $\partial f_{N\text{-}1}(W)/\partial S_k \leqslant 0$。

基于 W 构造两个广义球 $B(W;r)$ 内部点 W'、W'' 有

$$\begin{cases} W' = [S_1, \cdots, (S_k+0.5r), \cdots, S_n] \in B(W;r) \\ W'' = [S_1, \cdots, (S_k-0.5r), \cdots, S_n] \in B(W;r) \end{cases} \tag{3-18}$$

当 $r \to 0$ 时，球 $B(W;r)$ 体积趋向于 0。因为安全函数 $f_{N\text{-}1}(W)$ 连续且单调减，$f_{N\text{-}1}(W)=0$，所以有

$f_{N-1}(W') < 0$，W' 在的集合 $\Theta - \Omega_b$ 内。

$f_{N-1}(W'') > 0$，W'' 在集合 Ω_b 内。

由 C1 边界点定义：无论球 $B(W;r)$ 体积如何，球 $B(W;r)$ 中恒包含一个安全点 W' 和一个不安全点 W''，所以任意满足 $f_{N-1}(W)=0$ 的 W 都是边界点。所有 W 的集合记为 $\partial\Omega_{b,se}$，即 N-1 安全边界。

另外，状态空间边界上也存在 Ω_b 边界点。

综上，$\partial\Omega_b \neq \varnothing$，即存在边界点。C1 成立。

2. C2 边界封闭

定理 3-1　如果 n 维状态空间的 n 维超几何体 Ω 满足式(3-19)，则 Ω 表面(边界)封闭：

$$H_n = \sum_{x=0}^{n} (-1)^x m_x = 1 \tag{3-19}$$

式中，H_n 为空间示性数；m_x 表示第 x 维子空间的个数。式(3-19)在三维空间中简化为经典的欧拉公式

$$V + F - E = 2$$

式中，V 为 0 维子空间(点)个数 m_0；E 为 1 维子空间(线)个数 m_1；F 为二维子空间(面)的个数 m_2；同时，三维子空间为 Ω 本身，因此 $m_3 = 1$。

C2 证明过程如下。

第 1 步：证明 N-1 安全边界 $\partial\Omega_{b,se}$ 与坐标面边界(状态空间边界的一部分)围成的超几何体 Ω_1 边界封闭

$$
\begin{aligned}
\Omega_1 &= \{W \mid f_{N-1}(W) \geqslant 0, \forall 1 \leqslant i \leqslant n, S_i \geqslant 0\} \\
&= \left\{ W \mid \forall 1 \leqslant i \leqslant m, \sum_{k \in F_i} S_k \leqslant c_{F,i}, \forall 1 \leqslant i \leqslant n, S_i \geqslant 0 \right\}
\end{aligned} \tag{3-20}
$$

式(3-20)共有 $m+n$ 个不等式，将前 m 个不等式求和，后 n 个不等式保持不变，得到 Ω_1'：

$$
\begin{aligned}
\Omega_1' &= \left\{ W \mid \sum_{i=1}^{m} f_{N-1,i}(W) \geqslant 0, \forall 1 \leqslant i \leqslant n, S_i \geqslant 0 \right\} \\
&= \left\{ W \mid S_1 + S_2 + \cdots + S_n \leqslant \sum_{i=1}^{m} c_{F,i}, \forall 1 \leqslant i \leqslant n, S_i \geqslant 0 \right\}
\end{aligned} \tag{3-21}
$$

因为

$$f_{N-1}(W) \geqslant 0 \Leftrightarrow \forall 1 \leqslant i \leqslant m, f_{N-1,i}(W) \geqslant 0 \Rightarrow \sum_{i=1}^{m} f_{N-1,i}(W) \geqslant 0 \qquad (3-22)$$

所以

$$\Omega_1 \subset \Omega_1'$$

下面证明 $\partial\Omega_1'$ 封闭。

由式 (3-21)，Ω_1' 可由 $n+1$ 个不等式描述。如果 W 使得某不等式取等（即 $W \in \partial\Omega_1'$），则该不等式转化为 N-1 维超平面。因此，$\partial\Omega_1'$ 共由 $n+1$ 个 N-1 维超平面构成，其中 n 个为坐标面边界（$S_i = 0$）。

任取式 (3-21) 中的 x 个 N-1 维超平面方程联立线性方程组，$x < n+1$

$$Cy = c \qquad (3-23)$$

观察式 (3-23)，系数矩阵 C 行满秩，且满足

$$\text{rank}(C) = \text{rank}(\overline{C})$$

式中，rank 表示矩阵的秩；$\overline{C}$ 为 C 的增广矩阵。因此，式 (3-22) 一定有非零解，解集对应一个 $n-x$ 维子空间。因此，第 x 维子空间的个数为

$$m_x = C_{n+1}^{n-x}$$

利用级数展开项得到

$$H_n = \sum_{x=0}^{n} (-1)^x m_x = \sum_{x=0}^{n} (-1)^x C_{n+1}^{n-x}$$

$$= (-1)\left[\sum_{x=0}^{n} (-1)^{x+1} C_{n+1}^{n-x} + (-1)^0 C_{n+1}^0 - 1 \right] = -(-1+1)^{n+1} + 1 = 1 \qquad (3-24)$$

即式 (3-19) 成立，由定理 3-1，$\partial\Omega_1'$ 封闭。目前研究已有 Ω_1' 的超体积计算公式，也间接地表明 $\partial\Omega_1'$ 封闭。

再证明 $\partial\Omega_1$ 封闭，采用反证法。

假设 $\partial\Omega_1$ 不封闭，则由 C2 封闭定义，$\exists W \in \Omega_1$，无穷远点 $\notin \Omega_1$，W 与无穷远点的连线上的任一点表示为 kW，$1 < k < +\infty$，且满足

$$\forall 1 < k < +\infty, \quad kW \notin \partial\Omega_1 \qquad (3-25)$$

由式(3-20)，则式(3-25)可等价为

$$\forall 1 \leqslant i \leqslant m, \sum_{k \in F_i} (k \cdot S_k) > c_{F,i} \tag{3-26}$$

由式(3-26)可得

$$\sum_{i=1}^{m} \sum_{k \in F_i} (k \cdot S_k) = k(S_1 + S_2 + \cdots + S_n) > \sum_{i=1}^{m} c_{F,i} \tag{3-27}$$

再由式(3-21)可知，$kW \notin \partial \Omega_1'$。因为 $W \in \Omega_1 \subset \Omega_1'$，所以 W 与无穷远点的连线不经过 $\partial \Omega_1'$，$\partial \Omega_1'$ 不封闭。这与已知条件矛盾，假设不成立。因此 $\partial \Omega_1$ 封闭。

第 2 步：设状态空间为超长方体 Ω_2，如式(2-3)、式(2-4)所示，其边界显然封闭。

第 3 步：证明 Ω_b 的边界 $\partial \Omega_b$ 封闭。

因为 $\Omega_b = \Omega_1 \bigcap \Omega_2$，$\partial \Omega_b$ 一定由部分 $\partial \Omega_1$ 与部分 $\partial \Omega_2$ 构成，分别记为 $P(\partial \Omega_1)$、$P(\partial \Omega_2)$。

由第 1 步与第 2 步，$\partial \Omega_1$、$\partial \Omega_2$ 封闭，所以 $\forall W \in \Omega_b$，$W' \notin \Omega_b$，W 与 W' 的连线必然与 $P(\partial \Omega_1)$ 或 $P(\partial \Omega_2)$ 相交，因此也与 $\partial \Omega_b$ 相交。由 C2 定义，$\partial \Omega_b$ 封闭，C2 成立。

3. C3 边界内侧都是安全点

N-1 边界 $\partial \Omega_{b,se}$ 将状态空间 Θ_L^n 分为两个区域 Θ^+、Θ^-，称零点所在区域为 Θ^+，另一个区域为 Θ^-。

首先，$\forall W \in \partial \Omega_{b,se}$，$f_{N-1}(W)=0$。

其次，若 $\partial \Omega_b$ 的部分边界含有状态空间边界 $\partial \Omega_{b,ss}$，则 $\partial \Omega_{b,ss}$ 一定在 $\partial \Omega_{b,se}$ 的内侧。即 $\forall W \in \partial \Omega_{b,ss}$，$f_{N-1}(W) \geqslant 0$。

综上，对任一个非坐标轴边界点 W，有 $f_{N-1}(W) \geqslant 0$。

又因为 $f_{N-1}(W)$ 单调减且连续，所以 $\forall \lambda \in (0,1)$，$f_{N-1}(\lambda W) \geqslant 0$。这表明，在零点与 W 的连线上，安全函数值大于 0。由于零点与所有非坐标轴边界点的连线将遍历 Θ^+，可知边界围成的内部空间 Θ^+ 中，所有工作点安全，C3 成立。

4. C4 边界外侧都是不安全点

$\forall W \in \partial \Omega_{b,se}$，$f_{N-1}(W)=0$。$W^M = (S_1^M, \cdots, S_n^M)$，$W$ 与 W^M 连线任意一点 W' 可表示为

$$W' = \eta_1 W + \eta_2 W^{\mathrm{M}}, \qquad \forall \eta_1 + \eta_2 = 1, 0 \leqslant \eta_1, \eta_2 \leqslant 1$$

因为 $\forall 1 \leqslant i \leqslant n, S_i^{\mathrm{W}} > S_i$ ，所以 W' 可以转化为

$$W' = \eta_1 W + \eta_2 W + \eta_2 \varDelta = W + \eta_2 \varDelta, \qquad \forall 1 \leqslant i \leqslant n,\ \varDelta_i \geqslant 0$$

因为 $f_{\mathrm{N\text{-}1}}(W)$ 单调减且连续，所以

$$f_{\mathrm{N\text{-}1}}(W') = f_{\mathrm{N\text{-}1}}(W + \eta_2 \varDelta) < f_{\mathrm{N\text{-}1}}(W) = 0$$

这表明，在 W 和 W^{M} 的任意连线上，安全函数值小于 0。

而状态空间以外的区域，即使安全函数值大于 0，由于超出实际调度运行可能的范围，不予考虑。因此，所有 N-1 边界点与 W^{M} 的连线将遍历 $\varTheta^-$，可知边界外部所有工作点(且在状态空间内的)都是不安全的。C4 成立。

由上述证明可知，对于给定结构配电网，条件 C1～C4 都成立，满足 DSSR 数学定义，因此单元件单恢复方案安全域 $\varOmega_{\mathrm{b}}$ 一定存在。

3.5.4　单元件域的存在性证明

构造一个很小的超长方体

$$\varOmega_{\varepsilon} = \{ W \mid \forall 1 \leqslant k \leqslant n, 0 \leqslant S_k \leqslant \varepsilon \} \tag{3-28}$$

式中，ε 满足

$$0 < \varepsilon << \min_{1 \leqslant i \leqslant m} \{ c_{\mathrm{F},i} \} / n = M \tag{3-29}$$

由式(3-13)可知，当 $W = [M, \cdots, M, \cdots, M]$ 时，任意分段函数值均大于 0，$f_{\mathrm{N\text{-}1}}(W) > 0$。所以 $\varOmega_{\varepsilon}$ 的最远顶点也在 $\varOmega_{\mathrm{b}}$ 内部。因此 $\forall (k,l)$，$\varOmega_{\varepsilon} \subseteq \varOmega_{\mathrm{b}}^{(k,l)}$。这表明总存在一个 $\varOmega_{\varepsilon}$ 是所有 $\varOmega_{\mathrm{b}}^{(k,l)}$ 的公共子集，即任意两个 $\varOmega_{\mathrm{b}}^{(k,l)}$ 取交一定不为空集。

因为 $\varOmega_{\mathrm{of}}^{(k)} = \bigcup_{1 \leqslant l \leqslant qk} \varOmega_{\mathrm{b}}^{(k,l)}$，所以所有 $\varOmega_{\mathrm{b}}^{(k,l)}$ 互相连通，共同构成唯一一个新的超几何体 $\varOmega_{\mathrm{of}}$。这个新几何体和 $\varOmega_{\mathrm{b}}^{(k,l)}$ 一样，满足条件 C1～C4。

综上，对于给定配电网，$\varOmega_{\mathrm{of}}$ 一定存在。

3.5.5　多元件域的存在性证明

证明方法与 $\varOmega_{\mathrm{of}}$ 相似。

取式(3-28)和式(3-29)中描述的小长方体。由于 $\forall l$，$\varOmega_{\varepsilon} \subseteq \varOmega_{\mathrm{b}}^{(k,l)}$，且 $\varOmega_{\mathrm{of}}^{(k)} = \bigcup_{1 \leqslant l \leqslant qk} \varOmega_{\mathrm{b}}^{(k,l)}$。所以 $\forall k, \varOmega_{\varepsilon} \subseteq \varOmega_{\mathrm{of}}^{(k)}$。$\varOmega_{\varepsilon}$ 是所有 $\varOmega_{\mathrm{of}}$ 的公共子集。即 $\forall u \neq v$，

$\Omega_{of}^{(u)} \bigcap \Omega_{of}^{(v)} \neq \varnothing$ 。

因为 $\Omega_{DSSR} = \bigcap_{1 \leqslant k \leqslant p} \Omega_{of}^{(k)}$ 。所以所有 Ω_{of} 互相连通，最终共同构成唯一一个新的超几何体 Ω_{DSSR} 。这个新几何体和 Ω_{of} 一样，满足条件 C1～C4。

综上，已证明对于给定配电网，DSSR 一定存在。

3.6　DSSR 的实证研究

对天津市核心城区某配电网的 DSSR 进行实证研究。首先计算出该电网的安全边界方程，然后验证了计算所得安全边界在实际运行中是存在的[9]。

3.6.1　电网概况

该区域面积为 4.82km^2；含绍兴道、友谊路和利民道 3 座变电站，7 台主变，总容量 140MV·A；每台主变出线 6 回，共 42 回馈线，馈线总容量为 357.83MV·A。电网详细数据见表 3-2。该片电网已经完全实现配电自动化覆盖，馈线出口功率与关键馈线段负荷功率实现快速量测，负荷能通过 10kV 网络快速转移。

表 3-2　变电站 10kV 侧主变与馈线容量

变电站	变压器	变比/kV	主变容量/(MV·A)	馈线总容量/(MV·A)	编号
绍兴道	1#	35/10	20.000	47.388	T_1
	2#	35/10	20.000	52.376	T_2
友谊路	1#	35/10	20.000	53.692	T_3
	2#	35/10	20.000	54.038	T_4
利民道	1#	220/35/10	20.000	48.842	T_5
	2#	220/35/10	20.000	54.558	T_6
	3#	220/35/10	20.000	46.937	T_7

该区域电网有主要馈线联络 41 个，联络关系如图 3-7 所示。

选取最大日负荷为 90.74MV·A，馈线平均负载率为 0.25，主变平均负载率为 0.65。

3.6.2　安全边界计算结果

采用 4.4 节的 DSSR 解析法求解。在安全边界计算过程中，该电网的三个变电站与区域外的主变或馈线有联络时，将区域外的主变和馈线的最大日负荷作为相应主变和馈线的负载，即看成常量。

以绍兴道 1#主变为例，算例 DSSR 中与其相关的不等式有 13 个。为了简化表达形式，设 $S_{T,i}$ 为主变 i 正常运行时的负载，等于其所有馈线正常运行时的负荷之和。与绍兴道 1#主变相关的 13 个安全边界如下：

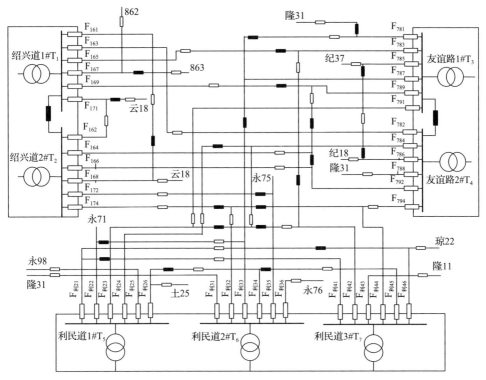

图 3-7　实际配电网的馈线联络关系

$$\partial\Omega_{se}=\partial\Omega_{se,1}\bigcup\partial\Omega_{se,2}\bigcup\cdots\bigcup\partial\Omega_{se,13}$$

$$=\left\{W\in\Omega_{DSSR}\left|\begin{array}{l}S_{F,161}+S_{F,168}=c_{F,168}\quad\text{或}\quad S_{F,161}+S_{T,2}+S_{F,171A}=c_{T,2}\quad\text{或}\\[4pt]S_{F,163}+S_{F,782}=c_{F,782}\quad\text{或}\quad S_{F,163}+S_{F,782}+S_{T,4}=c_{T,4}\quad\text{或}\\[4pt]S_{F,165}+S_{F,783}=c_{F,783}\quad\text{或}\quad S_{F,165}+S_{F,169}+S_{T,3}=c_{T,3}\quad\text{或}\\[4pt]S_{F,167A}+S_{F,863}=c_{F,863}\quad\text{或}\quad S_{F,167B}+S_{F,862}=c_{F,862}\quad\text{或}\\[4pt]S_{F,171A}+S_{F,162}=c_{F,162}\quad\text{或}\quad S_{F,171A}+S_{F,161}+S_{T,2}=c_{T,2}\,\text{或}\\[4pt]S_{F,171B}+S_{F,云18}=c_{F,云18}\quad\text{或}\quad S_{F,169}+S_{F,789}=c_{F,789}\quad\text{或}\\[4pt]S_{F,169}+S_{F,165}+S_{T,3}=c_{T,3}\end{array}\right.\right\}$$

$$(3\text{-}30)$$

3.6.3　安全边界验证

采用文献[10]方法验证式(3-30)安全边界的正确性，步骤如下：任取 N-1 仿真校验全通过的一个工作点。任取该工作点的一个馈线负荷作为自由变量，固定其他负荷，通过改变自由变量，反复进行 N-1 校验，直到 N-1 校验达到临界状态。

将该点代入 DSSR 安全距离表达式(3-30)中，判断该点是否在边界上。继续增加负荷值，再代入式(3-30)，判断该点将在安全边界外。

例如，取馈线负荷$S_{利32}$为自由变量，其他负荷固定。当$S_{利32}$上负荷大小分别为2.0992MV·A(工作点W_A)、3.5992MV·A(工作点W_B)、5.0769MV·A(工作点W_C)、5.0992MV·A(工作点W_D)、5.5992MV·A(工作点W_E)时，得到安全距离(表3-3)以及 N-1 结果(表3-4)。

表3-3　不同负荷下的馈线安全距离　　　　　　(单位：MV·A)

馈线	工作点 W_A	工作点 W_B	工作点 W_C	工作点 W_D	工作点 W_E
172	1.1280	1.1280	1.1280	1.1280	1.0296
781A	1.2317	1.2317	1.1309	1.1086	0.6086
787	1.2317	1.2317	1.1309	1.1086	0.6086
利22A	0.1374	0.1374	0.0000	−0.0223	−0.5223
利26A	0.1374	0.1374	0.0000	−0.0223	−0.5223
利31	2.9777	1.4777	0.0000	−0.0223	−0.5223
利32	2.9777	1.4777	0.0000	−0.0223	−0.5223
利33A	2.9777	1.4777	0.0000	−0.0223	−0.5223
⋮	⋮	⋮	⋮	⋮	⋮
利45	3.2502	1.7502	0.2725	0.2502	−0.2498
利46B	3.4906	2.3750	0.8973	0.8750	0.3750

注：仅列安全距离出现变化的部分；用 A、B、C 表示同一馈线的不同分段。

表3-4　不同负荷下的 N-1 校验结果

工作点	不通过 N-1 校验的线路	不通过 N-1 校验的主变	刚好通过 N-1 校验的线路	刚好通过 N-1 校验的主变
W_A	—	—	—	—
W_B	—	—	—	—
W_C	—	—	—	利民道 1#
W_D	—	利民道 1#	—	—
W_E	—	利民道 1#、利民道 3#	—	—

从表3-3和表3-4可知，工作点W_A是安全的。当利32负荷不断增长时，工作点将不断地靠近安全边界。当负荷增量为2.9777MV·A(对应工作点W_A安全距离)时，工作点由W_A过渡到W_C，W_C正处于安全边界上，表现为多回馈线安全距离为0MV·A，且有主变利民道 1# N-1 校验刚好通过。

当利 32 负荷再继续增长，工作点不断远离安全边界，当负荷增量为 5.5992MV·A 时（工作点 W_E），馈线段安全距离为负，且主变利民道 1#和利民道 3# N-1 校验不通过；若此时利 32 负荷减小 0.5223MV·A（工作点 W_E 时利 32 安全距离绝对值）到 5.0769MV·A 时（工作点 W_C），工作点又回到安全边界上。

上述结果清晰地表明，该配电网存在一个安全边界，该边界反映了该配电网的 N-1 安全工作点的范围。

3.7　本 章 小 结

本章给出了 DSSR 的严格数学定义，并从仿真观测、数学推导、实证研究三个途径证明了 DSSR 的存在性。

(1) 本章给出了 DSSR 的严格数学定义：DSSR 不仅是状态空间所有安全点的集合，还应满足 4 个条件：边界点存在；边界封闭；边界内所有工作点安全；边界外所有工作点不安全。

(2) 对于一个配电系统，当确定安全性准则和运行规则后，能得到唯一的 DSSR。

(3) 本章给出了 DSSR 边界的数学定义和分类：任意 DSSR 边界由安全边界和状态空间边界组成；安全边界由严格边界和非严格边界两部分组成。严格边界再分为两种：相交型严格边界和独立型严格边界。

(4) 基于 N-1 仿真法，观测到大量配电网算例的 DSSR 边界。

(5) 本章介绍了 DSSR 存在性的数学证明。先给出了 N-1 安全函数的概念，并证明其具有连续性和单调减性。然后基于该函数，证明了 DSSR 一定满足其数学定义规定的 4 个条件。

(6) 对一个较大规模实际城市配电网的安全域进行实证研究，计算表明实际电网存在 DSSR，DSSR 完整地反映了该电网 N-1 安全的工作点范围。

参 考 文 献

[1] 肖峻, 肖居承, 张黎元, 等. 配电网的严格与非严格安全边界[J]. 电工技术学报, 2019, 34(12): 2637-2648.

[2] 王成山, 罗凤章, 肖峻, 等. 基于主变互联关系的配电系统供电能力计算方法[J]. 中国电机工程学报, 2009, 29(13): 86-91.

[3] 肖峻, 谷文卓, 郭晓丹. 配电系统供电能力模型[J]. 电力系统自动化, 2011, 35(24): 47-52.

[4] Luo F Z, Wang C S, Xiao J, et al. Rapid evaluation method for power supply capability of urban distribution system based on N-1 contingency analysis of main-transformers[J]. International Journal of Electrical Power and Energy Systems, 2010, 32(10): 1063-1068.

[5] 肖峻, 祖国强, 甄国栋. 智能配电网的供电能力[M]. 北京: 中国电力出版社, 2019.

[6] 肖峻, 张苗苗, 司超然, 等. 配电网的供电能力分布[J]. 电网技术, 2017, 41(10): 3326-3335.

[7] 肖峻, 贡晓旭, 贺琪博, 等. 智能配电网 N-1 安全边界拓扑性质及边界算法[J]. 中国电机工程学报, 2014, 34(4): 545-554.

[8] 肖峻, 祖国强, 白冠男, 等. 配电系统安全域的数学定义与存在性证明[J]. 中国电机工程学报, 2016, 36(18): 4828-4836, 5106.

[9] 肖峻, 祖国强, 贺琪博, 等. 配电网安全域的实证分析[J]. 电力系统自动化, 2017, 41(3): 153-160.

[10] 肖峻, 甄国栋, 祖国强, 等. 配电网安全域法的改进及与 N-1 仿真法的对比验证[J]. 电力系统自动化, 2016, 40(8): 57-63.

第4章 配电安全域的模型及求解

本章介绍配电安全域的数学模型和求解方法。符合安全域定义,针对不同实际场景,选择不同工作点及约束条件,可以构成不同的域模型。安全边界是域边界的最关键部分,因此域模型求解的目的是得到安全边界。求解方法主要包括逐点仿真法和解析法。

4.1 DSSR 的数学模型

从工作点视角和潮流模型上,DSSR 模型可分为 4 类(M1~M4)。

M1:节点注入空间的交流潮流 DSSR 模型,简称节点交流模型。

M2:节点注入空间的直流潮流 DSSR 模型,简称节点直流模型。

M3:馈线/馈线段空间的直流潮流 DSSR 模型,简称馈线直流模型。

M4:馈线/馈线段空间的交流潮流 DSSR 模型,简称馈线交流模型。

馈线/馈线段空间的含义是将馈线或馈线段的所有负荷节点等效成一个负荷节点,再采用等效节点的功率注入空间。当配电网接线没有分段时,采用馈线;当有分段时,采用馈线段。

M1 是最精确的 DSSR 的模型,但是使用并不多,原因是①实际配电网节点规模一般很大,取得数据困难;②实际配电网安全性分析往往不采用精确的潮流计算,只是对馈线出口功率进行简单的加减。

模型 M2~M4 基于 M1 简化得到,使用更广,原因是①DSSR 主要应用场景为城市配电网,广泛地采用标准接线模式,此时工作点采用馈线/馈线段空间可以满足安全性分析的精度;②配电网电压越限往往带来的是电能质量问题,而容量越限更易直接导致失负荷,因此直流潮流更能突出容量约束这个安全性中的主要矛盾;在有功潮流合理情况下,若出现电压问题,通过调压措施不难解决。

4.2 节与 4.3 节将给出 M3 和 M4 两种模型。

4.2 DSSR 的直流潮流模型

文献[1]、[2]给出馈线/馈线段空间的直流 DSSR 模型及其边界表达式,式(4-1)为满足 N-1 安全准则的 DSSR 模型:

$$\Omega_{\text{DSSR}} = \begin{cases} S_{\text{F},m} = \sum_{n=1} S_{\text{f,tr}}^{m,n} \\ S_{\text{f,tr}}^{m,n} + S_{\text{F},n} \leqslant c_{\text{F},n}, \forall m,n \\ S_{\text{T,tr}}^{i,j} = \sum_{F_m \in T_i, F_n \in T_j} S_{\text{f,tr}}^{m,n} \\ S_{\text{T},i} = \sum_{F_m \in T_i} S_{\text{F},m}, \forall i \\ S_{\text{T,tr}}^{i,j} + S_{\text{T},j} \leqslant c_{\text{T},j}, \forall i,j \end{cases} \tag{4-1}$$

式中，$S_{\text{F},m}$ 为馈线 m 出口负荷；$S_{\text{f,tr}}^{m,n}$ 为馈线 m 发生 N-1 后转移到馈线 n 的负荷，就是馈线段负荷 S_i；$S_{\text{T,tr}}^{i,j}$ 为主变 i 发生 N-1 后转移到主变 j 的负荷。

式(4-1)中的公式具体含义如下所示。

$S_{\text{F},m} = \sum_{n=1} S_{\text{f,tr}}^{m,n}$ 表示馈线 m 出口负荷等于每个馈线分区负荷总和；

$S_{\text{f,tr}}^{m,n} + S_{\text{F},n} \leqslant c_{\text{F},n}, \forall m,n$ 表示馈线 m 发生 N-1 退出运行时，负荷经由联络开关转带至馈线 n 且不发生过载；$S_{\text{T,tr}}^{i,j} = \sum_{F_m \in T_i, F_n \in T_j} S_{\text{f,tr}}^{m,n}$ 表示主变 i 出现 N-1 退出运行后，经过与 i 和 j 之间相连的馈线将负荷转带至主变 j；$S_{\text{T},i} = \sum_{F_m \in T_i} S_{\text{F},m}, \forall i$ 表示主变所带的负荷等于所有馈线负荷总和；$S_{\text{T,tr}}^{i,j} + S_{\text{T},j} \leqslant c_{\text{T},j}, \forall i,j$ 表示主变 i 发生 N-1 退出运行时其所有负荷均转带至主变 j，主变 j 不发生过载。

需要指出，由于 N-1 约束通常比 N-0 约束更为严格，因此模型(4-1)只列写了 N-1 约束。此外，直流潮流模型并非不能考虑网损，可以通过固定的网损系数来近似考虑网损。

4.3　DSSR 的交流潮流模型

直流潮流模型突出了负荷在 N-1 后的转带关系，但是忽略了网损及电压约束对 DSSR 的影响，牺牲了模型的精度。对于线路普遍较短的城市配电网，由于电压降落与网损均较小，基于直流潮流的 DSSR 模型与实际安全性分析结果误差较小，工程上可以接受[3]；但是在一些场景下则难以适用，例如，线路较长的农村配电网[4]、对于节点电压幅值要求更严格的配电网[5]等，因此需要建立更加精确的采用交流潮流的 DSSR 模型[6]。

设系统的馈线段总数为 n，则工作点是 n 个馈线段负荷的视在功率所组成的 n

维向量，表达式同式(2-2)。

基于配电系统的潮流方程，在符合主变 N-1 和馈线 N-1 的共同约束下，给出一种便于线性规划软件(如 LINGO)求解的 DSSR 交流模型：

$$
\Omega_{\text{DSSR}} =
\begin{cases}
S_{\text{F},m} = \displaystyle\sum_{n=1} S_{\text{f,tr}}^{m,n} + \text{Loss}_m \\[2mm]
S_{\text{f,tr}}^{m,n} + \displaystyle\sum_{m=1} S_{\text{f,tr}}^{n,m} + \text{Floss}_{mn} \leqslant c_{\text{F},n} \ , \forall m,n \\[2mm]
S_{\text{T,tr}}^{i,j} = \displaystyle\sum_{\text{F}_m \notin \text{T}_i, \text{F}_n \in \text{T}_j} \left(\sum_{m=1} S_{\text{f,tr}}^{m,n} + \text{Loss}_n \right) \\[2mm]
S_{\text{T,tr}}^{i,j'} = \displaystyle\sum_{\text{F}_m \in \text{T}_i, \text{F}_n \in \text{T}_j} \left(S_{\text{f,tr}}^{m,n} + \sum_{m=1} S_{\text{f,tr}}^{n,m} + \text{Floss}_{mn} \right) \\[2mm]
S_{\text{T,tr}}^{i,j} + S_{\text{T,tr}}^{i,j'} \leqslant c_{\text{T},j} \ , \forall i,j \\[2mm]
U_{\text{zc}}^{m(k+1)} \geqslant U_{\text{N}} \cdot b \\[2mm]
U_{m}^{m,n(k+1)} \geqslant U_{\text{N}} \cdot b
\end{cases}
\tag{4-2}
$$

式中，$S_{\text{F},m}$ 为第 m 回馈线的出口的视在功率；$S_{\text{f,tr}}^{m,n}$ 为馈线段 m 在故障情况下向馈线段 n 转带的负荷；Loss_m 为馈线 m 正常运行时的功率损耗；Floss_{mn} 为馈线段 m 在故障情况下与馈线段 m 相连的馈线段 n 上的损耗；$S_{\text{T,tr}}^{i,j}$ 为主变 i 发生 N-1 转带后，主变 j 上与主变 i 不相连馈线出口潮流之和；$S_{\text{T,tr}}^{i,j'}$ 为主变 i 发生 N-1 转带后，主变 j 上与主变 i 相连馈线出口潮流之和；T_i 为主变 i；$\text{F}_m \in \text{T}_i$ 为馈线 m 出自主变 i 的对应母线；U_{N} 为母线额定电压；U_{zc}^{m} 为馈线 m 正常运行电压；b 为电压允许降落最低百分比。

模型中的损耗 Loss_m、Floss_{mn} 及节点电压 $U_{\text{zc}}^{m(k+1)}$、$U_{m}^{m,n(k+1)}$ 都是基于经典的前推回代算法的潮流计算[7]得到的。

式(4-2)中的公式具体含义如下所示。

$S_{\text{F},m} = \displaystyle\sum_{n=1} S_{\text{f,tr}}^{m,n} + \text{Loss}_m$ 表示馈线出口潮流等式；$S_{\text{f,tr}}^{m,n} + \displaystyle\sum_{m=1} S_{\text{f,tr}}^{n,m} + \text{Floss}_{mn} \leqslant$ $c_{\text{F},n} , \forall m,n$ 表示馈线的容量约束，馈线 m 出现 N-1 退出运行，负荷经过馈线联络转带给馈线 n 时，馈线 n 不能过载；$S_{\text{T,tr}}^{i,j} = \displaystyle\sum_{\text{F}_m \notin \text{T}_i, \text{F}_n \in \text{T}_j} \left(\sum_{m=1} S_{\text{f,tr}}^{m,n} + \text{Loss}_n \right)$ 表示主变 i 发生 N-1 时，主变 j 上与主变 i 不相连的馈线出口潮流之和；$S_{\text{T,tr}}^{i,j'} = \displaystyle\sum_{\text{F}_m \in \text{T}_i, \text{F}_n \in \text{T}_j}$

$\left(S_{\text{f,tr}}^{m,n} + \sum_{m=1} S_{\text{f,tr}}^{n,m} + \text{Floss}_{mn}\right)$ 表示主变 i 发生 N-1 时，主变 j 上与主变 i 相连的馈线

出口潮流之和；$S_{\text{T,tr}}^{i,j} + S_{\text{T,tr}}^{i,j'} \leqslant c_{\text{T},j}, \forall i,j$ 表示主变 N-1 时的容量约束，主变 i 出现

N-1 退出运行，负荷经过馈线联络转带给主变 j 时，主变 j 不能过载；$U_{\text{zc}}^{m(k+1)} \geqslant U_{\text{N}} \cdot b$

表示正常运行时节点 m 的电压约束；$U_m^{m,n(k+1)} \geqslant U_{\text{N}} \cdot b$ 表示馈线 N-1 后的电压约束，

表示馈线 m 发生 N-1 后，与馈线段 m 有联络的馈线 n 上的最大允许电压偏移量。

式(4-3)中各符号的物理含义如图 4-1 所示。

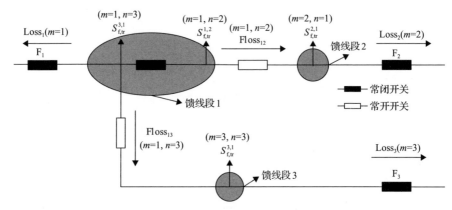

图 4-1　交流潮流 DSSR 模型符号物理含义

相较于直流潮流的 DSSR 模型，模型基于精确的交流潮流，求得的 DSSR 更
为精确，可以反映网损与电压约束对 DSSR 的影响。

4.4　解析法求解

解析法指通过数学推导方式，从 DSSR 模型中推导出解析表达式。将式(4-1)
模型约束中的等式代入不等式，可得到式(4-3)所示的 DSSR 解析表达式：

$$\Omega_{\text{DSSR}} = \left\{ W \middle| \begin{cases} S_{\text{F},i} + S_{\text{F},u} \leqslant c_{\text{F},u}^{(i)} \\ S_{\text{F},i} + \sum_{\text{F}_u \in \text{T}_i, \text{F}_j \in \text{T}_t} S_{\text{F},j} + \sum_{\text{F}_i \in \text{T}_j, \text{F}_k \in \text{T}_j, \text{F}_k \neq \text{F}_i} S_{\text{F},k} \leqslant c_{\text{T},t} \\ i = 1, \cdots, n \end{cases} \right\} \tag{4-3}$$

式中，$c_{\text{F},u}^{(i)}$ 为馈线 u 的容量，也表示馈线 u 与 $S_{\text{F},i}$ 有转带关系。式(4-3)共 n 行，
对应 $2n$ 个不等式。式(4-3)通过剔除 $2n-m$ 个无效约束，最终可化简为 m 个最简

不等式($m \leqslant 2n$)。无效约束本质上是线性不等式组的冗余约束问题,已有成熟的数学方法来解决[8,9]。

$$\Omega_{\text{DSSR}} = \{W \mid h_1(W) \leqslant c_1, h_2(W) \leqslant c_2, \cdots,$$
$$h_m(W) \leqslant c_m\} \tag{4-4}$$

式中,$h_i(W)$ 和 c_i 分别是式(4-3)中各式左端和右端的简化表达形式,$i = 1, 2, \cdots, m$。

式(4-4)得到第 i 个安全边界(记 β_i)的解析表达式为

$$\beta_i = \{W \mid h_1(W) \leqslant c_1, \cdots, h_{i-1}(W) \leqslant c_{i-1}, h_i(W) = c_i,$$
$$h_{i+1}(W) \leqslant c_{i+1}, \cdots, h_m(W) \leqslant c_m\}, \quad i = 1, \cdots, m \tag{4-5}$$

式中,β_i 的解析表达式相当于式(4-4)中第 i 个不等式取等号,而其余不等式保持不变。其简洁形式为

$$\beta_i = \{W \in \Omega_{\text{DSSR}} \mid h_i(W) = c_i\} \tag{4-6}$$

式中,$W \in \Omega_{\text{DSSR}}$ 相当于不等式约束,确保等式约束在 DSSR 范围内。将式(4-3)到式(4-4)转化中所剔除的 $2n{-}m$ 个不等式对应的超平面,称为无效边界。

将各 β_i 求并集,得到完整边界 $\partial\Omega_{\text{DSSR}}$ 为

$$\partial\Omega_{\text{DSSR}} = \beta_1 \bigcup \beta_2 \bigcup \cdots \bigcup \beta_m$$
$$= \{W \in \Omega_{\text{DSSR}} \mid h_1(W) = c_1 \text{ 或 } h_2(W) = c_2$$
$$\text{ 或 } \cdots h_{m-1}(W) = c_{m-1} \text{ 或 } h_m(W) = c_m\} \tag{4-7}$$

由 3.2 节可知,DSSR 安全边界还分为严格边界和非严格边界。对式(4-4)中多个(含 1 个)不等式取等,其余不等式不变,若取等的式子形式上包含了 W 中的所有元素,则得到严格边界[2];否则为非严格边界。

4.5 仿真法求解

交流潮流 DSSR 模型是非线性的,因此很难像已有直流潮流 DSSR 模型一样写出解析表达式,可以通过仿真法计算。需要指出,已有文献尚未提出求解完整边界的仿真法,只是可以得到局部 DSSR 边界。

计算 DSSR 边界在 u、v 平面的二维投影,其中 S_u、S_v 分别为馈线段 u、v 的负荷功率。总体思路是以馈线段负荷 S_u、S_v 作为变量,固定其他馈线段负荷为常量。在二维状态空间内选取多个 S_u 点;对于每一个 S_u,采用逼近方法得到临界安全对应的 S_v 点;再将所有邻近点拟合得到边界。逼近时采用 TSC 点为初始值参考。

二维边界计算流程如图 4-2 所示, 总共包括 TSC 计算、逼近法求安全边界点和边界点拟合 3 个步骤。

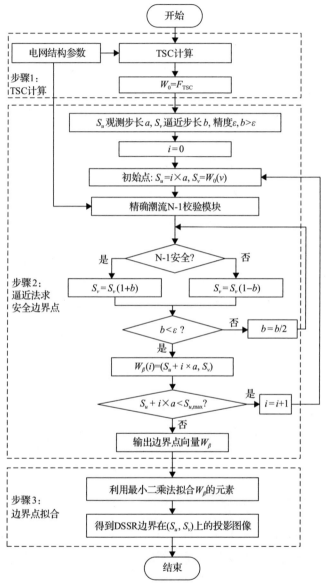

图 4-2 二维安全边界计算流程

步骤 1: TSC 计算。

(1)根据电网结构参数, 计算最大供电能力 TSC 及其馈线段负荷分布。TSC

计算方法见文献[10]。

(2)选择馈线段负荷 S_u，S_v 作为变量，固定其他馈线段负荷为常量 F_{TSC}。其中，F_{TSC} 为 TSC 水平下的馈线段负荷分布。

步骤 2：逼近法求安全边界点。

(1)对于 u 方向，在[0, $S_{u,max}$]之间取一系列点，点间隔为 a；在 v 方向，初始的逼近步长为 b；设收敛精度为 ε。初始待校验点设为$(0, F_{TSC}(v))$。

(2)对待校验工作点进行 N-1 安全校验。校验模块计及精确的潮流计算。

(3)判断 N-1 校验结果。若校验通过，令 $S_v=S_v(1+b)$；若不通过，令 $S_v=S_v(1-b)$。

(4)判断 b 是否小于 ε。若小于，则将$(S_u+i×a, S_v)$记为向量 W_β 的第 i 个元素；否则，令 $b = b/2$，然后返回(2)。

步骤 3：边界点拟合。

利用最小二乘法拟合向量 W_β 的元素，将拟合结果绘制在(u,v)平面上，即得到 DSSR 边界在 u,v 平面上的图像。

上述方法具有如下特点。

(1)相比解析法，可以得到更精确的安全边界。原因是在 N-1 安全校验环节中采用了完整的交流潮流计算，而没有进行直流潮流简化。

(2)参考了 TSC 点作为初始值逼近，大大缩短了计算时间。与传统的二分法[11]求边界相比较，计算速度提升了约 50%。

(3)简单直观，便于可视化观测安全边界。

由于负荷重载时安全性问题最为突出，因此在 TSC 点展开的安全边界具有重要的应用价值。计算时若当前工作点远离 TSC 点，将初始点改为当前工作点后上述流程仍然适用。

4.6　算　例　分　析

由于 DSSR 主要应用在城市配电网，城市配电网供电半径较短，电压降不大且有调压措施，因此推荐优先采用直流潮流模型和解析法。交流潮流模型的计算可进一步阅读文献[6]。

4.6.1　算例概况

算例电网的网架结构如图 4-3 所示，共 3 座 35kV 变电站和 7 回 10kV 馈线，其中单联络馈线 4 回，多分段多联络馈线 3 回，总变电容量为 56MV·A。

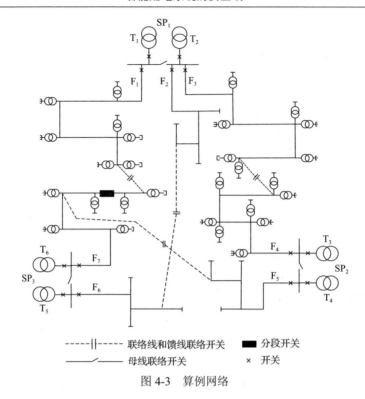

图 4-3　算例网络

表 4-1 和表 4-2 分别是变电站和联络线容量数据。

表 4-1　变电站主变数据

变电站	主变压器	变比	主变容量/(MV·A)	馈线总容量/(MV·A)	容量匹配比例
SP₁	T₁	35kV/10kV	10.0	9	0.900
	T₂	35kV/10kV	10.0	18	1.800
SP₂	T₃	35kV/10kV	8.0	9	1.125
	T₄	35kV/10kV	8.0	9	1.125
SP₃	T₅	35kV/10kV	10.0	9	0.900
	T₆	35kV/10kV	10.0	9	0.900

注：容量匹配比例=主变馈线总容量/主变容量

表 4-2　主变间联络的线路容量数据

联络主变编号	联络线路数	联络容量/(MV·A)
1～6	1	9
2～3	1	9
2～5	1	9
4～6	1	9

4.6.2　安全域的求解结果

根据式(4-3)所示 DSSR 解析表达式,代入主变容量、馈线容量等算例参数后得到

$$
\Omega_{\mathrm{DSSR}} = \left\{ W \left|
\begin{array}{l}
S_{\mathrm{F},1}+S_{\mathrm{F},71}+S_{\mathrm{F},72} \leqslant 9 \\
S_{\mathrm{F},1}+S_{\mathrm{F},71}-S_{\mathrm{F},72} \leqslant 10 \\
S_{\mathrm{F},2}+S_{\mathrm{F},6} \leqslant 9 \\
S_{\mathrm{F},2}+S_{\mathrm{F},6} \leqslant 10 \\
S_{\mathrm{F},3}+S_{\mathrm{F},4} \leqslant 9 \\
S_{\mathrm{F},3}+S_{\mathrm{F},4} \leqslant 8 \\
S_{\mathrm{F},4}+S_{\mathrm{F},3} \leqslant 9 \\
S_{\mathrm{F},4}+S_{\mathrm{F},2}+S_{\mathrm{F},3} \leqslant 10 \\
S_{\mathrm{F},5}+S_{\mathrm{F},71}+S_{\mathrm{F},72} \leqslant 9 \\
S_{\mathrm{F},5}+S_{\mathrm{F},71}+S_{\mathrm{F},72} \leqslant 10 \\
S_{\mathrm{F},6}+S_{\mathrm{F},2} \leqslant 9 \\
S_{\mathrm{F},6}+S_{\mathrm{F},2}+S_{\mathrm{F},3} \leqslant 10 \\
S_{\mathrm{F},71}+S_{\mathrm{F},5} \leqslant 9 \\
S_{\mathrm{F},71}+S_{\mathrm{F},5} \leqslant 8 \\
S_{\mathrm{F},72}+S_{\mathrm{F},1} \leqslant 9 \\
S_{\mathrm{F},72}+S_{\mathrm{F},1} \leqslant 10
\end{array}
\right. \right\}
\tag{4-8}
$$

对式(4-8)的 16 个不等式进行化简,剔除的 9 个无效不等式,如下:

$$
\left\{
\begin{array}{l}
S_{\mathrm{F},1}+S_{\mathrm{F},71}-S_{\mathrm{F},72} \leqslant 10 \\
S_{\mathrm{F},2}+S_{\mathrm{F},6} \leqslant 10 \\
S_{\mathrm{F},3}+S_{\mathrm{F},4} \leqslant 9 \\
S_{\mathrm{F},4}+S_{\mathrm{F},3} \leqslant 9 \\
S_{\mathrm{F},5}+S_{\mathrm{F},71}+S_{\mathrm{F},72} \leqslant 10 \\
S_{\mathrm{F},6}+S_{\mathrm{F},2} \leqslant 9 \\
S_{\mathrm{F},71}+S_{\mathrm{F},5} \leqslant 9 \\
S_{\mathrm{F},72}+S_{\mathrm{F},1} \leqslant 9 \\
S_{\mathrm{F},72}+S_{\mathrm{F},1} \leqslant 10
\end{array}
\right.
\tag{4-9}
$$

得到该算例 DSSR 的最简解析式：

$$\Omega_{\mathrm{DSSR}} = \left\{ W \left| \begin{array}{l} S_{\mathrm{F},1} + S_{\mathrm{F},71} + S_{\mathrm{F},72} \leqslant 9, S_{\mathrm{F},2} + S_{\mathrm{F},6} \leqslant 9, S_{\mathrm{F},3} + S_{\mathrm{F},4} \leqslant 8, \\ S_{\mathrm{F},4} + S_{\mathrm{F},2} + S_{\mathrm{F},3} \leqslant 10, S_{\mathrm{F},5} + S_{\mathrm{F},71} + S_{\mathrm{F},72} \leqslant 9, \\ S_{\mathrm{F},6} + S_{\mathrm{F},2} + S_{\mathrm{F},3} \leqslant 10, S_{\mathrm{F},71} + S_{\mathrm{F},5} \leqslant 8 \end{array} \right. \right\} \tag{4-10}$$

由式 (4-10) 可知，算例 DSSR 解析式由 7 个不等式组成，对应了 7 个超平面。对式 (4-10) 某个不等式取等，其他不等式不变，则得到 1 个安全边界：

$$\begin{aligned} \partial \Omega_{\mathrm{se},1} &= \left\{ W \left| \begin{array}{l} S_{\mathrm{F},1} + S_{\mathrm{F},71} + S_{\mathrm{F},72} = 9, S_{\mathrm{F},2} + S_{\mathrm{F},6} \leqslant 9, S_{\mathrm{F},3} + S_{\mathrm{F},4} \leqslant 8, \\ S_{\mathrm{F},4} + S_{\mathrm{F},2} + S_{\mathrm{F},3} \leqslant 10, S_{\mathrm{F},5} + S_{\mathrm{F},71} + S_{\mathrm{F},72} \leqslant 9, \\ S_{\mathrm{F},6} + S_{\mathrm{F},2} + S_{\mathrm{F},3} \leqslant 10, S_{\mathrm{F},71} + S_{\mathrm{F},5} \leqslant 8 \end{array} \right. \right\} \\ &= \left\{ W \in \Omega_{\mathrm{DSSR}} \left| S_{\mathrm{F},1} + S_{\mathrm{F},71} + S_{\mathrm{F},72} = 9 \right. \right\} \end{aligned} \tag{4-11}$$

类似地，可以写出其他 6 个安全边界。完整的安全边界为 7 个边界的并集：

$$\begin{aligned} \partial \Omega_{\mathrm{se}} &= \partial \Omega_{\mathrm{se},1} \bigcup \partial \Omega_{\mathrm{se},2} \cdots \bigcup \partial \Omega_{\mathrm{se},7} \\ &= \left\{ W \in \Omega_{\mathrm{DSSR}} \left| \begin{array}{l} S_{\mathrm{F},1} + S_{\mathrm{F},71} + S_{\mathrm{F},72} = 9 \ \text{或} \ S_{\mathrm{F},2} + S_{\mathrm{F},6} = 9 \ \text{或} \ S_{\mathrm{F},3} + S_{\mathrm{F},4} = 8 \ \text{或} \\ S_{\mathrm{F},4} + S_{\mathrm{F},2} + S_{\mathrm{F},3} = 10 \ \text{或} \ S_{\mathrm{F},5} + S_{\mathrm{F},71} + S_{\mathrm{F},72} = 9 \ \text{或} \\ S_{\mathrm{F},6} + S_{\mathrm{F},2} + S_{\mathrm{F},3} = 10 \ \text{或} \ S_{\mathrm{F},71} + S_{\mathrm{F},5} = 8 \end{array} \right. \right\} \end{aligned} \tag{4-12}$$

由 3.2 节可知，DSSR 安全边界还为严格边界和非严格边界。对式 (4-12) 中一个或多个不等式取等，若等式包含了 y 中的所有元素，则得到 1 个严格边界[2]；否则为非严格边界。本算例共有 8 个严格边界，式 (4-13) 给出其中一个：

$$\partial \Omega_{\mathrm{st}1} = \left\{ W \left| \begin{array}{l} S_{\mathrm{F},1} + S_{\mathrm{F},71} = 8, S_{\mathrm{F},4} + S_{\mathrm{F},2} + S_{\mathrm{F},3} = 10, S_{\mathrm{F},6} + S_{\mathrm{F},2} + S_{\mathrm{F},3} = 10, \\ S_{\mathrm{F},71} + S_{\mathrm{F},5} = 8, S_{\mathrm{F},2} + S_{\mathrm{F},6} \leqslant 9, S_{\mathrm{F},3} + S_{\mathrm{F},4} \leqslant 8, S_{\mathrm{F},72} \leqslant 1 \end{array} \right. \right\} \tag{4-13}$$

本算例的非严格安全边界是完整安全边界减去 8 个严格边界后的补集。

4.6.3 安全域的二维图像

将式 (4-10) 安全边界投影到二维平面。方法：先选取工作点的 2 个元素为变量，固定其他元素的值，代入式 (4-10)，得到的新表达式画在二维坐标系上。

固定工作点在 $W = [8.00, 2.00, 1.00, 7.00, 8.00, 7.00, 1.00]$，变化观测变量，可以得到四边形 (图 4-4)、矩形的 DSSR (图 4-5) 二维图形：

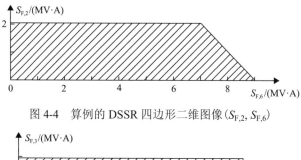

图 4-4　算例的 DSSR 四边形二维图像$(S_{F,2}, S_{F,6})$

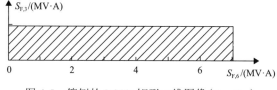

图 4-5　算例的 DSSR 矩形二维图像$(S_{F,3}, S_{F,6})$

固定工作点为 $W=(8.00, 2.00, 1.00, 7.00, 8.00, 5.00, 1.00)$，还可以得到五边形，如图 4-6 所示。

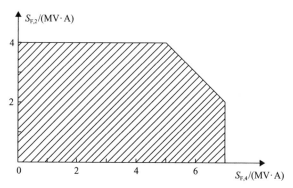

图 4-6　算例的 DSSR 矩形二维图像$(S_{F,2}, S_{F,4})$

变化观测变量、变化工作点固定水平，或者观察其他电网，还能得到三角形等其他 DSSR 二维形状，本书 5.5 节将给出详细的论述。

4.7　本 章 小 结

本章介绍配电安全域 DSSR 的数学模型及求解方法。

（1）从工作点视角和所用潮流计算方法的角度，DSSR 模型分为 4 类：M1 节点交流模型、M2 节点直流模型、M3 馈线直流模型、M4 馈线交流模型。本章详细给出了常用的 M3、M4 数学模型。

（2）DSSR 的模型求解主要目的是求解安全边界，仿真法适用于局部边界的精确求解，解析法能得到完整的边界方程。

（3）采用典型算例给出了直流潮流模型解析法计算的过程和结果。

参 考 文 献

[1] 肖峻, 苏步芸, 贡晓旭, 等. 基于馈线互联关系的配电网安全域模型[J]. 电力系统保护与控制, 2015, 43（20）: 36-44.

[2] 肖峻, 肖居承, 张黎元, 等. 配电网的严格与非严格安全边界[J]. 电工技术学报, 2019, 34（12）: 2637-2648.

[3] 肖峻, 谷文卓, 王成山. 面向智能配电系统的安全域模型[J]. 电力系统自动化, 2013, 37（8）: 14-19.

[4] 曹阳, 孟晓辉, 赵力, 等. 基于层次分析法的新农村低压配电网综合评估方法[J]. 电网技术, 2007, 31（8）: 68-72.

[5] 裴玮, 盛鹍, 孔力, 等. 分布式电源对配电网供电电压质量的影响与改善[J]. 中国电机工程学报, 2008, 28（13）: 152-157.

[6] 肖峻, 左磊, 祖国强, 等. 基于潮流计算的配电系统安全域模型[J]. 中国电机工程学报, 2017, 37（17）: 4941-4949, 5213.

[7] 颜伟, 刘方, 王官洁, 等. 辐射型网络潮流的分层前推回代算法[J]. 中国电机工程学报, 2003, 23（8）: 76-80.

[8] 陈伟侯. 化简线性不等式组的两阶段算法[J]. 中央民族大学学报（自然科学版）, 1995（1）: 23-28.

[9] Schrijver A. Theory of Linear and Integer Programming[M]. New York: John Wiley and Sons, 1998.

[10] 肖峻, 谷文卓, 贡晓旭, 等. 基于馈线互联关系的配电网最大供电能力模型[J]. 电力系统自动化, 2013, 37（17）: 72-77.

[11] Burden R L, Faires J D. Numerical Analysis[M]. Berlin: Diskette, 2001.

第5章 配电安全域的观测与性质机理

DSSR 是状态空间中的高维几何体，蕴含着丰富信息，非常适合采用观测的方法进行研究。本章介绍 DSSR 的观测方法，包括：二维间接观测、全维直接观测、全维间接观测以及综合观测，并基于观测结果归纳 DSSR 的性质，分析性质背后的内在机理。此外，还对 DSSR 的形状、体积、维度等性质进行专题介绍。

5.1 DSSR 的二维直接观测与性质机理

5.1.1 观测方法

实际配电网规模大，DSSR 具有高维特性，直接观测比较困难。因此做降维处理，即选取某一工作点中的 2 个变量观测，而其他变量保持不变。观测工作点常采用在最大供电能力 TSC 的均衡工作点。这种方法称为二维直接观测法，4.5 节的仿真法也是这种方法。同理，还可进行三维直接观测。二维截面可看成安全域在二维子空间的投影，因此二维直接观测和三维直接观测也称为投影法。

5.1.2 观测馈线的联络关系

1. 观测馈线相关元件定义

配电网的网络结构是安全域的决定因素，因此首先对馈线的联络关系进行分类和定义。以图 5-1 为例说明。

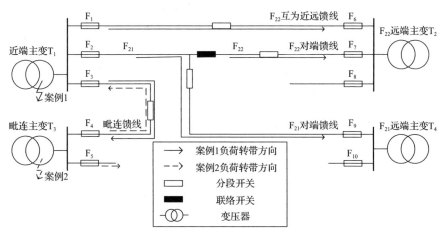

图 5-1 馈线及主变关系示意图

在 DSSR 的二维视图中，横坐标和纵坐标选定了两个馈线负荷（或馈线段负荷），将这两回馈线（或馈线段）称为观测馈线。例如，图 5-1 中可以选择馈线段 F_{21}、F_{22} 为观测馈线。

依据观测馈线的联络关系，给出以下定义。

定义 5-1　近端主变 T_c：正常状态下观测馈线的供电主变。

定义 5-2　远端主变 T_t：经观测馈线与近端主变相连的主变。

定义 5-3　毗连主变 T_a：经非观测馈线与近端主变相连的主变。

定义 5-4　对端馈线 F_t：与观测馈线直接相连的馈线，也是观测馈线失电后，其负荷转带到的馈线。

定义 5-5　互为近远馈线 F_{tsct}：除对端馈线外其近、远端主变与观测馈线近、远端主变相互对调的馈线。

定义 5-6　毗连馈线 F_a：毗连主变所出馈线中所带负荷可转带到近端主变的馈线。

定义 5-7　固有元件 C_{Inh}：维持观测馈线所在网络结构完整性必要的固有元件，包括近端主变、对端馈线和远端主变。

定义 5-8　额外元件 C_{Add}：除固有元件外但故障后仍会对观测馈线负荷产生影响的额外元件，包括互为近远馈线、毗连主变和毗连馈线。

定义 5-9　故障元件 C_F：在配电网正常运行时，发生故障或者检修退出运行的元件。

定义 5-10　限制元件 C_L：N-1 后负荷转移路径上有容量限制作用的元件。

用图 5-1 举例说明上述定义，当观测馈线分别是 F_{21}、F_{22} 时对应的相关元件如表 5-1 所示。

表 5-1　馈线相关元件说明

观测馈线	T_c	F_t	T_t	T_a	F_a	F_{tsct}	C_{Inh}	C_{Add}
F_{21}	T_1	F_9	T_4	T_3	F_4	—	$T_1 \backslash F_9 \backslash T_4$	$T_3 \backslash F_4$
F_{22}	T_1	F_7	T_2	T_3	F_4	F_6	$T_1 \backslash F_7 \backslash T_2$	$T_3 \backslash F_4 \backslash F_6$

需要注意的是，①对于某 1 回观测馈线，只能有 1 台近端主变、1 台远端主变和 1 回对端馈线，可能存在或者不存在多台毗连主变、多回互为近远馈线和毗连馈线。②固有元件数量随观测馈线的选定而确定，额外元件数量不确定，与配电网网络结构有关。③1 个故障元件可以对应多个限制元件，不同的故障元件也可以对应同一个限制元件。图 5-1 中 N-1 事件 case1 中，故障元件为 T_1，对于馈线段负荷 F_{21}，限制元件为 F_9 或 T_4。

2. 馈线联络程度定义

定义 5-11　拓扑距离：指能够使 2 个元件间产生电气联系的最少母线和联络开关数。

定义 5-12　N-1 联系：指 N-1 后能够产生电气连接的馈线联络关系。

定义 5-13　N-2 联系：指 N-1 后不能而 N-2 后才能够产生电气连接的馈线联络关系。

定义 5-14　无联系：指除 N-1/ N-2 联系外的其他馈线联络关系。

3. 馈线联络关系分类

根据观测馈线拓扑距离以及故障后负荷转带路径的不同，将观测馈线间的联络关系细分为 7 种，定义如下，示意图如表 5-2 所示。表中加粗线为观测馈线。

(1)单联络：两观测馈线通过联络开关连接，互为对端馈线。

(2)同近同远：两观测馈线具有相同的近端主变、相同的远端主变。

(3)同近异远：两观测馈线具有相同的近端主变、不同的远端主变。

(4)互为近远：某一观测馈线的近端、远端主变互为另一观测馈线的远端、近端主变。

(5)近远单相连：仅一观测馈线的近端(或远端)主变为另一观测馈线的远端(或近端)主变。

(6)异近同远：两观测馈线具有不同的近端主变、相同的远端主变。

(7)异近异远：两观测馈线分别具有不同的近端主变、不同的远端主变。

表 5-2　馈线联络关系分类

序号	分类		拓扑距离	固有元件关系	示意图
1		单联络(HIH)	1 联络 (1S_w)	$T_c^{ob1}=T_t^{ob2}$, $T_c^{ob2}=T_t^{ob1}$ $F_{ob1}=F_t^{ob2}$, $F_{ob2}=F_t^{ob1}$	
2	N-1 联系	同近同远(SCST)	1 个母线 (1B_us)	$T_c^{ob1}=T_c^{ob2}$, $T_t^{ob1}=T_t^{ob2}$ $F_{ob1}\neq F_t^{ob2}$, $F_{ob2}\neq F_t^{ob1}$	
3		同近异远(SCDT)		$T_c^{ob1}=T_c^{ob2}$, $T_t^{ob1}\neq T_t^{ob2}$ $F_{ob1}\neq F_t^{ob2}$, $F_{ob2}\neq F_t^{ob1}$	
4		互为近远(TSCT)	1 母线+1 联络 (1B_us1S_w)	$T_c^{ob1}=T_t^{ob2}$, $T_c^{ob2}=T_t^{ob1}$ $F_{ob1}\neq F_t^{ob2}$, $F_{ob2}\neq F_t^{ob1}$	

序号	分类		拓扑距离	固有元件关系	示意图
5	N-1联系	近远单相连(OSCT)	$(1B_{us}1S_w)$	$T_c^{ob1}=T_t^{ob2}$, $T_c^{ob2}\neq T_t^{ob1}$ $F_{ob1}\neq F_t^{ob2}$, $F_{ob2}=F_t^{ob1}$	
6	N-2联系	异近同远(DCST)	1母线+2联络 $(1B_{us}2S_w)$	$T_c^{ob1}\neq T_c^{ob2}$, $T_t^{ob1}=T_t^{ob2}$ $F_{ob1}\neq F_t^{ob2}$, $F_{ob2}\neq F_t^{ob1}$	
7	无联系	异近异远(DCDT)	2母线+1联络 $(2B_{us}1S_w)$ 或更多	$T_c^{ob1}\neq T_c^{ob2}$, $T_t^{ob1}\neq T_t^{ob2}$ $F_{ob1}\neq F_t^{ob2}$, $F_{ob2}\neq F_t^{ob1}$	

表 5-2 中，加粗馈线为观测馈线；第 2 列为馈线联络关系分类的名称；第 3 列为馈线联络关系对应的拓扑距离，其中 B_{us} 代表母线，S_w 代表联络开关；第 4 列为观测馈线的固有元件间关系；第 5 列为示意图。

对表 5-2 补充说明如下：

(1)馈线拓扑距离不会为 $2S_w$。若两馈线通过 $2S_w$ 产生电气联系，则必然还会经由 $1B_{us}$，因此拓扑距离为 $2S_w$ 的情况不存在。

(2)馈线拓扑距离不会为 $2B_{us}$。若两馈线通过 $2B_{us}$ 产生电气联系，则必然还会经由 $1S_w$，因此拓扑距离为 $2B_{us}$ 的情况也不存在。

(3)表 5-2 中示意图均以手拉手单联络接线模式为例，但馈线联络关系的分类也同样适用于多分段多联络的接线模式。

5.1.3 馈线联络对二维边界形状的作用机理

配电网故障类型可分为馈线出口故障和主变故障。m 台主变、n 回馈线配电网的完整安全边界可表示为

$$\partial\Omega_{se}=\left\{(C_F^{(i)},C_L^{(j)})\,|\,1\leqslant i,j\leqslant m+n\right\} \tag{5-1}$$

式中，$(C_F^{(i)},C_L^{(j)})$ 为 $C_F^{(i)}$ 故障引起 $C_L^{(j)}$ 容量约束对应的边界。

边界数量 $Q_{\partial\Omega_{se}}$ 等于集合 $\partial\Omega_{se}$ 中元素个数：

$$Q_{\partial\Omega_{se}} = |\partial\Omega_{se}| \qquad (5\text{-}2)$$

安全边界二维投影由斜线和直线边界构成[1]。需分别研究清楚斜线和直线边界的产生机理，最直接的产生原因如下：

(1)若在某一元件故障后观测馈线负荷之和受到另一元件限制，则形成 1 条斜线边界。

(2)若某一元件故障后单一观测负荷受另一元件限制，则形成 1 条直线边界。

下面按照上述机理详细分析，并分别给出斜线、直线边界表达式及数量公式。

1. 斜线边界的产生机理

1)观测馈线来自同一主变

此时观测馈线联络关系包括同近同远和同近异远 2 种馈线联络关系。斜线边界产生原因如下所示。

(1)对于同近同远：①额外元件或对端馈线或远端主变故障后负荷转移到近端主变，观测馈线负荷之和受到近端主变限制，产生斜线约束；②近端主变故障后观测负荷同时转移到远端主变，负荷之和受到远端主变限制，产生斜线约束。

(2)对于同近异远，额外元件或对端馈线或远端主变故障后负荷转移到近端主变，观测馈线负荷之和受到近端主变限制，产生斜线约束。

综上，同一主变供电的斜线边界为 2 种馈线联络关系对应斜线集合取并

$$\underset{T_c^{ob1}=T_c^{ob2}}{B_d} = \underset{SCST}{B_d} \bigcup \underset{SCDT}{B_d} \qquad (5\text{-}3)$$

式中

$$\underset{SCST}{B_d} = \left\{ (C_F^{(i)}, C_L^{(j)}) \,\middle|\, \begin{matrix} C_F^{(i)} \in C_{Add} \bigcup F_t \bigcup T_t, \\ C_L^{(j)} = T_c, \\ 1 \leqslant i \leqslant |C_{Add}| + 3 \\ j = 1 \end{matrix} \right\} \bigcup \{(T_c, T_t)\} \qquad (5\text{-}4)$$

$$\underset{SCDT}{B_d} = \left\{ (C_F^{(i)}, C_L^{(j)}) \,\middle|\, \begin{matrix} C_F^{(i)} \in C_{Add} \bigcup F_t \bigcup T_t, \\ C_L^{(j)} = T_c, \\ 1 \leqslant i \leqslant |C_{Add}| + 4 \\ j = 1 \end{matrix} \right\} \qquad (5\text{-}5)$$

式(5-3)中，$T_c^{ob1}=T_c^{ob2}$ 表示观测馈线的近端主变相同；式(5-4)表示同近同远关系对应的斜线边界；式(5-5)表示同近异远关系对应的斜线边界。

2)观测馈线来自不同主变

此时观测馈线联络关系包括单联络、互为近远、近远单相连、异近同远和异近异远 5 种馈线联络关系。斜线边界产生原因如下所示。

(1)对于单联络:①观测馈线或其近端主变故障后负荷转移到远端主变,远端主变或对端馈线作为限制元件,产生斜线约束;②对端馈线或远端主变故障后负荷转移到近端主变,近端主变或观测馈线自身作为限制元件,产生斜线约束。

(2)对于互为远近:①观测馈线或其近端主变故障后负荷转移到远端主变,远端主变作为限制元件,产生斜线约束;②远端主变故障后负荷转移到近端主变,近端主变作为限制元件,产生斜线约束。

(3)对于近远单相连,假定观测馈线 F_{ob1} 的远端主变为 F_{ob2} 的近端主变,当 F_{ob1} 或其近端主变故障后,负荷转移到远端主变,远端主变同时也是 F_{ob2} 的近端主变,作为限制元件,产生斜线约束。

(4)对于异近同远和异近异远,N-1 后观测馈线不会产生电气联系,故不会产生斜线约束。

综上,观测馈线由不同主变供电情况下,斜线边界表示为 5 种联络关系对应斜线集合取并,即

$$\underset{T_c^{ob1}\neq T_c^{ob2}}{B_d} = \underset{HIH}{B_d} \bigcup \underset{TSCT}{B_d} \bigcup \underset{OSCT}{B_d} \bigcup \underset{DCST}{B_d} \bigcup \underset{DCDT}{B_d} \tag{5-6}$$

式中

$$\underset{HIH}{B_d} = \left\{ (C_F^{(i)}, C_L^{(j)}) \middle| \begin{array}{l} C_F^{(i)} \in F_{ob} \bigcup T_c, 1 \leqslant i \leqslant 2 \\ C_L^{(j)} \in F_t \bigcup T_t, 1 \leqslant j \leqslant 2 \end{array} \right\}$$
$$\bigcup \left\{ (C_F^{(m)}, C_L^{(n)}) \middle| \begin{array}{l} C_F^{(m)} \in F_t \bigcup T_t, 1 \leqslant m \leqslant 2 \\ C_L^{(n)} \in F_{ob} \bigcup T_c, 1 \leqslant n \leqslant 2 \end{array} \right\} \tag{5-7}$$

$$\underset{TSCT}{B_d} = \left\{ (C_F^{(i)}, C_L^{(j)}) \middle| \begin{array}{l} C_F^{(i)} \in F_{ob} \bigcup T_c, 1 \leqslant i \leqslant 2 \\ C_L^{(j)} \in T_t, 1 \leqslant j \leqslant 2 \end{array} \right\}$$
$$\bigcup \left\{ (C_F^{(m)}, C_L^{(n)}) \middle| \begin{array}{l} C_F^{(m)} \in T_t, 1 \leqslant m \leqslant 2 \\ C_L^{(n)} \in T_c, 1 \leqslant n \leqslant 2 \end{array} \right\} \tag{5-8}$$

$$\underset{OSCT}{B_d} = \left\{ (C_F^{(i)}, C_L^{(j)}) \middle| \begin{array}{l} C_F^{(i)} \in F_{ob1} \bigcup T_c^{ob1}, 1 \leqslant i \leqslant 2 \\ C_L^{(j)} = F_t^{ob1}, j = 1 \end{array} \right\} \tag{5-9}$$

$$\underset{\text{DCST}}{B_{\text{d}}} = \varnothing \tag{5-10}$$

$$\underset{\text{DCDT}}{B_{\text{d}}} = \varnothing \tag{5-11}$$

式 (5-6) 中，$T_{\text{c}}^{\text{ob1}} \neq T_{\text{c}}^{\text{ob2}}$ 表示观测馈线的近端主变相异；式 (5-7) 表示单联络关系对应的斜线边界；式 (5-8) 表示互为近远关系对应的斜线边界；式 (5-9) 表示近远单相连关系对应的斜线边界；式 (5-10) 和式 (5-11) 表示异近同远和异近异远关系对应斜线边界不存在。

2. 直线边界的产生机理

1) 观测馈线来自同一主变

此时观测馈线联络关系包括同近同远和同近异远 2 种馈线联络关系。直线边界产生原因如下所示。

(1) 对于同近同远：①观测馈线故障后负荷转移到远端主变，限制元件为对端馈线或远端主变时，产生直线约束；②近端主变故障后负荷转移到远端主变，限制元件为对端馈线时，产生直线约束；③对端馈线或远端主变故障后负荷转移到近端主变，限制元件为观测馈线本身时，产生直线约束。

(2) 对于同近异远：①观测馈线或近端主变故障后，负荷转移到远端主变，限制元件为对端馈线或远端主变时，产生直线约束；②对端馈线或远端主变故障后，负荷转移到近端主变，限制元件为观测馈线本身时，产生直线约束。

综上，同一主变供电情况下直线边界表示为 2 种馈线联络关系对应直线集合取并，即

$$\underset{T_{\text{c}}^{\text{ob1}}=T_{\text{c}}^{\text{ob2}}}{B_{\text{s}}} = \underset{\text{SCST}}{B_{\text{s}}} \bigcup \underset{\text{SCDT}}{B_{\text{s}}} \tag{5-12}$$

式中

$$
\begin{aligned}
\underset{\text{SCST}}{B_{\text{s}}} =& \left\{ (C_{\text{F}}^{(i)}, C_{\text{L}}^{(j)}) \,\middle|\, \begin{matrix} C_{\text{F}}^{(i)} \in F_{\text{ob}}, 1 \leqslant i \leqslant 2 \\ C_{\text{L}}^{(j)} \in F_{\text{t}} \bigcup T_{\text{t}}, 1 \leqslant j \leqslant 3 \end{matrix} \right\} \\
&\bigcup \left\{ (C_{\text{F}}^{(m)}, C_{\text{L}}^{(n)}) \,\middle|\, \begin{matrix} C_{\text{F}}^{(m)} \in T_{\text{c}}, m = 1 \\ C_{\text{L}}^{(n)} \in F_{\text{t}}, 1 \leqslant n \leqslant 2 \end{matrix} \right\} \\
&\bigcup \left\{ (C_{\text{F}}^{(o)}, C_{\text{L}}^{(p)}) \,\middle|\, \begin{matrix} C_{\text{F}}^{(o)} \in F_{\text{t}} \bigcup T_{\text{t}}, 1 \leqslant o \leqslant 3 \\ C_{\text{L}}^{(p)} \in F_{\text{ob}}, 1 \leqslant p \leqslant 2 \end{matrix} \right\}
\end{aligned} \tag{5-13}
$$

$$B_{\text{SCDT}}^{\text{s}} = \left\{ (C_{\text{F}}^{(i)}, C_{\text{L}}^{(j)}) \left| \begin{matrix} C_{\text{F}}^{(i)} \in F_{\text{ob}} \bigcup T_{\text{c}}, 1 \leqslant i \leqslant 3 \\ C_{\text{L}}^{(j)} \in F_{\text{t}} \bigcup T_{\text{t}}, 1 \leqslant j \leqslant 4 \end{matrix} \right. \right\}$$

$$\bigcup \left\{ (C_{\text{F}}^{(m)}, C_{\text{L}}^{(n)}) \left| \begin{matrix} C_{\text{F}}^{(m)} \in F_{\text{t}} \bigcup T_{\text{t}}, 1 \leqslant m \leqslant 4 \\ C_{\text{L}}^{(n)} \in F_{\text{ob}}, 1 \leqslant n \leqslant 2 \end{matrix} \right. \right\} \tag{5-14}$$

式 (5-13) 表示同近同远关系对应的直线边界；式 (5-14) 表示同近异远关系对应的直线边界。

2) 观测馈线来自不同主变

此时观测馈线联络关系包括单联络、互为近远、近远单相连、异近同远和异近异远 5 种馈线联络关系。直线边界产生原因如下所示。

(1) 对于不同主变供电情况下的 5 种馈线联络关系，额外元件故障后负荷转移到近端主变，观测馈线负荷受到近端主变限制，产生直线约束。

(2) 对于互为近远：①观测馈线或其近端主变故障后负荷转移到远端主变，对端馈线作为限制元件，产生直线约束；②对端馈线故障后负荷转移到近端主变，观测馈线或近端主变作为限制元件，产生直线约束；③远端主变故障后负荷转移到近端主变，观测馈线作为限制元件，产生直线约束。

(3) 对于近远单相连，假定观测馈线 F_{ob1} 的远端主变为 F_{ob2} 的近端主变：①观测馈线或其近端主变故障后负荷转移到远端主变，对端馈线作为限制元件，产生直线约束，其中 F_{ob1} 及其近端主变故障，F_{ob1} 的远端主变作为限制元件也产生直线约束；②对端馈线或远端主变故障后负荷转移到远端主变，观测馈线或近端主变作为限制元件，产生直线约束。

(4) 对于异近同远和异近异远：①观测馈线或近端主变故障后负荷转移到远端主变，对端馈线或远端主变作为限制元件，产生直线约束；②对端馈线或远端主变故障后负荷转移到近端主变，观测馈线或近端主变作为限制元件，产生直线约束。

综上，不同主变供电情况下直线边界表示为 5 种馈线联络关系对应直线集合取并，即

$$B_{\substack{\text{s} \\ T_{\text{c}}^{\text{ob1}} \neq T_{\text{c}}^{\text{ob2}}}} = B_{\text{HIH}}^{\text{s}} \bigcup B_{\text{TSCT}}^{\text{s}} \bigcup B_{\text{OSCT}}^{\text{s}} \bigcup B_{\text{DCST}}^{\text{s}} \bigcup B_{\text{DCDT}}^{\text{s}} \tag{5-15}$$

式中

$$B_{\text{HIH}}^{\text{s}} = \left\{ (C_{\text{F}}^{(i)}, C_{\text{L}}^{(j)}) \left| \begin{matrix} C_{\text{F}}^{(i)} \in C_{\text{Add}}, 1 \leqslant i \leqslant |C_{\text{Add}}| \\ C_{\text{L}}^{(j)} \in T_{\text{c}}, 1 \leqslant j \leqslant 2 \end{matrix} \right. \right\} \tag{5-16}$$

$$B_s \atop \text{TSCT} = \left\{ (C_F^{(i)}, C_L^{(j)}) \middle| \begin{matrix} C_F^{(i)} \in F_{\text{ob}} \bigcup T_c, 1 \leqslant i \leqslant 4 \\ C_L^{(j)} \in F_t, 1 \leqslant j \leqslant 2 \end{matrix} \right\}$$

$$\bigcup \left\{ (C_F^{(m)}, C_L^{(n)}) \middle| \begin{matrix} C_F^{(m)} \in F_t, m = 2 \\ C_L^{(n)} \in F_{\text{ob}} \bigcup T_c, 1 \leqslant n \leqslant 4 \end{matrix} \right\}$$

$$\bigcup \left\{ (C_F^{(o)}, C_L^{(p)}) \middle| \begin{matrix} C_F^{(o)} \in T_t, 1 \leqslant o \leqslant 2 \\ C_L^{(p)} \in F_{\text{ob}}, 1 \leqslant p \leqslant 2 \end{matrix} \right\}$$

$$\bigcup \left\{ (C_F^{(u)}, C_L^{(v)}) \middle| \begin{matrix} C_F^{(u)} \in C_{\text{Add}}, 1 \leqslant u \leqslant |C_{\text{Add}}| \\ C_L^{(v)} \in T_c, v = 1 \end{matrix} \right\} \tag{5-17}$$

$$B_s \atop \text{OSCT} = \left\{ (C_F^{(i)}, C_L^{(j)}) \middle| \begin{matrix} C_F^{(i)} \in F_{\text{ob}} \bigcup T_c, 1 \leqslant i \leqslant 4 \\ C_L^{(j)} \in F_t, 1 \leqslant j \leqslant 2 \end{matrix} \right\}$$

$$\bigcup \left\{ (F_{\text{ob1}}, T_t^{\text{ob1}}), (T_c^{\text{ob1}}, T_t^{\text{ob1}}) \right\}$$

$$\bigcup \left\{ (C_F^{(o)}, C_L^{(p)}) \middle| \begin{matrix} C_F^{(o)} \in F_t \bigcup T_t, 1 \leqslant o \leqslant 4 \\ C_L^{(p)} \in F_{\text{ob}} \bigcup T_c, 1 \leqslant p \leqslant 4 \end{matrix} \right\}$$

$$\bigcup \left\{ (C_F^{(u)}, C_L^{(v)}) \middle| \begin{matrix} C_F^{(u)} \in C_{\text{Add}}, 1 \leqslant u \leqslant |C_{\text{Add}}| \\ C_L^{(v)} \in T_c, 1 \leqslant v \leqslant 2 \end{matrix} \right\} \tag{5-18}$$

$$B_s \atop \text{DCST} = \left\{ (C_F^{(i)}, C_L^{(j)}) \middle| \begin{matrix} C_F^{(i)} \in F_{\text{ob}} \bigcup T_c, 1 \leqslant i \leqslant 4 \\ C_L^{(j)} \in F_t \bigcup T_t, 1 \leqslant j \leqslant 3 \end{matrix} \right\}$$

$$\bigcup \left\{ (C_F^{(m)}, C_L^{(n)}) \middle| \begin{matrix} C_F^{(m)} \in F_t \bigcup T_t, 1 \leqslant m \leqslant 3 \\ C_L^{(n)} \in F_{\text{ob}} \bigcup T_c, 1 \leqslant n \leqslant 4 \end{matrix} \right\}$$

$$\bigcup \left\{ (C_F^{(o)}, C_L^{(p)}) \middle| \begin{matrix} C_F^{(o)} \in C_{\text{Add}}, 1 \leqslant o \leqslant |C_{\text{Add}}| \\ C_L^{(p)} \in T_c, 1 \leqslant p \leqslant 2 \end{matrix} \right\} \tag{5-19}$$

$$B_s \atop \text{DCDT} = \left\{ (C_F^{(i)}, C_L^{(j)}) \middle| \begin{matrix} C_F^{(i)} \in F_{\text{ob}} \bigcup T_c, 1 \leqslant i \leqslant 4 \\ C_L^{(j)} \in F_t \bigcup T_t, 1 \leqslant j \leqslant 4 \end{matrix} \right\}$$

$$\bigcup \left\{ (C_F^{(m)}, C_L^{(n)}) \middle| \begin{matrix} C_F^{(m)} \in F_t \bigcup T_t, 1 \leqslant m \leqslant 4 \\ C_L^{(n)} \in F_{\text{ob}} \bigcup T_c, 1 \leqslant n \leqslant 4 \end{matrix} \right\}$$

$$\bigcup \left\{ (C_F^{(o)}, C_L^{(p)}) \middle| \begin{matrix} C_F^{(o)} \in C_{\text{Add}}, 1 \leqslant o \leqslant |C_{\text{Add}}| \\ C_L^{(p)} \in T_c, 1 \leqslant p \leqslant 2 \end{matrix} \right\} \tag{5-20}$$

·62·　　　　　　　　　　　　智能配电系统的安全域

式(5-16)表示单联络关系对应的直线边界；式(5-17)表示互为近远关系对应的直线边界；式(5-18)表示近远单相连关系对应的直线边界；式(5-19)表示异近同远关系对应的直线边界；式(5-20)表示异近异远关系对应的直线边界。

5.1.4　馈线联络对二维边界数量的作用机理

1. 馈线联络对边界数量常量的影响

1) 观测馈线来自同一主变

此时观测馈线联络关系包括同近同远和同近异远 2 种馈线联络关系。

(1) 斜线边界数量常量。

同一主变供电情况下斜线边界数为

$$
Q_{B_d} \bigg|_{T_c^{ob1}=T_c^{ob2}} = \left| B_d \right|_{T_c^{ob1}=T_c^{ob2}}
$$
$$
= \begin{cases} |C_{Add}|+4, & F_{ob1}\,\&\,F_{ob2}=\text{SCST} \\ |C_{Add}|+4, & F_{ob1}\,\&\,F_{ob2}=\text{SCDT} \end{cases} \tag{5-21}
$$

式(5-21)中 $F_{ob1}\,\&\,F_{ob2}=\text{SCST}$ 表示观测馈线联络关系为同近同远，下同。

由式(5-21)知同一主变供电情况下斜线数由常量和变量两部分组成。其中常量部分存在，是因为形成斜线边界的故障元件中包括固有元件，对应的限制元件也为固有元件，观测馈线选定后，固有元件也随之确定，因此同一主变供电情况下斜线边界数量包含常量：

①对于同近同远，2 回对端馈线或 1 台远端主变故障，均对应 1 台近端主变为限制元件；1 台近端主变故障，对应 1 台远端主变为限制元件，共 4 条固有斜线边界。

②对于同近异远，2 回对端馈线或 2 台远端主变故障，均对应 1 台近端主变为限制元件，共 4 条固有斜线边界。

(2) 直线边界数量常量。

同一主变供电情况下直线边界数为

$$
Q_{B_s} \bigg|_{T_c^{ob1}=T_c^{ob2}} = \left| B_s \right|_{T_c^{ob1}=T_c^{ob2}} = \begin{cases} 10, & F_{ob1}\,\&\,F_{ob2}=\text{SCST} \\ 12, & F_{ob1}\,\&\,F_{ob2}=\text{SCDT} \end{cases} \tag{5-22}
$$

由式(5-22)知同一主变供电情况下直线数为常量，是因为形成直线边界的故障元件和限制元件均为固有元件。具体如下：

①对于同近同远关系，2 回观测馈线故障，分别对应 1 回对端馈线或 1 台远端主变为限制元件；1 台近端主变故障，对应 2 回对端馈线为限制元件；2 回对端馈线故障，分别对应 1 回观测馈线为限制元件；1 台远端主变故障，对应 2 回观测馈线为限制元件，共 10 条固有直线边界。

②对于同近异远关系，2 回观测馈线故障，分别对应 1 回对端馈线或 1 台远端主变为限制元件；1 台近端主变故障，对应 2 回对端馈线或 2 台远端主变为限制元件；2 回对端馈线故障，分别对应 1 回观测馈线为限制元件；2 台远端主变故障，分别对应 1 回观测馈线为限制元件，共 12 条固有直线边界。

2) 观测馈线来自不同主变

此时观测馈线联络关系包括单联络、互为近远、近远单相连、异近同远和异近异远 5 种馈线联络关系。

(1) 斜线边界数量常量。

不同主变供电情况下斜线边界数为

$$
Q_{B_d}\bigg|_{T_c^{ob1}\neq T_c^{ob2}} = \left| B_d \right|_{T_c^{ob1}\neq T_c^{ob2}} = \left| B_d \bigcup_{HIH} B_d \bigcup_{TSCT} B_d \bigcup_{OSCT} B_d \bigcup_{DCST} B_d \bigcup_{DCDT} \right|
$$

$$
= \begin{cases} 8, & F_{ob1}\ \&\ F_{ob2} = HIH \\ 4, & F_{ob1}\ \&\ F_{ob2} = TSCT \\ 2, & F_{ob1}\ \&\ F_{ob2} = OSCT \\ 0, & F_{ob1}\ \&\ F_{ob2} = DCST \\ 0, & F_{ob1}\ \&\ F_{ob2} = DCDT \end{cases} \tag{5-23}
$$

由式 (5-23) 知不同主变供电情况下斜线边界数为常量，是因为形成斜线边界的故障元件和限制元件均为固有元件。具体如下：

①对于单联络，2 回观测馈线故障，分别对应 1 回对端馈线和 1 台远端主变为限制元件；2 台近端主变故障，分别对应 1 回对端馈线和 1 台远端主变为限制元件，共 8 条固有斜线边界。

②对于互为近远，2 回观测馈线或 2 台近端主变故障，分别对应 1 台远端主变为限制元件，共 4 条固有斜线边界。

③对于近远单相连，1 回观测馈线或其近端主变故障时，远端主变是限制元件，共 2 条固有斜线边界。

④对于异近同远和异近异远，斜线边界数为 0。

(2) 直线边界数量常量。

不同主变供电情况下直线边界数为

$$\left. Q_{B_s} \atop T_c^{ob1} \neq T_c^{ob2} \right. = \left| \begin{matrix} B_s \\ \end{matrix} \right|_{T_c^{ob1} \neq T_c^{ob2}}$$

$$= \begin{cases} 0 + |C_{Add}|, & F_{ob1} \& F_{ob2} = \text{HIH} \\ 10 + |C_{Add}|, & F_{ob1} \& F_{ob2} = \text{TSCT} \\ 14 + |C_{Add}|, & F_{ob1} \& F_{ob2} = \text{OSCT} \\ 16 + |C_{Add}|, & F_{ob1} \& F_{ob2} = \text{DCST} \\ 16 + |C_{Add}|, & F_{ob1} \& F_{ob2} = \text{DCDT} \end{cases} \tag{5-24}$$

由式(5-24)知不同主变供电情况下直线边界数由常量和变量两部分组成。其中常量部分存在，是因为形成直线边界的故障元件中包括固有元件，对应的限制元件也为固有元件，具体如下：

①对于单联络，固有元件故障均产生斜线约束，直线边界数常量部分为 0。

②对于互为近远，2 回观测馈线或 2 台近端主变故障，分别对应 2 回对端馈线为限制元件；2 回对端馈线故障，分别对应 2 回观测馈线或 2 台近端主变为限制元件；2 台远端主变故障，分别对应 2 回观测馈线为限制元件，共 10 条固有直线边界。

③对于近远单相连，2 回观测馈线或 2 台近端主变故障，分别对应 2 回对端馈线为限制元件；观测馈线 F_{ob1} 及其近端主变 T_c^{ob1} 故障对应远端主变 T_t^{ob1} 为限制元件；2 回对端馈线故障，分别对应 2 回观测馈线或 2 台近端主变为限制元件；2 台远端主变故障，分别对应 2 回观测馈线或 2 台近端主变为限制元件，共 14 条固有直线边界。

④对于异近同远，2 回观测馈线或 2 台近端主变故障，分别对应 2 回对端馈线或 1 台远端主变为限制元件；2 回对端馈线或 1 台远端主变故障，分别对应 2 回观测馈线或 2 台近端主变为限制元件，共 16 条固有直线边界。

⑤对于异近同远，2 回观测馈线或 2 台近端主变故障，分别对应 2 回对端馈线或 2 台远端主变为限制元件；2 回对端馈线或 2 台远端主变故障，分别对应 2 回观测馈线或 2 台近端主变为限制元件，共 16 条固有直线边界。

2. 馈线联络对边界数量变量的影响

1)观测馈线来自同一主变

此时观测馈线联络关系包括同近同远和同近异远 2 种馈线联络关系。

(1)斜线边界数量变量。

由式(5-21)知同一主变供电情况下斜线边界数由常量和变量两部分组成。其

中变量部分等于$|C_{Add}|$，是因为形成斜线边界的故障元件中额外元件对应限制元件均为近端主变，故斜线边界数变量等于额外元件数。

(2)直线边界数量变量。

由式(5-22)知同一主变供电情况下直线边界数不存在变量部分，是因为形成直线边界的故障元件和限制元件均为固有元件。

2)观测馈线来自不同主变

此时观测馈线联络关系包括单联络、互为近远、近远单相连、异近同远和异近异远 5 种馈线联络关系。

(1)斜线边界数量变量。

由式(5-23)知不同主变供电情况下斜线边界数不存在变量，是因为形成斜线边界的故障元件和限制元件均为固有元件。

(2)直线边界数量变量

由式(5-24)知不同主变供电情况下直线边界数由常量和变量两部分组成。变量部分等于$|C_{Add}|$，是因为形成直线边界的故障元件中额外元件对应限制元件均为近端主变，故直线边界数变量等于额外元件数。

5.1.5　安全边界与馈线联络的对应关系

1. 斜/直线边界及数量的计算步骤

给定配电网网络结构，选定观测馈线，确定边界及数量的步骤如下：

第一，根据定义判断观测馈线的联络关系；

第二，找出每回观测馈线的额外元件；

第三，根据馈线联络关系，选择 5.1.4 节中对应的斜/直线边界数量计算公式。

2. 安全边界与网络结构的对应关系

根据 5.1.3 节和 5.1.4 节所述的边界产生机理，能够快速推断出观测馈线间网络结构对应的安全边界二维投影。斜/直线边界与归纳出的 7 种网络结构的对应关系见表 5-3。

表 5-3 第 3 列为 7 种联络关系的结构图，都是从普通配电网中裁剪得到的，只保留观测馈线的相关元件和部分无关元件，以保证其对应安全边界二维视图具有代表性。第 4 列为某联络关系对应的安全边界二维视图，列全了所有的边界。第 5 列利用前面机理解释了边界的产生，并计算得到斜线边界和直线边界的数量，与第 4 列图像显示的是一致的。

表 5-3　安全边界与网络结构的对应关系

序号	馈线联络关系	网络结构	安全边界二维视图	边界数量及域形状
1	单联络	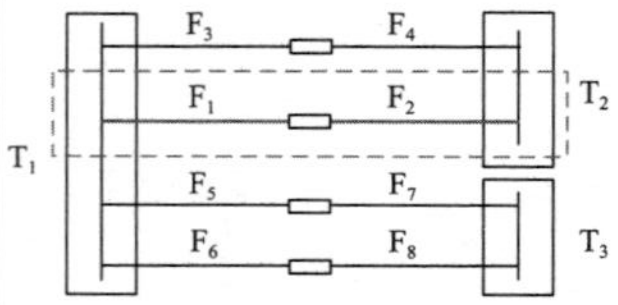	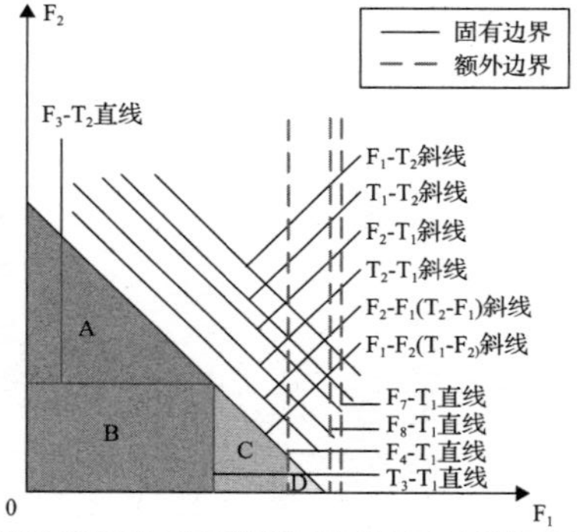	斜线：联络关系为单联络，满足不同主变供电的斜线产生条件。由式(5-23)得斜线数为 8 直线：单联络满足不同主变供电的直线产生条件。由式(5-24)可知，直线数=额外元件数。图中额外元件为 F_1、F_2 互为近远的 F_4、F_3，F_1 毗连馈线 F_7、F_8，毗连主变 T_3 共 5 个，因此直线数为 5 域形状：可能为三角形 ABCD、矩形 B、梯形 AB、五边形 BC
2	同近同远	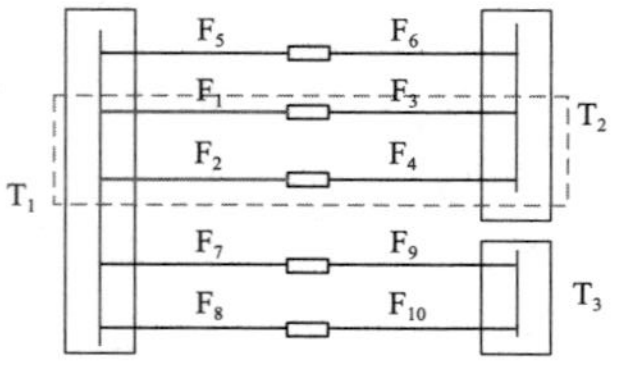	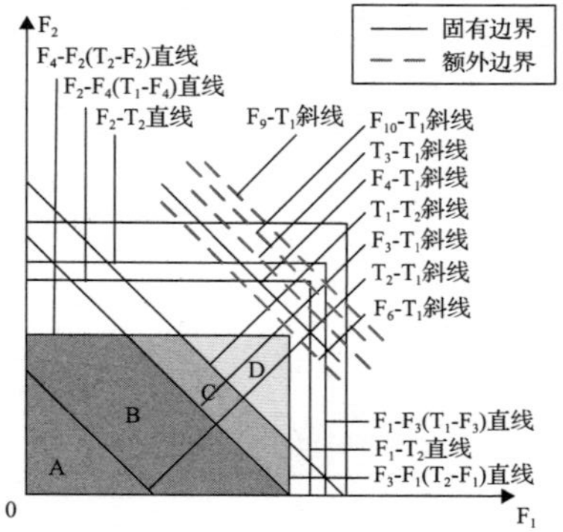	斜线：联络关系为同近同远，满足同一主变供电的斜线产生条件。由式(5-21)可知，斜线数=额外元件数+4。图中额外元件为 F_1、F_2 互为近远的 F_6，毗连馈线 F_9、F_{10}，毗连主变 T_3 共 4 个，因此斜线数为 8 直线：同近同远满足同一主变供电的直线产生条件。由式(5-22)得直线数为 10 域形状：可能为三角形 A、矩形 ABCD、梯形 AB、五边形 ABC

续表

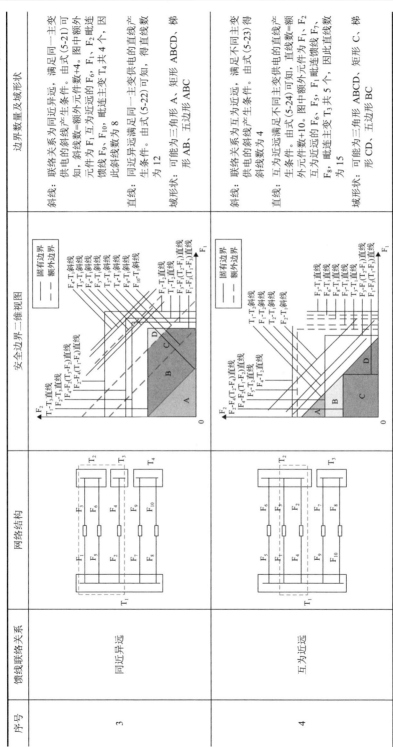

序号	馈线联络关系	网络结构	安全边界二维视图	边界数量及域形状
3	同近异远			斜线：联络关系为同近异远，满足同一主变产生供电的斜线产生条件。由式(5-21)可知，斜线数=额外元件中额外元件为 F_6、F_1、F_2 毗连主变 T_4 共 4 个，图中额外供电的 F_1 互连近远的 F_9、F_{10}，因此斜线数为 8。直线：同近异远满足同一主变供电的直线产生条件。由式(5-22)可知，毗连主变 T_1 共 4 个，得直线数为 12。域形状：可能为三角形 A，矩形 ABCD，梯形 AB，五边形 ABC
4	互为近远			斜线：联络关系为互为近远，满足不同主变产生供电的斜线产生条件。由式(5-23)得斜线数为 4。直线：互为近远满足不同主变供电的直线产生条件。由式(5-24)可知，图中额外元件为 F_1、F_2、F_7、F_8、F_5、F_1 毗连主变 T_3 共 5 个，因此直线数为 15。域形状：可能为三角形 ABCD，矩形 C，梯形 CD，五边形 BC

续表

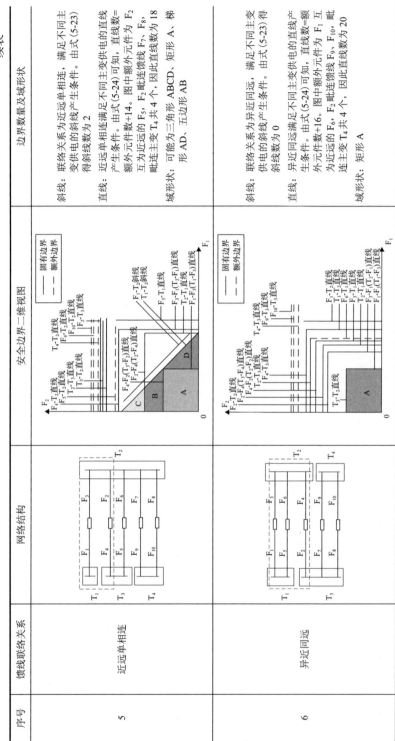

序号	馈线联络关系	网络结构	安全边界二维视图	边界数量及域形状
5	近远单相连			斜线：联络关系为近远单相连，满足不同主变供电的斜线产生条件。由式(5-23)得斜线数为2 直线：近远单相连满足不同主变供电的直线产生条件。由式(5-24)可知，图中额外元件为 F_7、F_8，互为近远的 F_5、F_2 毗连馈线数=额外元件数+14。图中额外元件 F_7、F_8，互为近远的 F_5、F_2 毗连主变 T_4 共4个，因此直线数为18 域形状：可能为三角形 ABCD，矩形 A，梯形 AD，五边形 AB
6	异近同远			斜线：联络关系为异近同远，满足不同主变供电的斜线产生条件。由式(5-23)得斜线数为0 直线：异近同远满足不同主变供电的直线产生条件。由式(5-24)可知，图中额外元件为 F_6、F_{10}，互为近远的 F_9、F_2 毗连馈线数=额外元件数+16。图中额外元件 F_6、F_{10}，毗连主变 T_4 共4个，因此直线数为20 域形状：矩形 A

续表

序号	馈线联络关系	网络结构	安全边界二维视图	边界数量及域形状
7	异近异远	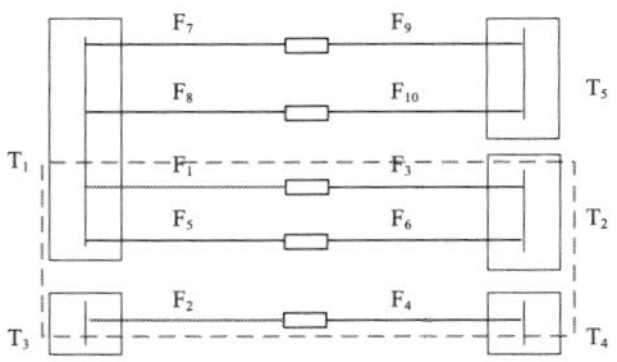	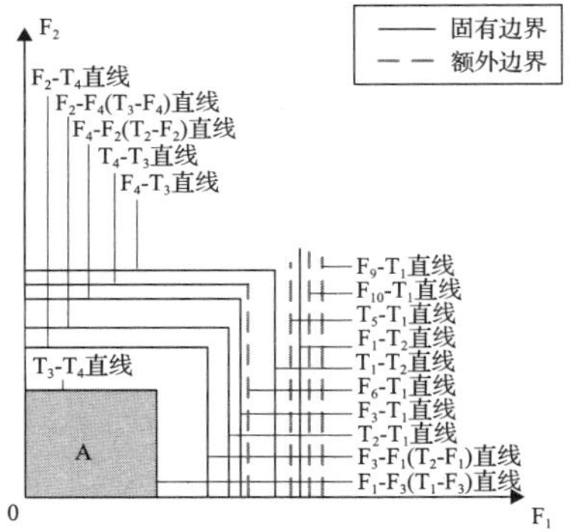	斜线：联络关系为异近异远，满足不同主变供电的斜线产生条件。由式(5-23)得斜线数为 0 直线：异近异远满足不同主变供电的直线产生条件。由式(5-24)可知，直线数为 16。图中额外供电的直线数为额外元件为 F6、F1 互相馈连馈线 F9、F10，此连主变 T5 共 4 个，因此直线数为 20 域形状：矩形 A

注：
(1) 观测馈线为 F_1、F_2。
(2) 'X-Y' 表示由 X 故障引起的 Y 容量约束。
(3) 部分边界重叠：例如，'T_2-F_1 斜线' 表示 T_2 故障后，F_2 负荷转到 F_1，因此 F_1+F_2 受到 F_1 容量限制。这与 'F_2-F_1 斜线' 相同，表现为边界重叠，F_2-F_1 (T_1-F_1)。

进一步总结斜线、直线边界数量的常量部分与观测馈线联络关系的对应，如表 5-4 所示。

表 5-4 馈线联络关系对应边界数量

序号	馈线联络关系		拓扑距离	斜线边界数	直线边界数
1		单联络	$1S_w$	8	0
2	N-1 联系	同近同远	$1B_{us}$	8	10
3		同近异远		8	12
4		互为近远	$1B_{us}1S_w$	4	10
5		近远单相连		2	14
6	N-2 联系	异近同远	$1B_{us}2S_w$	0	16
7	无联系	异近异远	$2B_{us}1S_w$ 或更多	0	16

从表 5-4 中总结出如下规律。

（1）当且仅当为 N-1 联系时，出现斜线边界；3 类联络关系对应安全边界中均存在直线边界。

机理如下：当馈线联络为 N-1 联系时，N-1 后两回观测馈线间存在产生电气连接的情况，这就使由观测馈线负荷之和受到供电路径上某一元件(如供电主变或供电馈线)容量限制，产生斜线边界；对于 3 类馈线联络关系，存在故障后单一观测馈线负荷受到供电路径上另一元件限制，故产生直线边界。

（2）斜线边界数常量随拓扑距离的增加而减少，直线边界数常量则随距离的增加而增加。

机理如下：随着拓扑距离的增加，观测馈线间的联系逐渐减弱，体现为斜线边界数减少，直线边界数增加。

5.2 DSSR 的全维直接观测与性质机理

5.2.1 全维直接观测概念与方法

1. 总体思路

对于小规模配电网典型接线模式，当其馈线段数小于等于 3 时，安全域方程的约束变量个数不超过 3 个。其安全域由多个平面围成，由立体几何理论，通过等式和不等式约束，能够在三维坐标系中画出立体几何的形状，因此，可以直接展现出 DSSR 的全貌。DSSR 的外表面，除坐标轴围成的状态空间边界外，都是安全域的安全边界，通过直接观测，可以观测出安全边界的位置、形状，进而可以用数学表达式来描述安全边界。通过分析三维图形外表面以及棱的走势、位置，可以得到严格和非严格安全边界[2]的供电能力变化情况，进而了解边界的特征，判断安全域是否存在凹陷，并分析凹陷的成因。

DSSR 全维直接观测的步骤概括如下：

(1)列写安全域解析表达式。

(2)画出安全域三维图形。

(3)观察三维图形的构成。

(4)分析每个面供电能力变化和边界特征。

(5)判断安全域凹陷并分析成因。

2. DSSR 直接可视化

三维图形能直观、立体地将小规模典型接线配电安全域的全貌描述出来，直接可视化 DSSR。对于凹型安全域，可以通过适当的方式拆分成若干凸多面体，来分析其构成。

由于转带关系和 N-1 约束，单恢复方案时，DSSR 的形状为凸多面体(把一个多面体的任意一个面延展为平面，如果其余的各面都在这个平面的同一侧，则这样的多面体就称为凸多面体)，不存在凹陷；多恢复方案时，DSSR 可能为凹多面体(如果其余的各面不都在这个平面的同一侧，则这样的多面体称为凹多面体)。凹多面体存在局部凸起和局部凹陷，若将该凹多面体延展成同等规模的凸多面体，则凹多面体与凸多面体相差的部分便构成了凹多面体的凹陷；用来对比的凸多面体也可以采用相同规模的其他接线模式的凸多面体 DSSR。

5.2.2　两供一备接线安全域产生机理

1. 两供一备接线简介

传统配电网(traditional distribution network，TDN)中的两供一备接线模式如图 5-2 所示：其结构对称，每回馈线末端都有一个常开联络开关，出口处都有一个常闭馈线开关。设馈线容量均为 1MV·A。

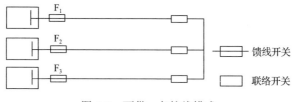

图 5-2　两供一备接线模式

2. 安全域表达式

两供一备接线 N-1 后有 4 种转带模式：模式 1～3 采用一回馈线同时做另两回馈线的备用，该馈线和其中一回馈线互为备用；而模式 4 的三回馈线互为备用，一回馈线只单独做另一回馈线的备用。4 种模式的安全约束以及对应的转带关系如表 5-5 所示。

表 5-5　两供一备四种转带模式的解析表达式

模式	模式 1	模式 2	模式 3	模式 4
安全域表达式	—	$S_{F,1}+S_{F,2}\leqslant 1$	$S_{F,1}+S_{F,2}\leqslant 1$	$S_{F,1}+S_{F,2}\leqslant 1$
	$S_{F,1}+S_{F,3}\leqslant 1$	—	$S_{F,1}+S_{F,3}\leqslant 1$	$S_{F,1}+S_{F,3}\leqslant 1$
	$S_{F,2}+S_{F,3}\leqslant 1$	$S_{F,2}+S_{F,3}\leqslant 1$	—	$S_{F,2}+S_{F,3}\leqslant 1$
转带关系	$F_1\rightarrow F_3$ $F_2\rightarrow F_3$ $F_3\rightarrow F_1$	$F_1\rightarrow F_2$ $F_2\rightarrow F_1$ $F_3\rightarrow F_2$	$F_1\rightarrow F_2$ $F_2\rightarrow F_1$ $F_3\rightarrow F_1$	$F_1\rightarrow F_2$ $F_2\rightarrow F_3$ $F_3\rightarrow F_1$
	或	或	或	或
	$F_1\rightarrow F_3$ $F_2\rightarrow F_3$ $F_3\rightarrow F_2$	$F_1\rightarrow F_2$ $F_2\rightarrow F_3$ $F_3\rightarrow F_2$	$F_1\rightarrow F_3$ $F_2\rightarrow F_1$ $F_3\rightarrow F_1$	$F_1\rightarrow F_2$ $F_2\rightarrow F_1$ $F_3\rightarrow F_2$

注：$S_{F,i}$ 为 F_i 负荷；"→"表示一回馈线发生 N-1 后，负荷转带给另一回馈线。

模式 1～3 的安全约束含有 2 个"≤"不等式，而模式 4 含有 3 个"≤"不等式。两供一备的安全域表达式为模式 1～4 安全域表达式的并集。特别地，模式 4 的安全约束是模式 1、模式 2、模式 3 的交集。

3. 域的空间几何特征

1）域核和域角

两供一备的安全域凸分解如图 5-3(a)所示，它是一个凹多面体。为便于分析，将凹多面体切割成小凸多面体。因为模式 4 的约束是 4 种模式的交集，其对应的域也是 4 种模式的公共部分，因此将模式 4 的 3 个安全约束表达式中的"≤"换成"="，便形成了 3 个切割平面，这 3 个平面将安全域切割成 P_0、P_1、P_2、P_3 共 4 个小凸多面体，如图 5-3(b)所示。

按转带模式将凹安全域凸分解后，两供一备的整个安全域表示为

$$DSSR = P_0+P_1+P_2+P_3 \tag{5-25}$$

4 个小凸多面体的表达式如表 5-6 所示。

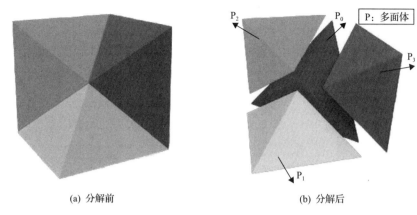

(a) 分解前　　　　　　　　　　　　　(b) 分解后

图 5-3　两供一备的安全域凸分解

表 5-6　构成两供一备 DSSR 的小凸多面体

编号	P_0	P_1	P_2	P_3
类型	域核	域角	域角	域角
表达式	$S_{F,1}+S_{F,2}\leqslant 1$	$S_{F,1}+S_{F,2}\geqslant 1$	$S_{F,1}+S_{F,2}\leqslant 1$	$S_{F,1}+S_{F,2}\leqslant 1$
	$S_{F,1}+S_{F,3}\leqslant 1$	$S_{F,1}+S_{F,3}\leqslant 1$	$S_{F,1}+S_{F,3}\geqslant 1$	$S_{F,1}+S_{F,3}\leqslant 1$
	$S_{F,2}+S_{F,3}\leqslant 1$	$S_{F,2}+S_{F,3}\leqslant 1$	$S_{F,2}+S_{F,3}\leqslant 1$	$S_{F,2}+S_{F,3}\geqslant 1$
模式	模式 4	模式 1	模式 2	模式 3
图形				

在表 5-6 中，P_0 与模式 4 对应，将其称为域核。P_1、P_2、P_3 三个小三棱锥分别是模式 1～3 对应的域比 P_0 凸出的部分，称其为域角。

2) 域核和域角的物理意义

域核和域角的概念具有一般性，适用于具有多种转带模式的配电网。假设配电网有 n 种转带模式，每种转带模式下的安全域分别为 $\varOmega_{\mathrm{DSSR},1}$、$\varOmega_{\mathrm{DSSR},2}$、$\cdots$、$\varOmega_{\mathrm{DSSR},n}$，则域核 $\varOmega_{\mathrm{DSSR,core}}$ 定义为多种转带模式下安全域的交集。即

$$\varOmega_{\mathrm{DSSR,core}} = \varOmega_{\mathrm{DSSR},1}\bigcap\varOmega_{\mathrm{DSSR},2}\bigcap\varOmega_{\mathrm{DSSR},3}\bigcap\cdots\bigcap\varOmega_{\mathrm{DSSR},n} \qquad (5\text{-}26)$$

第 i 个域角 $\Omega_{\text{DSSR,angle}\_i}$ 定义为第 i 个转带模式的安全域(非域核)比域核多出的部分。即

$$\Omega_{\text{DSSR,angle}\_i} = \Omega_{\text{DSSR},i} - \Omega_{\text{DSSR,core}}, \Omega_{\text{DSSR},i} \neq \Omega_{\text{DSSR,core}} \qquad (5\text{-}27)$$

域核和域角具有明确的物理意义。

(1)三个域角是模式 1~3 的独有域空间,当工作点处于域角时,N-1 后只能通过特定的转带模式转移负荷。

(2)域核是模式 1~3 的公共域空间,当工作点处于域核时,N-1 后可以由多种转带模式的任意一种转移负荷,即域核区域的 N-1 转带模式更灵活。

4. 域表面的几何特征

1)山脊和山谷

图 5-4 显示了两供一备安全域表面的特征。

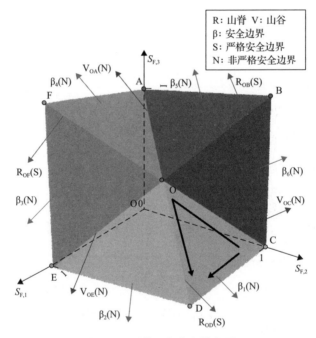

图 5-4 两供一备安全域表面

从图 5-4 看出,OB、OD、OF 为凸出来的 3 个山脊(ridge),记为 R_{OB}、R_{OD}、R_{OF}。OA、OC、OE 为凹进去的 3 个山谷(valley),记为 V_{OA}、V_{OC}、V_{OE}。

山谷为安全域最凹陷的区域,从山谷到山脊,供电能力逐步增大。山脊上的点是供电能力曲线点,山谷上的点是非供电能力曲线点。例如,在边界 β_1 上,V_{OC}

整体供电能力最低，R_{OD} 整体供电能力最高，沿 $\overrightarrow{CO}$ 和 $\overrightarrow{CD}$ 方向供电能力增大。山脊 R_{OD} 上的 O 点供电能力最小，D 点供电能力最大，沿 $\overrightarrow{OD}$ 方向边界供电能力逐步增大。

在整个域表面，仅山脊是严格边界，其他边界(包括山谷)均为非严格边界。山脊属于相交型严格安全边界，山谷属于相交型非严格安全边界。

山谷和山脊的物理意义为当工作点处在山谷时，它为非严格临界安全状态，可以沿域表面继续朝着某一方向增加供电能力；而当工作点处在山脊时，它为严格临界安全状态，无法朝着任何一个方向增加供电能力。

2) 山脊和山谷的成因

从两供一备的转带关系和备用关系入手，分析山脊、山谷以及凹陷的成因。如表 5-5 所示，两供一备在 N-1 故障后，具有 4 种转带模式，由于模式 1 和模式 2、模式 3 类似，为进一步分析，取模式 1 和模式 4 做对比。假设模式 1 下的备用关系为馈线 F_1 和 F_2 的备用都是 F_3，而 F_3 的备用为 F_1；模式 4 下的备用关系为 F_1 的备用为 F_2，F_2 的备用为 F_3，F_3 的备用为 F_1。它们的表达式和图形如表 5-7 所示。

表 5-7 模式 1 和模式 4 对比

形式	模式 1	模式 4(域核 P_0)	域角 P_1
表达式	—	$S_{F,1}+S_{F,2} \leqslant 1$	$S_{F,1}+S_{F,2} \geqslant 1$
	$S_{F,1}+S_{F,3} \leqslant 1$	$S_{F,1}+S_{F,3} \leqslant 1$	$S_{F,1}+S_{F,3} \leqslant 1$
	$S_{F,2}+S_{F,3} \leqslant 1$	$S_{F,2}+S_{F,3} \leqslant 1$	$S_{F,2}+S_{F,3} \leqslant 1$
图形			

单独考虑模式 4 下的安全域，其有三个严格安全边界，即 V_{OA}、V_{OC}、V_{OE}，O 点的供电能力最高，为 1.5MV·A。模式 1 突破了 $S_{F,1}+S_{F,2} \leqslant 1$ 的限制，使得安全域在模式 4 基础上延伸出域角 P_1，形成了山脊 R_{OD}，R_{OD} 的供电能力在 O 点的基础上不断提高，一直达到供电能力最高的 D 点，为 2MV·A。同时，域角 P_1 使得 V_{OC}、V_{OE} 由原来模式 4 下的严格边界变成了模式 1 的非严格安全边界，即 V_{OC}、

V_{OE} 不再具有严格的安全临界性,可以沿着某一方向继续增大供电能力,从而变成了山谷。可见,发生这种变化的根本原因是不同恢复方案下的转带关系发生了变化,例如,两供一备,由三回馈线互为备用转换成了一回馈线同时做其他两回馈线的备用。F_1 的备用馈线由 F_2 转换成了 F_3,因此 F_1 和 F_2 之间减少了直接的限制,在更大的范围内也能保证 N-1 安全。进而考虑到模式 2、模式 3,V_{OA}、V_{OC}、V_{OE} 最终都变成了非严格安全边界,成了山谷,形成了凹陷。

5.2.3 柔性接线安全域的产生机理

1. 柔性两供一备简介

柔性两供一备接线模式如图 5-5 所示:柔性接线以柔性互联装置代替两供一备接线的三个联络开关,三回馈线之间通过柔性互联装置相互连通,每回馈线出口处也有一个常闭馈线开关,正常情况下柔性闭环运行,可以双向连续调控潮流。设柔性两供一备每回馈线的容量均为 1MV·A,柔性端口容量为 1MV·A。

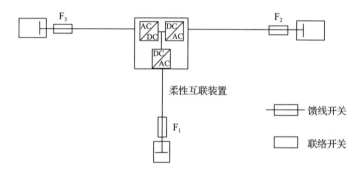

图 5-5 柔性两供一备接线模式

2. 安全域表达式

柔性两供一备的安全域表达式如表 5-8 所示。柔性两供一备在 N-1 后只有 1 种转带模式,因此,其安全域表达式不是两供一备的并集形式。

表 5-8 柔性两供一备的安全域表达式

编号	方程
$\Omega_{DSSR,1}$	$S_{F,1} \leqslant 1$
$\Omega_{DSSR,2}$	$S_{F,2} \leqslant 1$
$\Omega_{DSSR,3}$	$S_{F,3} \leqslant 1$
$\Omega_{DSSR,4}$	$S_{F,1}+S_{F,2}+S_{F,3} \leqslant 2$

3. 域的空间几何特征及对比

柔性两供一备的安全域图形如图 5-6(a)所示，它是一个凸多面体。

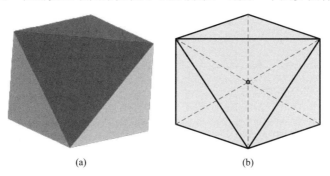

(a)　　　　　　　　　　　　(b)

图 5-6　柔性两供一备的安全域图形

由图 5-6(b)所示，黑色实线为柔性两供一备安全域的轮廓。柔性两供一备的安全域在两供一备凹域的基础上扩大，填补了凹陷，形成了饱满的凸域，工作点运行空间更大。

4. 域表面的几何特征及对比

图 5-7 显示了柔性两供一备接线安全域表面的特征。

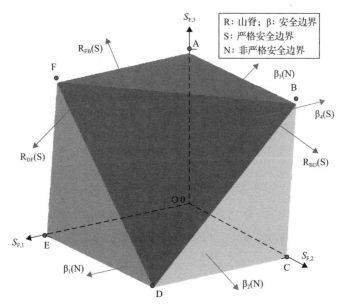

图 5-7　柔性两供一备接线安全域表面的特征

从图 5-7 看出，BF、BD、DF 是凸出来的山脊，记为 R_{BF}、R_{BD}、R_{DF}，3 个山

脊围成山顶 β_4，其为独立型严格安全边界。不同于两供一备，柔性接线的 3 个山脊均由非严格安全边界和山顶相交形成，为相交型严格边界。柔性两供一备安全域没有山谷。在整个域表面，山脊和山顶是严格安全边界，其他都为非严格安全边界。山脊和山顶边界点都为边界供电能力曲线点，它们的供电能力相同，都能达到 TSC。

与两供一备相比，柔性接线的安全域在安全边界 β_1、β_2、β_3、β_4 下的空间饱满，补平了两供一备安全域的山谷区域，填补了部分凹陷。由于运行方式约束 $S_{F,1}+S_{F,2}+S_{F,3} \leqslant 2$ 的存在，山顶 β_4 是工作点运行的极限状态，不能做到在整个状态空间安全。尽管如此，柔性化改造后在运行范围上仍有很大的优势。

5.3　DSSR 的全维间接观测与性质机理

5.3.1　全维间接观测的概念与方法

投影法能简单直观地观测安全域，但也具有先天不足：仅能观测在某给定工作点下选定的 2 个或 3 个负荷方向上的域投影。实际配电网维度高，其工作点数量巨大且不停变换，因此无法用穷举法来完整观测整个域。

为解决投影法的上述不足，本章给出了 DSSR 全维间接观测概念，将其定义为能完整地反映域整体特征的观测方法。域的整体特征包括域的圆润程度、凹陷程度以及大小等。全维观测应该克服投影法在工作点、观测变量选择上的局限，能完整地观测整个域，更彻底地发现域的缺陷。

1. 总体思路

DSSR 可近似为许多超平面切割形成的高维多面体。从多面体中心点沿某方向到安全边界的距离，其大小与均衡程度能体现域的凹陷与圆润程度：距离越小，表示凹陷越深；分布越不均匀，表示圆润程度越差。而安全域的凹陷与圆润程度则能够反映负荷的均衡程度以及电网接线布局的对称程度，即负荷分布越均匀，电网结构越对称，安全域越圆润，凹陷越浅。

由于传统配电安全域仅位于状态空间第一象限，因此采用原点（即零负荷点）到边界的安全距离比中心点到边界的安全距离更为合理。对于含源配电网，其安全域为全象限安全域[3]，则应采用中心点到边界的安全距离。

得到安全距离数据后再进一步处理：一方面，直接可视化观察；另一方面，深入统计加工数据，并设计指标来量化域的凹陷和几何特征。最后，分析凹陷产生原因，并给出改善方案，再对改善后电网进行观测，对比改善效果。

2. DSSR 间接可视化

1）DSSR 边界点距离

对于传统配电网，定义边界点 $W_{\beta,i}$ 到 DSSR 原点的距离为 DSSR 边界点距离，记作 R_i，计算公式如下：

$$\begin{cases} R_i = \sum_{i=1}^{n}|S_i| \\ \text{s.t. } W_{\beta,i} = [S_1,\cdots,S_i,\cdots,S_n]^{\mathrm{T}} \in \partial\Omega_{\mathrm{DSSR}} \end{cases} \tag{5-28}$$

式中，$\partial\Omega_{\mathrm{DSSR}}$ 代表安全边界，一个边界点 $W_{\beta,i}$ 对应一个边界点距离 R_i。

定义安全边界 β_i 到 DSSR 原点的最短距离为边界最短距离，记为 $R_{\beta i}$。一个安全边界 β_i 对应一个边界最短距离 $R_{\beta i}$。到原点距离最短的边界点称为凹陷点。

需要指出，①计算边界点距离时，无须计算到状态空间边界的距离，因为不存在工作点穿出状态空间边界的可能，状态空间边界方向是恒安全的。②边界点有无数多个，这里利用采样法[4]得到有限个边界点。③在对比安全域的直接观测结果与间接观测结果之间的联系时，安全距离计算应采用欧氏距离。这是因为欧氏距离能真实地反映欧几里德空间中两个点之间的距离，不会受到空间维度的影响。

DSSR 边界点距离的提出可以帮助研究域的形状，为观测配电网、发现缺陷及评估规划效果都提供了新的手段。

2）DSSR 的间接形状视图

DSSR 的间接形状视图是间接观测时得到能反映域形状的视图，这里介绍两种：域螺旋图和边界雷达图。

统计图是一种常用数据可视化方式，能使复杂的数据结果简单化、形象化，便于理解和比较[5,6]。将 DSSR 的所有边界点距离按从小到大排序，绘制成螺旋图，称为域螺旋图，如图 5-8 所示。图的边缘形状能够间接地反映 DSSR 圆润程度，面积能够间接地反映 DSSR 大小。

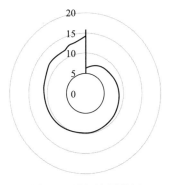

图 5-8　域螺旋图举例

域螺旋图是所有边界点半径绘制而成的，没有与域边界一一对应，因此设计另一种可视化：将边界最短距离绘制成雷达图，称为边界雷达图，如图 5-9 所示。

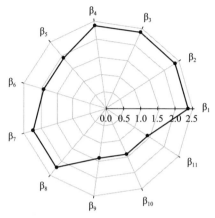

图 5-9　边界雷达图举例

边界雷达图绘制中，所采用的边界最短距离还可除以对应边界表达式中的变量个数，以便使变量数不同的边界之间更具可比性。

从图 5-9 看出，边界雷达图与域边界一一对应，便于通过边界表达式来分析域凹陷或突出的原因，再得到改善措施，最后对比改善后的效果。

3）DSSR 凹陷视图

将边界最短距离按边界编号绘制成折线图，能够更明显地显示边界的凹陷，称该视图为边界凹陷视图，如图 5-10 所示。

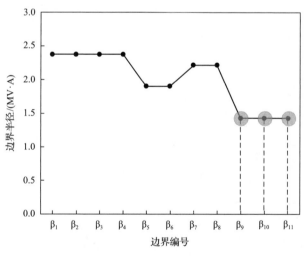

图 5-10　边界凹陷视图举例

边界凹陷视图能清晰地反映出边界情况：折线图中最低点对应的边界为凹陷边界，因此常用于观测安全域的凹陷边界。与边界雷达图类似，边界凹陷视图中所采用的边界最短距离也需除以对应线性边界表达式中所包含的变量个数。

对于凸型域,边界凹陷视图发现的凹陷边界是从原点开始最容易穿越出安全域的位置,也就是域的凹陷。而对于凹型域,山谷才是从原点开始最容易穿越出安全域的位置。边界凹陷视图不能反映出该特征,需要一种新的凹陷视图来观测域表面的山谷。

山谷本质为边界相交,将原点到所有域边界交线上的边界点距离按从小到大排序后绘制在同一图中,如图 5-11 所示。边界点距离较小的曲线对应的边界交线为山谷,包括 V_{OC}、V_{OE} 和 V_{OA}。边界点距离较大的曲线对应的边界交线为山脊,包括 R_{OD}、R_{OF} 和 R_{OB}。由于域边界交线为严格边界,因此称图 5-11 为严格边界点凹陷视图。

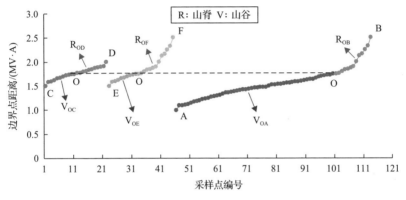

图 5-11　严格边界点凹陷视图举例

严格边界点凹陷视图能反映 DSSR 表面边界交线的高低及趋势,用于进一步观测凹型域。

3. DSSR 间接观测指标

1)DSSR 大小指标

定义 DSSR 半径为所有边界点距离 R_i 的平均值,能够衡量 DSSR 大小,记作 R_{DSSR},计算公式如下:

$$R_{DSSR} = \sum_{i=1}^{m} \frac{R_i}{m} \tag{5-29}$$

式中,m 为边界点采样个数。

由 5.3.1 节可知,域螺旋图面积也能反映 DSSR 大小。文献[7]提出由于边界采样点数较多,可将域螺旋图看作由 m 个半径为 R_i,角度为 $360°/m$ 的扇形组成。因此,基于边界点距离可近似计算得到 DSSR 域螺旋图面积,记作 $S_{DSSR-RSV}$,计算公式如下:

$$S_{\text{DSSR-RSV}} \approx \frac{\pi}{m}\sum_{i=1}^{m} R_i^2 \tag{5-30}$$

DSSR 半径越大，$S_{\text{DSSR-RSV}}$ 越大，DSSR 范围越大。

2) DSSR 形状指标

为表征安全域的圆润程度，定义形状畸变指标(shape distortion index，SDI)公式为

$$\text{SDI} = \frac{\sum\limits_{i=1}^{m}\left|R_i - R_{\text{DSSR}}\right|}{m \cdot R_{\text{DSSR}}} \tag{5-31}$$

根据边界点距离得到的形状畸变指标表示边界点距离与其均值之间的平均偏差，能够衡量 DSSR 整体形状的圆润程度。其值越小，代表 DSSR 越圆润。该指标形式借鉴了衡量磷酸盐分子变形程度的畸变指数[8]。安全域圆润程度指标的实用价值在于会为配电网评估和规划方案优选增加一个新的指标。圆润程度很可能与网络结构和容量匹配具有强相关性，圆润程度高的配电网，其结构和容量匹配更好，具有更均衡的安全范围。

3) DSSR 凹陷指标

基于深度的凹陷评价方法是一种常用的凹陷评价方法。例如，在工程实践中，管道公司经常以管径的 2%～6%作为凹痕深度的阈值[9]。为判断安全域的凹陷情况，定义一定比例的 DSSR 半径值大小为凹陷阈值，记作 λ，计算公式如下：

$$\lambda = (1-\delta)\cdot R_{\text{DSSR}} \tag{5-32}$$

式中，δ 表示比例系数。根据式(5-32)计算得出的凹陷阈值划出了安全域的凹陷标准，定义小于凹陷阈值的边界最短距离对应的安全边界为凹陷边界。凹陷边界数 n_{d} 的计算公式为

$$n_{\text{d}} = \text{card}\left\{R_{\beta_i}\left|R_{\beta_i} < \lambda, i = 1, 2, \cdots, n_{\text{b}}\right.\right\} \tag{5-33}$$

式中，n_{b} 为安全边界个数。

凹陷阈值的应用比较灵活，可以通过改变 δ 的值来表示不同程度的凹陷。例如，取 2 个不同的 δ 值可将凹陷分为普通凹陷和严重凹陷，相应的普通凹陷边界数记为 n_{gd}，严重凹陷边界数记为 n_{sd}。

定义凹陷比例指标(dent-ratio index，DRI)为

$$\text{DRI} = \frac{n_{\text{d}}}{n_{\text{b}}} \times 100\% \tag{5-34}$$

DRI 表示凹陷边界数与安全边界总数的比值。DRI 越大，DSSR 上的凹陷就越多；反之，DRI 越小，DSSR 上的凹陷就越少。

定义凹陷深度指标(dent-depth index，DDI)为

$$DDI = \frac{R_{DSSR} - \min\left(R_{\beta_1}, R_{\beta_2}, \cdots, R_{\beta_{n_b}}\right)}{R_{DSSR}} \times 100\%$$ (5-35)

DDI 反映最大凹陷深度。DDI 值越大，表示配电安全域的凹陷程度越深。

4. 全维间接观测方法

DSSR 全维间接观测方法的观测流程如图 5-12 所示。

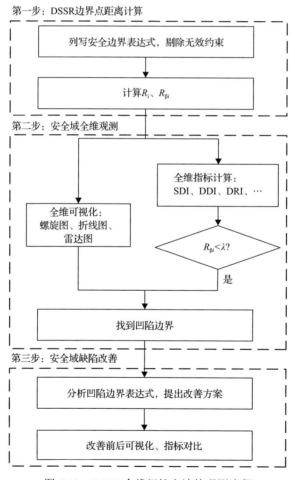

图 5-12　DSSR 全维间接方法的观测流程

第一步，计算 DSSR 边界点距离。需要预先剔除无效约束。

第二步，观测并发现安全域的缺陷。包括可视化和指标计算两种手段。凹陷视图和形状视图的可视化结果能够直观地观察域的凹陷和圆润程度；指标则能够量化安全域的缺陷。

第三步，分析、改善缺陷。文献[10]给出了配电网安全边界的产生机理，分析第二步中观测得到的凹陷边界表达式，指出导致产生凹陷的可能原因及给出解决方案，并通过可视化、指标对比来验证方案有效性。

5.3.2　瓶颈元件对 DSSR 的作用机理

通过瓶颈元件容量不同的两个算例——算例 1 和算例 2 来说明瓶颈元件对 DSSR 的作用机理。算例的网络结构如图 5-13 所示，算例 1 的主变及馈线参数见表 5-9。算例 1 中主变 T_1 的容量为 6MV·A，算例 2 中主变 T_1 容量增至 7MV·A，其他元件参数不变。

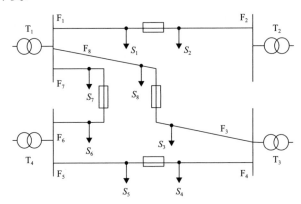

图 5-13　算例 1 和算例 2 的网络结构

表 5-9　算例 1 主变及馈线参数

变电站	主变压器	变比	主变容量/(MV·A)	单回馈线容量/(MV·A)
SP$_1$	T_1	35kV/10kV	6.0	5.0
	T_4	35kV/10kV	6.0	5.0
SP$_2$	T_2	35kV/10kV	7.0	5.0
	T_3	35kV/10kV	7.0	5.0

列写算例 1 安全边界表达式，剔除无效边界。算例 1 安全边界方程见表 5-10。可知算例 1 的 DSSR 由 11 个安全边界和 8 个状态空间边界围成。

计算算例 1 的 DSSR 边界最短距离见表 5-11。

列写算例 2 安全边界表达式。算例 2 安全边界方程见表 5-12。计算算例 2 的 DSSR 边界最短距离，结果见表 5-13。

表 5-10　算例 1 的 DSSR 安全边界方程

边界	边界方程	半径/(MV·A)	边界	边界方程	半径/(MV·A)
β_1	$S_1+S_2=5$	3.536	β_7	$S_3+S_1+S_8+S_7=6$	3.000
β_2	$S_8+S_3=5$	3.536	β_8	$S_4+S_5=5$	3.536
β_3	$S_8+S_3+S_4=7$	4.041	β_9	$S_4+S_6+S_5=6$	3.464
β_4	$S_7+S_6=5$	3.536	β_{10}	$S_5+S_3+S_4=7$	4.041
β_5	$S_7+S_6+S_5=6$	3.464	β_{11}	$S_1+S_6+S_8+S_7=6$	3.000
β_6	$S_2+S_1+S_8+S_7=6$	3.000			

表 5-11　算例 1 的 DSSR 边界最短距离

边界编号	边界最短距离/(MV·A)	边界编号	边界最短距离/(MV·A)
β_1	2.375	β_7	2.216
β_2	2.375	β_8	2.216
β_3	2.375	β_9	1.425
β_4	2.375	β_{10}	1.425
β_5	1.900	β_{11}	1.425
β_6	1.900		

表 5-12　算例 2 的安全边界方程

边界编号	边界方程	边界编号	边界方程
β_1	$S_1+S_2=5$	β_7	$S_3+S_4+S_5=7$
β_2	$S_3+S_8=5$	β_8	$S_3+S_4+S_8=7$
β_3	$S_6+S_7=5$	β_9	$S_1+S_2+S_7+S_8=7$
β_4	$S_4+S_5=5$	β_{10}	$S_1+S_3+S_7+S_8=7$
β_5	$S_5+S_6+S_7=6$	β_{11}	$S_1+S_6+S_7+S_8=7$
β_6	$S_4+S_5+S_6=6$		

表 5-13　算例 2 的 DSSR 边界最短距离

边界编号	边界最短距离/(MV·A)	边界编号	边界最短距离/(MV·A)
β_1	2.375	β_7	2.216
β_2	2.375	β_8	2.216
β_3	2.375	β_9	1.662
β_4	2.375	β_{10}	1.662
β_5	1.900	β_{11}	1.662
β_6	1.900		

1. 瓶颈元件容量对全维间接观测结果的影响

对比算例 1、算例 2 的全维间接观测结果。为更清晰地判断 DSSR 凹陷程度，取 2 个不同的 δ 值：$\delta=0.1$ 用于判断普通凹陷，$\delta=0.2$ 用于判断严重凹陷。算例 1、算例 2 的 DSSR 间接可视化对比如图 5-14 所示，全维观测指标对比如表 5-14 所示。

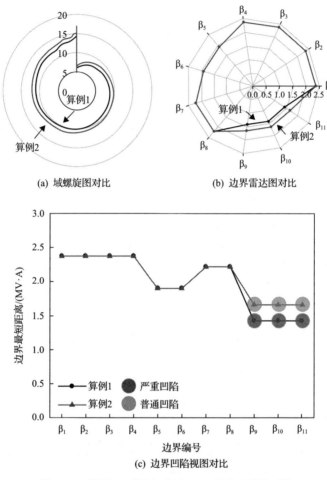

(a) 域螺旋图对比　　　　　　(b) 边界雷达图对比

(c) 边界凹陷视图对比

图 5-14　算例 1、算例 2 的 DSSR 间接可视化对比

表 5-14　算例 1、算例 2 的 DSSR 全维观测指标对比

指标	$R_{\text{DSSR}}/(\text{MV}\cdot\text{A})$	$S_{\text{DSSR-RSV}}/(\text{MV}\cdot\text{A})^2$	SDI	n_{gd}	n_{sd}	DRI_g	DRI_s	DDI
算例 1	2.146	316.877	7.4%	0	3	0	27.3%	29.7%
算例 2	2.197	377.879	4.4%	3	0	27.3%	0	19.9%

由图 5-14 知，算例 2 的 DSSR 形状视图边缘更加圆润，范围更大；凹陷视图中的凹陷程度明显降低，数据整体波动减小。

由表 5-14 知，算例 2 的 DSSR 相对算例 1 的 DSSR 变化如下：

(1) DSSR 半径增大，域螺旋图面积增大。

说明改善后算例 2 的 DSSR 增大。

(2) 形状畸变指标减小。

说明改善后算例 2 的 DSSR 形状更圆润。

(3) 凹陷总数及比例没变，但严重凹陷变为普通凹陷，且凹陷深度减少。

说明改善后算例 2 的 DSSR 的凹陷程度降低。

2. 瓶颈元件容量对 DSSR 的影响机理

从图 5-14(c) 凹陷视图看出，算例 1 的 DSSR 存在凹陷，即存在 3 个明显偏小的数据点，对应边界为 β_6、β_7、β_{11}。算例 2 的 DSSR 则有所改善。

下一步分析凹陷原因。由 DSSR 的定义可知，域的范围和形状直接由安全约束的松紧决定。若某约束过紧，则对应域的范围就会缩小，凹陷进去，进一步分析算例 1 的 3 个凹陷边界对应表达式，如下所示。

$$\beta_6: S_1+S_2+S_7+S_8=6; \qquad F_2 \text{ 故障，} T_1 \text{ 的容量约束}$$

$$\beta_7: S_1+S_3+S_7+S_8=6; \qquad F_3 \text{ 故障，} T_1 \text{ 的容量约束}$$

$$\beta_{11}: S_1+S_6+S_7+S_8=6; \qquad F_6 \text{ 故障，} T_1 \text{ 的容量约束}$$

从表达式可知，导致算例 1 安全域凹陷产生的原因为 T_1 容量约束过紧，也就是算例 1 中存在瓶颈元件 T_1。而算例 2 由于提升了 T_1 的容量，安全域的凹陷也得到了有效改善。上述结论也得到了图 5-14(a) 和 (b) 形状视图以及表 5-14 中观测指标的印证。

图 5-14(a) 和 (b) 中算例 2 的形状视图边缘较算例 1 更加圆润，范围更大；对于表 5-14 的各项指标，算例 2 均优于算例 1。

这说明随着瓶颈元件容量的提升，配电网的安全域也得到改善，形状更加圆润，范围增大，凹陷减少。

5.3.3　网架结构对 DSSR 的作用机理

通过网架对称程度不同的算例 1 和算例 3 来说明网架结构对 DSSR 的作用机理。算例 3 的元件参数与算例 1 相同，详细参数见 5.3.2 节中的表 5-9。算例 3 的网络结构(图 5-15)、算例 3 的安全边界方程(表 5-15)和算例 3 的 DSSR 边界最短距离(表 5-16)等详细数据展示如下。

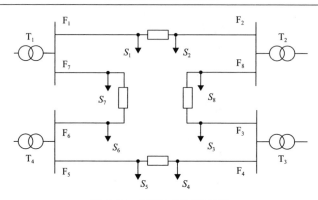

图 5-15 算例 3 的网络结构

表 5-15 算例 3 的安全边界方程

边界编号	边界方程	边界编号	边界方程
β_1	$S_1+S_2=5$	β_7	$S_6+S_1+S_7=6$
β_2	$S_8+S_3=5$	β_8	$S_6+S_5+S_7=6$
β_3	$S_7+S_6=5$	β_9	$S_8+S_3+S_4=7$
β_4	$S_4+S_5=5$	β_{10}	$S_3+S_8+S_2=7$
β_5	$S_7+S_1+S_2=6$	β_{11}	$S_5+S_3+S_4=7$
β_6	$S_4+S_6+S_5=6$	β_{12}	$S_8+S_1+S_2=7$

表 5-16 算例 3 的 DSSR 边界最短距离

边界编号	边界最短距离/(MV·A)	边界编号	边界最短距离/(MV·A)
β_1	2.375	β_7	1.900
β_2	2.375	β_8	1.900
β_3	2.375	β_9	2.216
β_4	2.375	β_{10}	2.216
β_5	1.900	β_{11}	2.216
β_6	1.900	β_{12}	2.216

1. 网架对称程度对全维间接观测结果的影响

对比算例 1、算例 3 的全维间接观测结果。仍取 2 个不同的 δ 值：δ =0.1 用于判断普通凹陷，δ =0.2 用于判断严重凹陷。算例 1、算例 3 的 DSSR 间接可视化对比如图 5-16 所示，全维观测指标对比如表 5-17 所示。

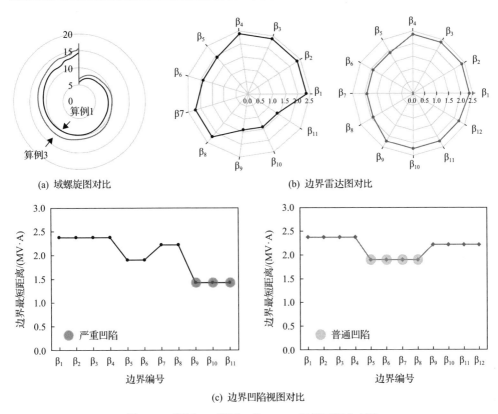

(a) 域螺旋图对比

(b) 边界雷达图对比

(c) 边界凹陷视图对比

图 5-16 算例 1、算例 3 的 DSSR 间接可视化对比

表 5-17 算例 1、算例 3 的 DSSR 全维观测指标对比

指标	R_{DSSR} /(MV·A)	$S_{DSSR-RSV}$ /(MV·A)^2	SDI	n_{gd}	n_{sd}	DRI_g	DRI_s	DDI
算例 1	2.146	316.877	7.4%	0	4	0	27.3%	29.7%
算例 3	2.287	455.057	6.5%	3	0	18.2%	0	15.8%

由图 5-16 知，算例 3 的 DSSR 形状视图边缘更加圆润，范围更大；凹陷视图中的凹陷程度明显降低，数据整体波动减小。

由表 5-17 知，算例 3 的 DSSR 凹陷得到改善，变化如下：

(1) DSSR 半径增大，域螺旋图面积增大。

说明改善后算例 3 的 DSSR 增大。

(2) 形状畸变指标减小。

说明改善后算例 3 的 DSSR 形状更圆润。

(3) 严重凹陷变为普通凹陷，且凹陷深度减少。

2. 网架对称程度对 DSSR 的影响机理

由 5.3.2 节中分析可知，导致算例 1 凹陷产生的原因为 T_1 约束过紧，即 T_1 容量过小或联络结构不合理使 T_1 约束显得更紧。而算例 3 由于改变了网络结构，使得网络变得更加对称，使得馈线之间的拓扑距离相对越短，负荷转带更加均匀，同时也因为结构的改变使得容量匹配更加均匀，不存在明显的瓶颈元件，安全域的凹陷也得到了有效改善。上述结论也得到了图 5-16(a) 和 (b) 形状视图以及表 5-17 中观测指标的印证。图 5-16(a) 和 (b) 中算例 3 的形状视图边缘较算例 1 更加圆润，范围更大；对于表 5-17 的各项指标，算例 3 均优于算例 1。

这说明随着网络对称程度的增强，配电网的安全域也得到改善，形状更加圆润，范围增大，凹陷减少。

5.4　DSSR 的综合观测

5.4.1　DSSR 观测方法总结

DSSR 蕴含丰富的信息，在状态空间中观测 DSSR 是挖掘这些信息的最基本手段。DSSR 观测方法可归为两大类：直接观测和间接观测。直接观测能直接看到域，间接观测不能。DSSR 体积属于直接观测。TSC 曲线法不能直接看到域，因此被归为间接观测。对现有所有 DSSR 观测方法进行总结，如表 5-18 所示。

5.4.2　DSSR 综合观测方法

DSSR 间接观测和直接观测这两类方法各有特点，可以综合应用这两类方法。直接观测能直接看到安全域本身，但较难实现域的整体观测，适用于局部细节；间接观测能完成安全域的整体观测，但无法直接看到域。因此应先间接观测，整体扫描找到需重点关注的部位(如凹陷边界)，再局部直接观测这些重点部位。DSSR 综合观测的原则可归纳为"先整体，后局部；先间接，后直接"。此外，TSC 曲线观测配电网的极限带载能力作为补充。DSSR 综合观测流程如图 5-17 所示。

由图 5-17 可知，DSSR 综合观测分为形状综合观测和大小综合观测。

DSSR 形状综合观测步骤如下：

(1) 整体间接观测。通过视图观察和指标计算两种手段来观测域的圆润程度以及凹陷情况。

表 5-18　DSSR 观测方法总结

观测方法	方法简介	观测目标	观测手段		局限性	类型
			指标	可视化		
二维直接观测	①选取观测馈线，其余负荷不变，②选取组合中一变量按一定步长取值，利用 N-1 仿真逼近法得到另一变量值，得到一组二维临界点，③对临界点拟合得到二维边界	①DSSR 局部大小 ②DSSR 局部形状	二维图面积	二维视图	①观测结果为局部信息 ②观测结果受观测变量选取的影响较大 ③安全域维度较高时，难以穷举观测	直接观测
全维间接观测	①计算 DSSR 边界点距离 ②实现 DSSR 可视化 ③计算观测指标 ④配电网缺陷分析及改进	①DSSR 大小 ②DSSR 形状	①域半径 ②螺旋图面积 ③形状畸变指标 ④凹陷数/凹陷率 ⑤凹陷深度	①域螺旋图 ②边界雷达视图 ③边界凹陷视图	现有凹陷阈值的设定采用的是经验法，可能存在无法识别局部分或者全部凹陷的情况	间接观测
全维直接观测	①DSSR 直接 3 维或 2 维可视化	DSSR 形状	—	全维视图	受配电网规模限制，3 维及以下	直接观测
DSSR 体积	①状态空间中产生采样点 ②逐一对采样点 N-1 校验，记录满足 N-1 安全的工作点数 ③计算近似体积	DSSR 大小	DSSR 体积	—	①算法限制了配电网规模不能过大 ②不同规模配电网可比性需要进一步完善	间接观测
TSC 曲线	①从原点生成有限个方向向量 ②求解每个方向向上的边界点 ③绘制 TSC 曲线，计算指标	极限带载能力	①平均供电能力 ②最小供电能力 ③最大供电能力	TSC 曲线	①现有算法限制了观测方法应用的配电网规模 ②丢失采样点的原始位置	间接观测

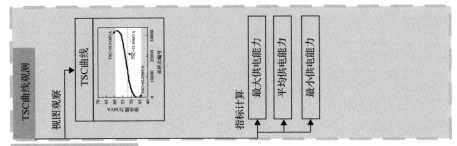

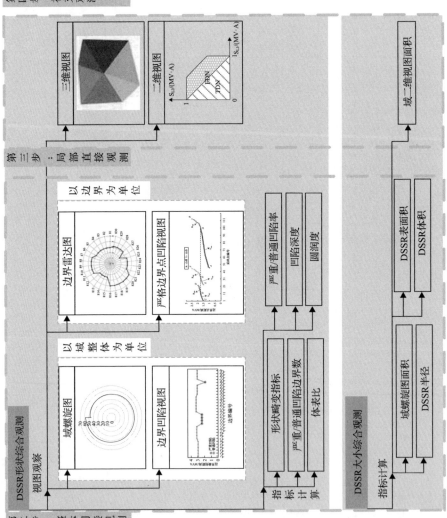

图5-17　DSSR综合观测流程

(2) 局部直接观测。通过视图来观测域的山脊、山谷以及凹陷边界在二维视图中的表现等。

DSSR 大小综合观测步骤如下：

(1) 整体大小观测。DSSR 体积（详见 5.6 节）反映了 DSSR 的整体大小。但受现有体积算法限制，所应用的配电网维度不能过高，并且适合比较同等规模配电网 DSSR 大小。

全维间接观测通过计算域螺旋图面积和 DSSR 半径两个指标，也可以用来比较 DSSR 整体大小。在 DSSR 半径计算过程中由于对数据进行了平均处理，可能导致判断 DSSR 整体大小时出现偏差。域螺旋图面积由于对数据进行加法处理，很好地解决了上述问题。例如，对于具有相同 DSSR 半径的正四面体安全域和正八面体安全域，正八面体安全域范围更大，其域螺旋图面积更大。此时，域螺旋图面积指标能更客观地反映出安全域的整体大小。

(2) 局部大小观测。一般通过二维视图进行 DSSR 局部大小观测。以边界凹陷点作为展开点，选择一个或几个二维视图尽可能地包含全部的安全边界投影，然后计算得到安全域二维投影的面积。

5.4.3　算例分析

1. 算例简介

采用 IEEE RBTS-BUS4 扩展算例（由文献[11]中算例扩展得到），对其安全域进行综合观测，记作算例 5。算例 5 共包含变电站 3 座，其变电等级为 33kV/11kV，20 回馈线，104 个负荷节点。算例 5 电网结构如图 5-18 所示，具体参数如表 5-19、表 5-20 所示。

列写算例 5 安全边界表达式，并计算原点到各个边界的边界点距离，为后续 DSSR 观测做准备。表 5-21 展示了算例 5 安全边界表达式、凹陷点及边界最短距离。

2. DSSR 综合观测结果

首先，进行整体间接观测。算例 5 安全域形状的整体间接观测视图结果如图 5-19 所示。取不同 δ 值：δ=0.1 用于判断普通凹陷，δ=0.2 用于判断严重凹陷。

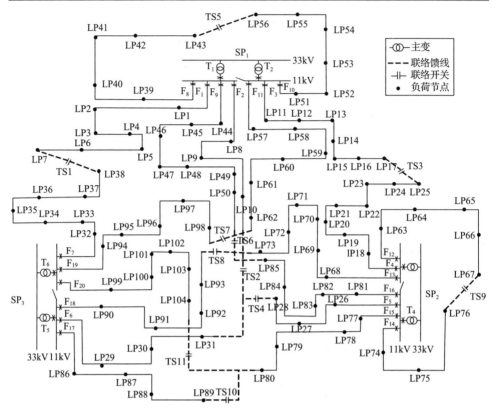

图 5-18　算例 5：IEEE RBTS-BUS4 扩展算例

表 5-19　算例 5 主变及馈线参数

变电站	主变压器	出口馈线数	算例 5	
			主变容量/(MV·A)	馈线类型
SP₁	T_1	4	16	2
	T_2	3	16	2
SP₂	T_3	3	16	2
	T_4	4	16	2
SP₃	T_5	3	10	1
	T_6	3	10	1

表 5-20　馈线型号和参数

编号	导线型号	容量/(MV·A)	单位电阻	单位电抗
1	JKLYJ-120	5.83	0.220	0.366
2	JKLYJ-150	6.91	0.170	0.365

表 5-21　算例 5 安全边界表达式、凹陷点及边界最短距离

边界编号	表达式	凹陷点	边界最短距离/(MV·A)
β_1	$S_1+S_7=5.83$	(2.91,0,0,0,0,2.91,0,0,0,0,0,0,0,0,0,0,0,0,0,0)	2.988
β_2	$S_2+S_6=5.83$	(0,2.91,0,0,0,2.91,0,0,0,0,0,0,0,0,0,0,0,0,0,0)	2.988
β_3	$S_5+S_6=5.83$	(0,0,0,0,2.91,2.91,0,0,0,0,0,0,0,0,0,0,0,0,0,0)	2.988
β_4	$S_{11}+S_{19}=5.83$	(0,0,0,0,0,0,0,0,0,0,2.91,0,0,0,0,0,0,0,2.91,0)	2.988
β_5	$S_{13}+S_{18}=5.83$	(0,0,0,0,0,0,0,0,0,0,0,0,2.91,0,0,0,0,2.91,0,0)	2.988
β_6	$S_{15}+S_{17}=5.83$	(0,0,0,0,0,0,0,0,0,0,0,0,0,0,2.91,0,2.91,0,0,0)	2.988
β_7	$S_3+S_4=6.91$	(0,0,3.46,3.46,0,0,0,0,0,0,0,0,0,0,0,0,0,0,0,0)	3.152
β_8	$S_8+S_{10}=6.91$	(0,0,0,0,0,0,0,3.46,0,3.46,0,0,0,0,0,0,0,0,0,0)	3.152
β_9	$S_9+S_{16}=6.91$	(0,0,0,0,0,0,0,0,3.46,0,0,0,0,0,0,3.46,0,0,0,0)	3.152
β_{10}	$S_{12}+S_{14}=6.91$	(0,0,0,0,0,0,0,0,0,0,0,3.46,0,3.46,0,0,0,0,0,0)	3.152
β_{11}	$S_{15}+S_{20}=6.91$	(0,0,0,0,0,0,0,0,0,0,0,0,0,0,3.46,0,0,0,0,3.46)	3.152
β_{12}	$S_1+S_7+S_{19}+S_{20}=10$	(2.5,0,0,0,0,2.5,0,0,0,0,0,0,0,0,0,0,0,0,2.5,2.5)	2.406
β_{13}	$S_2+S_6+S_{17}+S_{18}=10$	(0,2.5,0,0,0,2.5,0,0,0,0,0,0,0,0,0,0,2.5,2.5,0,0)	2.406
β_{14}	$S_6+S_{13}+S_{17}+S_{18}=10$	(0,0,0,0,0,2.5,0,0,0,0,0,0,2.5,0,0,0,2.5,2.5,0,0)	2.406
β_{15}	$S_7+S_{11}+S_{19}+S_{20}=10$	(0,0,0,0,0,0,2.5,0,0,0,2.5,0,0,0,0,0,0,0,2.5,2.5)	2.406
β_{16}	$S_3+S_4+S_{10}+S_{11}=16$	(0,0,4,4,0,0,0,0,0,4,4,0,0,0,0,0,0,0,0,0)	3.250
β_{17}	$S_3+S_4+S_{12}+S_{13}=16$	(0,0,4,4,0,0,0,0,0,0,0,4,4,0,0,0,0,0,0,0)	3.250
β_{18}	$S_3+S_8+S_{10}+S_{11}=16$	(0,0,4,0,0,0,0,4,0,4,4,0,0,0,0,0,0,0,0,0)	3.250
β_{19}	$S_3+S_{10}+S_{11}+S_{19}=16$	(0,0,4,0,0,0,0,0,0,4,4,0,0,0,0,0,0,0,4,0)	3.250
β_{20}	$S_4+S_{12}+S_{13}+S_{14}=16$	(0,0,0,4,0,0,0,0,0,0,0,4,4,0,0,0,0,0,4,0)	3.250
β_{21}	$S_4+S_{12}+S_{13}+S_{18}=16$	(0,0,0,4,0,0,0,0,0,0,0,4,4,4,0,0,0,0,0,0)	3.250
β_{22}	$S_1+S_2+S_6+S_8+S_9=16$	(3.2,3.2,0,0,0,3.2,0,3.2,3.2,0,0,0,0,0,0,0,0,0,0,0)	3.080
β_{23}	$S_1+S_2+S_7+S_8+S_9=16$	(3.2,3.2,0,0,0,0,3.2,3.2,3.2,0,0,0,0,0,0,0,0,0,0,0)	3.080
β_{24}	$S_1+S_2+S_8+S_9+S_{10}=16$	(3.2,3.2,0,0,0,0,0,3.2,3.2,3.2,0,0,0,0,0,0,0,0,0,0)	3.080
β_{25}	$S_1+S_2+S_8+S_9+S_{16}=16$	(3.2,3.2,0,0,0,0,0,3.2,3.2,0,0,0,0,0,0,3.2,0,0,0,0)	3.080
β_{26}	$S_5+S_6+S_{15}+S_{17}+S_{18}=10$	(0,0,0,0,2,2,0,0,0,0,0,0,0,0,2,0,2,2,0,0)	1.925
β_{27}	$S_5+S_9+S_{14}+S_{15}+S_{16}=16$	(0,0,0,0,3.2,0,0,0,3.2,0,0,0,0,3.2,3.2,3.2,0,0,0,0)	3.080
β_{28}	$S_5+S_{12}+S_{14}+S_{15}+S_{16}=16$	(0,0,0,0,3.2,0,0,0,0,0,0,3.2,0,3.2,3.2,3.2,0,0,0,0)	3.080
β_{29}	$S_5+S_{14}+S_{15}+S_{16}+S_{17}=16$	(0,0,0,0,3.2,0,0,0,0,0,0,0,0,3.2,3.2,3.2,3.2,0,0,0)	3.080
β_{30}	$S_5+S_{14}+S_{15}+S_{16}+S_{20}=16$	(0,0,0,0,3.2,0,0,0,0,0,0,0,0,3.2,3.2,3.2,0,0,0,3.2)	3.080

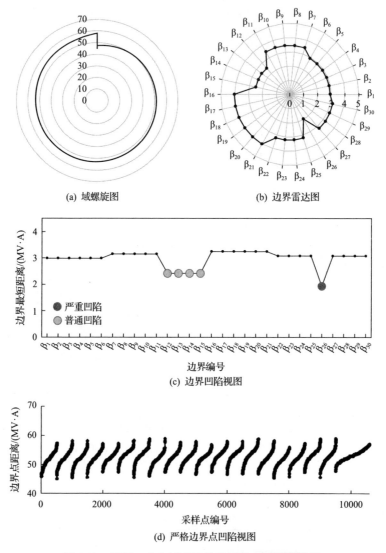

(a) 域螺旋图

(b) 边界雷达图

(c) 边界凹陷视图

(d) 严格边界点凹陷视图

图 5-19　算例 5 安全域形状整体间接观测视图结果

图 5-19(a) 和(d) 分别展示了算例 5 安全域的域螺旋图和严格边界点凹陷视图。由图 5-19(b) 可知，算例 5 安全域不够圆润。由图 5-19(c) 可知，算例 5 安全域存在 5 个严重凹陷边界，分别为 β_{12}、β_{13}、β_{14}、β_{15} 和 β_{26}。

在算例 5 安全域形状的整体间接观测中涉及的形状指标结果如表 5-22 所示。

表 5-22　算例 5 安全域形状观测指标结果

指标	SDI	n_{sd}	n_{gd}	DRI_s	DRI_g	DDI
算例 5	7.2%	5	0	16.7%	0	35.8%

从表 5-22 看出，算例 5 安全域存在 5 个严重凹陷边界，这与图 5-19(d)凹陷视图结果相同。

算例 5 安全域大小的整体观测结果如表 5-23 所示。

表 5-23　算例 5 安全域大小观测指标结果

指标	$S_{\text{DSSR-RSV}}/(\text{MV}\cdot\text{A})^2$	$R_{\text{DSSR}}/(\text{MV}\cdot\text{A})$	$V_{\text{DSSR}}/(\text{MV}\cdot\text{A})^{20}$
算例 5	8738.07	2.99	3368.24

然后，进行局部直接观测。

选择凹陷边界直接观测，结果如图 5-20 所示(以二维视图 (S_{17}, S_{18}) 为例)。

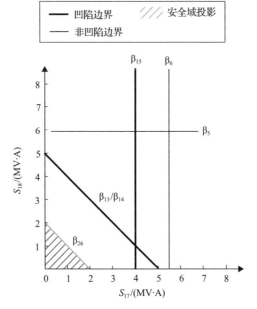

图 5-20　算例 5 安全域二维视图 (S_{17}, S_{18})

由图 5-20 可知，原点到凹陷边界的距离小于到非凹陷边界的距离。二维视图 (S_{17}, S_{18}) 下安全边界的面积为 $S_{\text{DSSR-2D}}=2\,(\text{MV}\cdot\text{A})^2$。

最后，TSC 曲线观测结果如图 5-21 所示。

3. 算例改进前后对比

算例 5 对应的 DSSR 共有 5 个严重凹陷边界，分别为 β_{12}、β_{13}、β_{14}、β_{15} 和 β_{26}，其边界表达式和物理含义如表 5-24 所示。

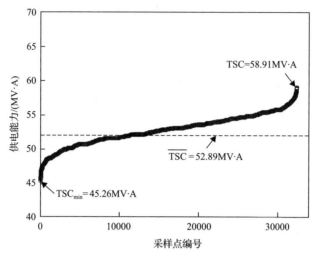

图 5-21　算例 5 的 TSC 曲线

表 5-24　算例 5 的凹陷边界分析

边界编号	边界表达式	物理含义
β_{12}	$S_1+S_7+S_{19}+S_{20}=10$	主变 T_1 故障后主变 T_6 的容量约束
β_{13}	$S_2+S_6+S_{17}+S_{18}=10$	主变 T_2 故障后主变 T_5 的容量约束
β_{14}	$S_6+S_{13}+S_{17}+S_{18}=10$	主变 T_3 故障后主变 T_5 的容量约束
β_{15}	$S_7+S_{11}+S_{19}+S_{20}=10$	主变 T_2 故障后主变 T_6 的容量约束
β_{26}	$S_5+S_6+S_{15}+S_{17}+S_{18}=10$	主变 T_4 故障后主变 T_5 的容量约束

由表 5-24 可知，算例 5 安全域凹陷产生的原因均为主变 T_5、T_6 的容量过小，它们是造成凹陷的瓶颈元件。为改善算例 5 的缺陷，将主变 T_5 和 T_6 的容量由 $10MV \cdot A$ 增加至 $16MV \cdot A$，形成的新算例记为算例 6。下面给出它们的安全域综合观测结果对比。

算例 5、算例 6 安全域形状的整体间接观测视图对比结果如图 5-22 所示。

由图 5-22(a)可知，算例 6 的域螺旋图相比算例 5 的有扩大。

由图 5-22(b)可知，算例 6 的 DSSR 更加圆润。

由图 5-22(c)可知，算例 6 安全域只存在 1 个严重凹陷边界，为 β_{26}，凹陷程度较算例 5 的有所减轻。

算例 5、算例 6 安全域形状的间接观测中涉及的形状指标对比结果如表 5-25 所示。

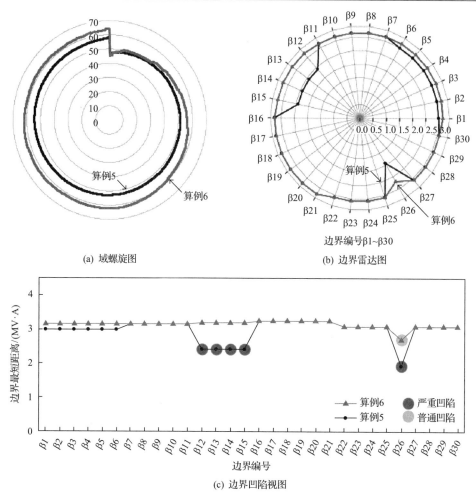

(a) 域螺旋图　　　　　　　　(b) 边界雷达图

(c) 边界凹陷视图

图 5-22　算例 5、算例 6 安全域形状的整体间接观测视图对比结果

表 5-25　算例 5、算例 6 安全域形状观测指标对比结果

指标	SDI	n_{sd}	n_{gd}	DRI_s	DRI_g	DDI
算例 5	7.2%	5	0	16.7%	0	35.8%
算例 6	2.0%	1	0	3.3%	0	14.3%

由表 5-25 可知，算例 6 的 SDI 指标更小，说明算例 6 的 DSSR 形状更加圆润，这与前面观测结论相一致。算例 5 有 5 个严重凹陷边界，凹陷深度为 35.8%；而算例 6 的凹陷边界个数则减少为 1 个，凹陷深度由 35.8%降低到 14.3%，说明算例 6 的 DSSR 凹陷比算例 5 更少更轻，这也与前面观测结论相一致。

算例 5、算例 6 的安全域大小的整体观测结果对比如表 5-26 所示。

表 5-26　算例 5 和算例 6 的安全域大小的整体观测结果对比

指标	$S_{DSSR-RSV}/(MV \cdot A)^2$	$R_{DSSR}/(MV \cdot A)$	$V_{DSSR}/(MV \cdot A)^{20}$
算例 5	8738.07	2.99	3368.24
算例 6	10976.05	3.14	4583.37

由表 5-26 可知，算例 6 的 DSSR 无论是在域螺旋图面积、半径还是体积方面均优于算例 5。

算例 5、算例 6 安全域二维视图 (S_{17}, S_{18}) 对比如图 5-23 所示。

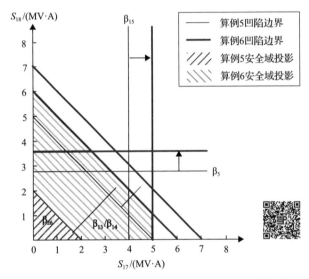

图 5-23　算例 5、算例 6 安全域二维视图 (S_{17}, S_{18}) 对比(彩图扫二维码)

由图 5-23 可知，算例 6 的凹陷边界均向远离原点的方向移动，说明凹陷程度相较于算例 5 有减轻，这与整体观测结果(图 5-23(d))相一致。二维视图 (S_{17}, S_{18}) 下算例 6 安全边界的面积相比算例 5 的有扩大，为 $S_{DSSR-2D}=17.5(MV \cdot A)^2$。

算例 5 和算例 6 的 TSC 曲线观测结果对比如图 5-24 所示。

由图 5-24 可知，算例 6 的 TSC 曲线明显高于算例 5，三个供电能力指标也均优于算例 5。

综上可以得到结论，改善后的算例 6 无论是在 DSSR 形状、大小，还是在 TSC 曲线方面，均优于算例 5。

通过综合观测，可以全面且详细地了解配电安全域的形状、大小以及配电网的极限供电能力，还能够发现并指导改善配电网的缺陷。

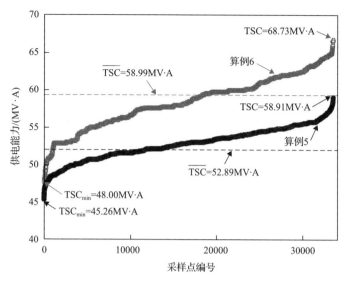

图 5-24　算例 5 和算例 6 的 TSC 曲线观测结果对比

5.5　DSSR 的形状图谱

5.5.1　DSSR 的二维图谱

配电安全域或边界的二维观测一般选取部分变量进行二维组合观测，如果观测所有可能的 DSSR 二维图像，就能形成图谱。DSSR 图谱为后续 DSSR 理论研究和工程应用奠定了一个重要基础。

1. DSSR 图谱的概念与绘制方法

1）图谱的概念

图谱是指系统地按类编制的图集，利用图谱可以研究一类事物的特征和规律。这种方法应用于很多学科，例如，机械制造中用于数控机床设计的运动学图谱、地理学中的地学信息图谱、农业中的小豆 SSR 分子标记遗传连锁图谱等。

为完整地探究配电安全域二维图像特征，可以借鉴其他学科的图谱建立和研究思路，建立 DSSR 的图谱。DSSR 图谱是某一类型配电网所有可能的安全域二维图像的集合，包含了域的形状、象限等图像特征。对于概念中的配电网类型，采用 DG 的容量渗透率 CP（配电网的 DG 装机容量与负荷峰值之比）进行区分[12]，原因是高渗透率是未来配电网发展的趋势，渗透率的量变会引起配电网功能的质变，其安全性和对应的 DSSR 二维图像也将发生较大改变。

2）按渗透率的配电网分类

图谱与渗透率有密切关系，按配电网功能分为 2 大类和 6 子类[13]，并进一步给出了容量渗透率范围和典型值，如表 5-27 所示。从表 5-27 中选出 3 个具有代表性的小类研究其 DSSR 图谱。

表 5-27　按容量渗透率（CP）分类的配电网

场景大类	场景子类				
大类名称	小类名称	CP区间	典型CP值	配电网功能	场景
供电型S	纯供电网	0%	0%	负荷供电功能	传统供电网场景
	中渗供电网	(0%，40%)	20%	负荷供电和 DG 消纳综合服务，供电优先	当前城市地区场景
	高渗供电网	[40%，60%]	50%	负荷供电和 DG 消纳综合服务，供电优先	未来城市地区场景
自给型B	基本自给网	(60%，90%]	75%	负荷供电和 DG 消纳综合服务，供电优先	未来城市地区场景
	自给网	(90%，110%]	100%	负荷供电和 DG 消纳综合服务，供电优先	配电网能量自给自足场景
	盈余自给网	(110%，140%)	140%	负荷供电、DG 消纳与外送，三种服务并重	负荷密度中等、RES 丰富场景

3）图谱绘制方法

绘制图谱需对某类配电网的安全域进行二维可视化观察，得到所有图像，绘制流程如图 5-25 所示。

首先确定基本算例；然后根据已考虑负荷同时率、计及变电站主变过载能力的 DSSR 模型列写出边界方程；再选择 2 个节点作为观测变量，固定其他变量为常数，将所得方程对应的直线绘制在二维坐标系中，经过多次观察得到该算例的所有安全域二维图像；改进算例，例如，增加负荷节点或者 DG 节点、改变算例参数，构造出该类型配电网的更多算例，以观察到新的二维图像，不断改进算例直到与之前所有的观察结果相比，再无新的图像出现；最后，将所有结果按照象限和形状的特点归纳成该类配电网的图谱。用基本算例生成图谱后，再用更复杂算例来验证图谱的完整性。

有源配电网和无源配电网基本算例均来自文献[3]，如图 5-26 所示。

在归纳图谱时，需要针对同一象限内同一种形状的二维图像，按照与坐标轴接触的边或节点的位置进行区分。举例来说，以某个负荷节点功率 S_L 和某个 DG

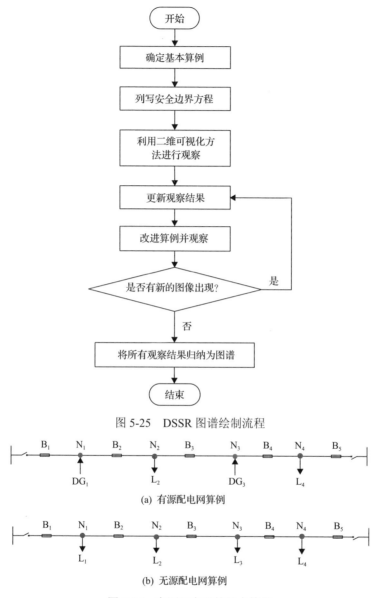

图 5-25　DSSR 图谱绘制流程

(a) 有源配电网算例

(b) 无源配电网算例

图 5-26　有源配电网的基本算例

节点功率 S_{DG} 作为观测变量后，图 5-27 展示了象限Ⅳ的两个三角形图像，两者区别在于与坐标轴重合的边的位置不同，因而两种情况对应的实际含义是不同的：图 5-27(a) 的最安全工作点是三角形的左下角顶点，对应着观测的负荷节点出力为 0，DG 节点出力最大的运行方式，为了让配电网安全工作，需要尽可能地避免正向潮流越限；而图 5-27(b) 恰好相反，对应着观测的 DG 节点出力为 0，负荷节点出力最大的运行方式。显然，对于上述两种情况需要采取不同的策略来确保配电网的安全性。

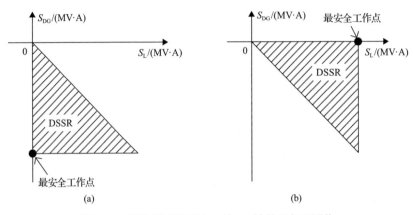

图 5-27　直角顶点分别在 y 轴、x 轴的三角形图像

4) 图谱命名规则

在归纳 DSSR 图谱时，发现二维图像数目较多，有些配电网的图像数目达到上百个。有源配电网域图谱中不同象限拥有形状相同的图像，而同一象限中又存在多种形状相同而位置不同的图像。因此按照一定规则对图像命名是十分必要的。

以下给出一种图谱图像的命名规则，用五位字母和数字的组合来命名图像，使图谱的归纳工作更加清晰有序。命名规则如下所示。

(1) 规则 1。第一位字母表示配电网类型，L 表示无源配电网，H 表示高渗供电网，V 表示自给网。

(2) 规则 2。第二位 0 或 1 表示所使用的安全准则，0 表示 N-0 安全准则，1 表示 N-1 安全准则。

(3) 规则 3。第三位数字表示二维图像所处象限，数字 1~4 分别表示处于象限 I ~ IV。

(4) 规则 4。第四位字母表示二维图像的形状，R 表示矩形，T 表示三角形，L 表示梯形，P 表示五边形，PL 表示平行四边形，H 表示六边形。

(5) 规则 5。第五位数字来区分同一象限中多种形状相同的图像，从 1 开始按顺序进行编号。

2. DSSR 图谱绘制结果

从表 5-27 中选出 3 类具有代表性的配电网，再绘制 DSSR 图谱。

1) 无源配电网的安全域图谱

无源配电网是未加入 DG 的传统配电网，最为简单；同时无源配电网可看作有源配电网渗透率为 0 的特例，其图谱属于配电网图谱中的一种极端情况，所以首先进行研究。

针对无源配电网，考虑 N-0 和 N-1 两种安全准则，将所有出现的二维图像总结为无源配电网安全域图谱，发现图像仅存在于象限 I 中，且无源配电网的 N-0 和 N-1 安全域图谱完全相同，如表 5-28 所示。这些图像是由斜线边界切割直线边界的不同情况形成的。

表 5-28　无源配电网的 N-0 和 N-1 安全域图谱

矩形	三角形	梯形		五边形	数目
(图)	(图)	(图)	(图)	(图)	5

2）高渗供电网的安全域图谱

按照同样的方法绘制高渗供电网的安全域图谱，N-0 和 N-1 的图谱分别如表 5-29 和表 5-30 所示。其中表 5-29 内为每个图像标注了编号，以示命名规则 5 的使用。例如，编号 H04R2 表示高渗供电网的 N-0 安全域图谱中，象限 IV 内编号为 2 的矩形，其图像可以在表 5-29 中找到。为了更简洁地呈现图谱内容，后续的其他图谱未标注编号信息。

表 5-29　高渗供电网的 N-0 安全域图谱

象限	形状											数目
	矩形		三角形		梯形			五边形		平行四边形		
象限 I	(图)1	—	(图)1	—	(图)1	(图)2	—	(图)1	—	—	—	5
象限 II	(图)1	(图)2	(图)1	(图)2	(图)1	(图)2	(图)3	(图)1	(图)2	(图)1	(图)2	18
	—		(图)3	(图)4	(图)4	(图)5	(图)6	(图)3	(图)4			
象限 III	(图)1	(图)2	(图)1	(图)2	(图)1	(图)2	(图)3	(图)1	(图)2	—	—	15
	(图)3	—	(图)3	(图)4	(图)4	(图)5	(图)6	—	—			
象限 IV	(图)1	(图)2	(图)1	(图)2	(图)1	(图)2	(图)3	(图)1	(图)2	(图)1	(图)2	18
	—		(图)3	(图)4	(图)4	(图)5	(图)6	(图)3	(图)4			

表 5-30　高渗供电网的 N-1 安全域图谱

象限	形状									数目
	矩形		三角形		梯形				五边形	
象限 I		—								5
象限 II										14
	—	—								
象限 III										15
		—								
象限 IV										14
	—	—								

注：有底色的是高渗供电网独有的 N-1 安全域图像（与表 5-32 对比）。

3）自给网的安全域图谱

自给网的图谱分别如表 5-31 和表 5-32 所示。

表 5-31　自给网的 N-0 安全域图谱

象限	形状							数目
	矩形	三角形	梯形		五边形	平行四边形	六边形	
象限 I								33
							—	
象限 II								29
	—							
象限 III								33
							—	

续表

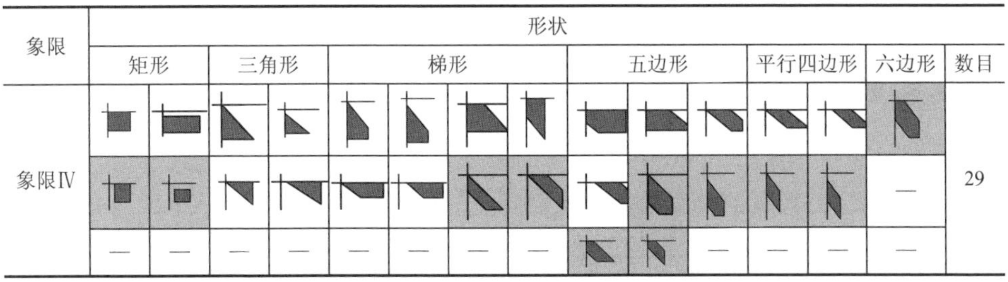

象限	形状								数目
	矩形	三角形	梯形			五边形	平行四边形	六边形	
象限IV									29

注：有底色的是自给网独有的 N-0 安全域图像（与表 5-29 对比）。

表 5-32　自给网的 N-1 安全域图谱

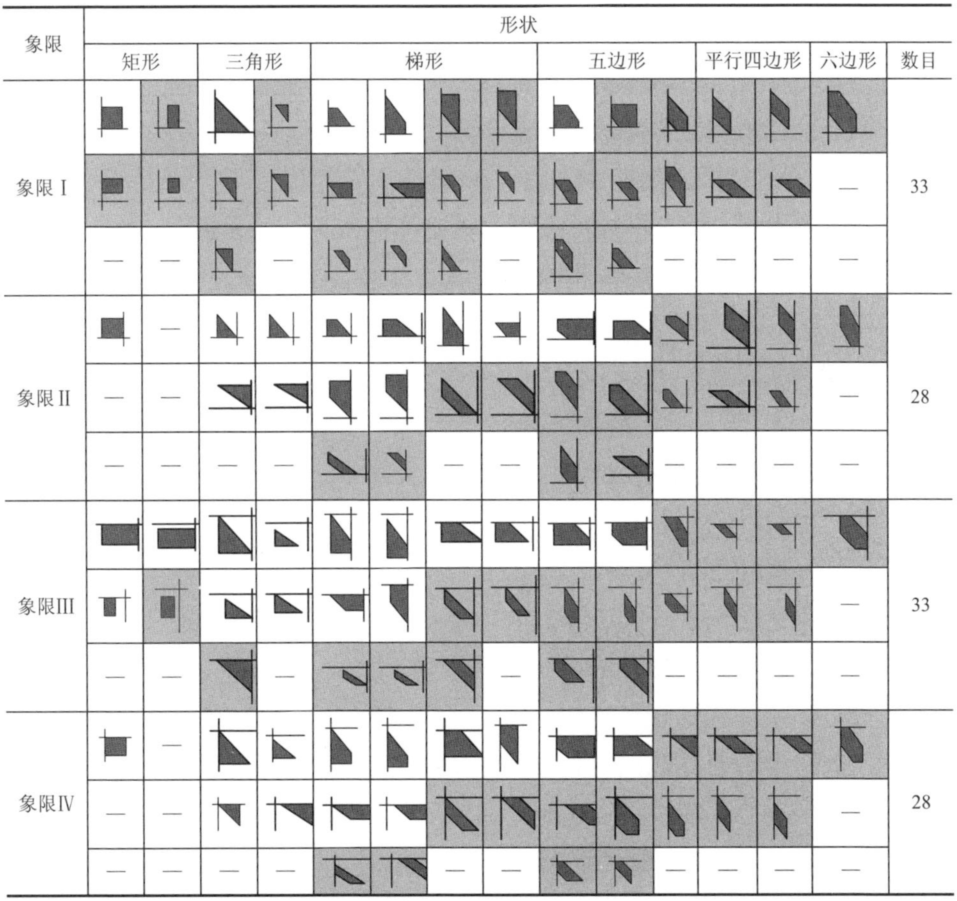

象限	形状								数目
	矩形	三角形	梯形			五边形	平行四边形	六边形	
象限 I									33
象限 II									28
象限 III									33
象限 IV									28

注：有底色的是自给网独有的 N-1 安全域图像（与表 5-30 对比）。

3. 图谱规律与现象解释

针对配电安全域图谱进行对比，总结图谱变化的规律，最后展示并解释一些有意义的现象。下面总结安全域图谱如表 5-33 所示。

表 5-33　安全域图谱总结对比

配电网类型	图像象限	图像形状	图像数目	
			N-0	N-1
无源配电网	象限Ⅰ	R、T、L、P	5	5
高渗供电网	象限Ⅰ～Ⅳ	R、T、L、P、PL	56	48
自给网	象限Ⅰ～Ⅳ	R、T、L、P、PL、H	124	122

注：R-矩形、T-三角形、L-梯形、P-五边形、PL-平行四边形、H-六边形。

1）随渗透率变化规律

从表 5-33 看出，DSSR 二维图谱的象限、形状和数目随渗透率升高，总体上呈逐渐丰富的趋势，具体如下所示。

（1）DG 加入后，图谱内容得到极大丰富，二维图像从仅出现在象限Ⅰ扩展到四个象限；高渗供电网和自给网图谱中，象限Ⅱ与象限Ⅳ关于 $y=x$ 对称；自给网新出现了象限Ⅰ与象限Ⅲ关于 $y=-x$ 对称的现象，这体现了自给网负荷和 DG 的对等性。

（2）随渗透率升高，图谱更丰富，依次新出现了平行四边形和六边形；较低渗透率图谱中已有形状（如梯形），在较高渗透率图谱中也有种类和数量的增多以及位置的丰富；渗透率较低的图谱大部分在渗透率较高的图谱中会出现。

（3）无源配电网的 N-0 和 N-1 图谱完全相同；高渗网的 N-0 图谱包含了 N-1 图谱；自给网的 N-1 图谱大部分与 N-0 相同，但各自具有一些独有图像，原因是随着渗透率升高，N-0 和 N-1 时的 DSSR 边界方程的差异更明显，二维图像出现更多差异性。

2）图谱现象及解释

观察安全域图谱还能发现一些有意义的现象，以下介绍部分现象并解释原因。

（1）渗透率升高后，图谱中出现了体现双向潮流的图形，包括平行四边形、六边形以及一部分五边形图像。

原因是 DG 加入后，需同时考虑正向和反向潮流越限，边界方程数增多，形式更复杂。当非观测节点被固定到适当值时，会出现两条安全约束直线均与观测点所在状态空间相交的情况，于是得到了上述图形。

（2）高渗供电网和自给网的图像并非均有两条边与坐标轴重合，有的图像远离坐标轴甚至与坐标轴无接触。

原因是在满足一定运行状态时，例如，负荷均较大时，观测某两个 DG 节点，会发现它们各自出力的最小值可能都不再是 0，否则将无法满足负荷的需求。

（3）渗透率较低的图谱图像并非完全包含于渗透率较高的配电网图谱，例如，

H14R2 就存在于高渗供电网，而不存在于自给网。

原因是渗透率较高的配电网安全边界方程复杂，更严苛的斜线约束会使一些出力约束失效，因而无法得到在 DG 渗透率较低的配电网中的部分图像。

5.5.2　DSSR 二维图谱的特殊图像

对于无源配电网，前面图谱研究显示 DSSR 二维图像包括三角形、矩形、梯形和五边形 4 种图形。其基本产生机理为当馈线联络为 N-1 联系时，N-1 后观测馈线负荷之和会受供电路径上元件容量限制，从而产生了斜线边界。斜线边界位置变化时，与直线边界相交后的图像将在三角形、四边形（矩形、梯形）、五边形间演变。

但在对两供一备接线 DSSR 进行二维观测时，发现了两种新的特殊图像，其几何特征是在斜线边界上具有直角凸起或凹陷。

1. DSSR 的特殊二维图像

在两供一备接线的 DSSR 二维观测中，观察特殊图像见图 5-28。

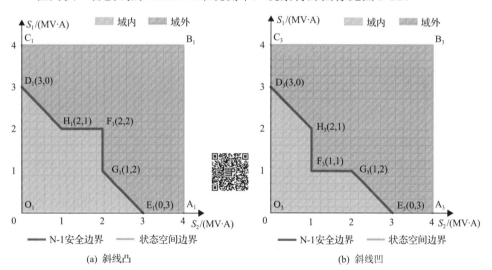

图 5-28　DSSR 的特殊二维图像(彩图扫二维码)

图 5-28(a) 图像的斜线边界上具有直角凸起，该类图像命名为斜线凸。F_1E_1 连线上的工作点均不在域内，故该图像为凹多边形，其安全域为非凸。

图 5-28(b) 斜线边界上具有直角凹陷，该类图像命名为斜线凹。区域 $H_3F_3G_3$ 的工作点不在域内，故也为凹多边形，其安全域也为非凸。

为便于机理分析，需准确地描述特殊图像的形状、大小及位置。图 5-28 所示图像的安全边界均由 4 条线段构成，可通过 5 个定位点(即线段端点)进行描述，各定位点坐标已在图 5-28 中给出。

2. 机理分析

1) 两供一备接线

两供一备接线网络结构如图 5-29 所示：每回馈线末端都有一个常开联络开关，出口处都有一个常闭馈线开关。设馈线容量均为 3MV·A。

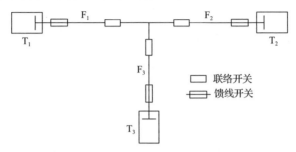

图 5-29　两供一备接线网络结构

N-1 后，两供一备存在 4 种负荷转带模式：馈线 F_i 同时做另两回馈线的备用，称为 F_i 备用模式，共 3 种；此外还有三回馈线互为备用的模式。这 4 种模式的转带关系和表达式如表 5-34 所示。

表 5-34　两供一备的 4 种转带模式

模式	F_3 备用	F_2 备用	F_1 备用	互为备用
N-1 转带关系	$F_1 \rightarrow F_3$ $F_2 \rightarrow F_3$ $F_3 \rightarrow F_1$	$F_1 \rightarrow F_2$ $F_2 \rightarrow F_1$ $F_3 \rightarrow F_2$	$F_1 \rightarrow F_2$ $F_2 \rightarrow F_1$ $F_3 \rightarrow F_1$	$F_1 \rightarrow F_2$ $F_2 \rightarrow F_3$ $F_3 \rightarrow F_1$
	$F_1 \rightarrow F_3$ $F_2 \rightarrow F_3$ $F_3 \rightarrow F_2$	$F_1 \rightarrow F_2$ $F_2 \rightarrow F_3$ $F_3 \rightarrow F_2$	$F_1 \rightarrow F_3$ $F_2 \rightarrow F_1$ $F_3 \rightarrow F_1$	$F_2 \rightarrow F_1$ $F_3 \rightarrow F_2$ $F_1 \rightarrow F_3$
域表达式	—	$S_1 + S_2 \leqslant 3$	$S_1 + S_2 \leqslant 3$	—
	$S_1 + S_3 \leqslant 3$	—	$S_1 + S_3 \leqslant 3$	$S_1 + S_2 \leqslant 3$
	$S_2 + S_3 \leqslant 3$	$S_2 + S_3 \leqslant 3$	—	$S_2 + S_3 \leqslant 3$ $S_3 + S_1 \leqslant 3$

注：①S_i 为 F_i 负荷；②"→"表示一馈线 N-1 后负荷转带给另一馈线。

每种模式的域表达式是一个子域，两供一备安全域为 4 个子域的并集。此外，互备模式的子域是其他 3 种模式子域的交集。

2) 域的三维直接观察及凸分解

两供一备安全域表达变量个数为 3，因此其 DSSR 全貌能够在三维坐标系中直接展现出来。

选择 S_1、S_2、S_3 为观测变量。首先，在三维坐标系中绘制两供一备 DSSR，如图 5-30(a) 所示。然后，依据表 5-34 的 4 种转带模式，将 DSSR 进行凸分解，如图 5-30(b) 所示。最后，在图 5-30(b) 标出域表面的凹陷，如图 5-30(c) 所示。

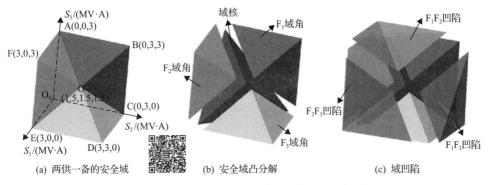

图 5-30　两供一备接线的安全域(彩图扫二维码)

观察发现:

(1)该 DSSR 是凹型域,表面有凹凸。图 5-30(c)中的灰色、紫色和棕色区域分别凸显了凹型域的凹区。在图 5-30(a)中,OB、OD、OF 为凸出来的山脊;OA、OC、OE 为凹进去的山谷。山脊是全域最凸的区域;山谷是全域最凹的区域。

(2)有 1 个域核,即图 5-30(b)中蓝色形似钻石的六面体,它与互备模式对应。

(3)有 3 个凸起,称为域角,即图 5-30(b)中的黄、绿、红部分。3 个域角的大小形状相同,为半金字塔形(金字塔基座对角线向上切割而成)的四面体。红域角是 F_1 备用模式子域相对域核多出的部分,记为 F_1 域角,其他两个域角分别为 F_2 域角(绿)、F_3 域角(黄)。F_i 域角是 F_i 备用模式的独有域空间。

(4)有 3 个凹陷,在图 5-30(c)中,F_1 域角与 F_2 域角所夹部分的凹陷称为 F_1F_2 凹陷(灰),其余两个凹陷分别是 F_1F_3 凹陷(紫)、F_2F_3 凹陷(棕)。凹陷是状态空间中安全域的补集。

3)斜线凸的产生机理

两供一备接线的安全域已在图 5-30(a)中给出,对其进行切割,即可观察该域的二维切面,得到凸起的产生机理分析图,如图 5-31 所示。

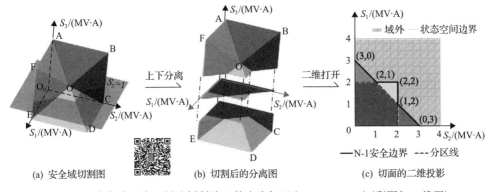

图 5-31　安全域二维切割分析斜线凸的产生机理(S_3=1.0MV·A)(彩图扫二维码)

图 5-31(a) 为安全域切割图,切割平面 S_3=1.0MV·A;图 5-31(b) 为安全域切割后的分离图,切割平面将安全域分解为上、中、下 3 个部分,中部切面为需要观察的安全域二维视图,投影观察如图 5-31(c) 所示。

从图 5-31 看出:

(1) 图 5-31(c) 的斜线凸共 4 部分:1 个五边形(蓝)、3 个小三角形(黄、绿、红);对应图 5-31(b),域核(蓝) 及 3 个域角(黄、绿、红) 被切割后的剖面形成了图 5-31(c)。

(2) 图 5-31(b) 中的切面形成的域图像与前面观察到的斜线凸完全吻合:对比图 5-31(c) 和图 5-28(a),边界上各定位点的数量及坐标完全一致,凸起顶点是域山脊的投影。

(3) F_3 备用模式的独有域空间对应了直角凸起:在图 5-31(c) 中,蓝、绿、红色区域仅形成斜线边界,而斜线边界上的凸起仅与黄色区域相关。黄色区域为 F_3 域角的切面,即 F_3 备用模式的独有域空间。

综上,安全域三维直接观测的分解加上二维切割,解释了斜线凸图像的形成原因。

4) 斜线凹的产生机理

图 5-32 为斜线凹的产生机理分析图,切割平面 S_3=2.0MV·A。

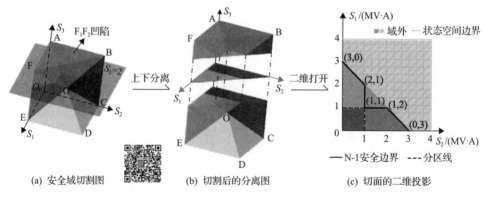

(a) 安全域切割图　　　　　(b) 切割后的分离图　　　　　(c) 切面的二维投影

图 5-32　安全域二维切割分析斜线凹的产生机理(S_3=2.0MV·A)(彩图扫二维码)

从图 5-32 看出:

(1) 图 5-32(c) 域图像共 3 部分:1 个正方形(蓝)、2 个梯形(绿、红) 的小切面;在图 5-32(b) 中,域核(蓝) 及 2 个域角(绿、红) 被切割后的剖面形成了图 5-31(c)。

(2) 切面形成图像与斜线凹完全吻合,凹陷顶点是域山谷的投影。

(3) F_1、F_2 备用模式子域相夹形成的域凹陷对应了直角凹陷:在图 5-32(c) 中,绿、红色区域只形成斜线边界,而斜线边界上的凹陷仅与灰色区域相关。灰色区域为图 5-32 (a) 中的 F_1F_2 凹陷的切面。

5) 机理总结

机理总结如下：配电网 N-1 后存在多种负荷转带模式时，DSSR 为凹型域，域表面存在凸起与凹陷，这是斜线凹凸图像的产生基础。当对域角二维切割时，出现斜线凸，凸起部分对应某个转带模式子域的独有域空间，凸起顶点是域山脊的投影；当对域凹陷二维切割时，出现斜线凹，直角凹部分对应了域凹陷，凹陷顶点是域山谷的投影。

一般认为，DSSR 图谱的 4 种常规图像是由斜线边界切割直线边界形成的，但这一认识仅适用于单一转带模式的凸型域配电网，对于具有多种转带模式的凹型域配电网，则不完全适用。此时，二维切割域凸起或凹陷情况下，将得到斜线凹凸，其他情况才得到常规图像。需要特别指出，实际配电网一般都具有多种转带模式，其安全域是凹型域，都需要上述机理解释。

3. 算例分析

为验证机理的一般性，首先验证具有多种转带模式的一种接线：两分段两联络，然后在两个不同接线模式的 IEEE RBTS-BUS4 扩展算例 (由文献[11]算例扩展得到) 上来验证。算例验证的过程如下：先列写安全域表达式；再指定观测变量 z 绘制 DSSR 三维图像；最后二维切割域角、域凹陷，得到特殊图像。汇总验证结果如表 5-35 所示。

从表 5-35 看出，上述算例的 DSSR 二维视图中均存在斜线凹凸。如机理所述，对域角二维切割时，产生了斜线凸；对域凹陷二维切割时，产生了斜线凹。即验证了机理的正确性。

4. 应用潜力

特殊图像的发现有很好的应用潜力，在运行中控制工作点规避凹区可提高安全性；利用凸区还可做到高效安全。

1) 凹区应用举例

一般认为，对于两个关联馈线，当其他负荷恒定时，若二者负荷之和满足某斜线边界约束，则满足 N-1 安全。在二维图像中表现为斜线边界内工作点安全，如图 5-33 (a) 所示。我们发现很多情况下斜线边界内存在凹区，如图 5-33 (b) 所示。凹区可能的应用价值如下所示。

(1) 正确的安全评估：安全评估是运行监视的基本内容，若未认识到凹区的存在，用图 5-33 (a) 的斜线边界进行安全性评估，可能造成误判。当工作点位于图 5-33 (b) 凹区时，正确的评估结果是不安全，应对调度员进行预警。

表 5-35 更多算例的 DSSR 二维特殊图像及机理验证（彩图扫二维码）

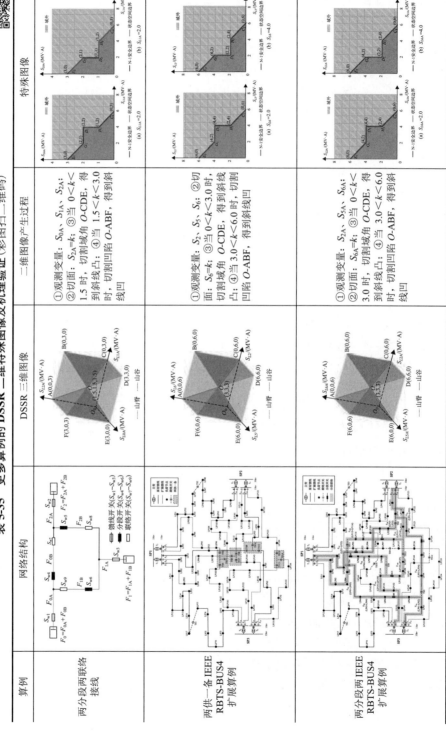

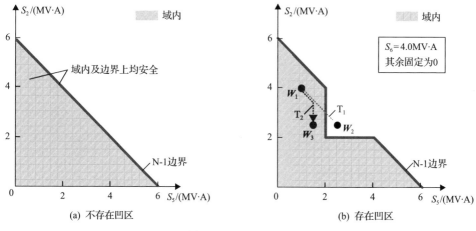

图 5-33　凹区的应用

(2)规避凹区的预防控制：凹区为不安全运行区域，应尽量避免工作点进入。例如，图 5-33(b)工作点 W_1 沿轨迹 T_1 运行，总负荷不变，一旦进入凹区，系统状态将突变为不安全。若采取预防控制[14]，纠正后轨迹为 T_2，规避了凹区。

(3)消除凹区的预防控制：由机理可知，二维凹区并非始终存在，调整某些非观测馈线负荷可消除或减小凹区。例如，控制 $S_6 \leqslant 3$ 后，S_2、S_5 二维图像凹区消失，斜线边界内任一点安全。

2)凸区应用举例

一般认为，观测馈线负荷之和受斜线约束，则当约束取等时，工作点效率最高，即斜线边界点效率最高，如图 5-34(a)所示。发现某些情况下斜线边界外存在凸区，如图 5-34(b)所示。

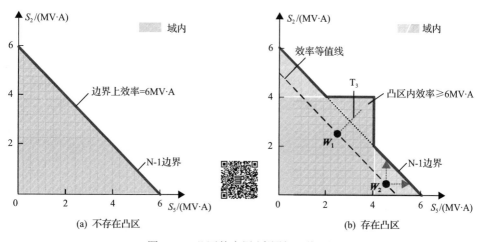

图 5-34　凸区的应用(彩图扫二维码)

凸区是运行状态空间中的局部安全高效区,其可能的应用价值如下所示。

(1)提升电网效率:对比图 5-34(a)、(b)可知,若没有发现凸区,可能造成调度员对配电网供电能力的低估。负载较大时,调度员可采取优化控制措施,引导工作点进入凸区,从而实现不减负荷前提下保证 N-1 安全,实现安全高效。

(2)优化电网运行状态:负载较小时,调度员可优化调整工作点位置,为工作点进入凸区做好准备。在图 5-34(b)中,工作点 W_1、W_2 总负荷相同:若负荷增长,W_1 将大概率进入凸区,总负荷可超过 6MV·A;W_2 距离凸区较远,负荷增长将大概率到域外,总负荷很难突破 6MV·A。可见,W_1 的运行状态优于 W_2,凸区给出了明确的工作点位置优化方向。

5.6　DSSR 的体积

5.6.1　DSSR 体积的定义

配电安全域体积代表了 DSSR 的大小。配电安全域是由无数个满足 N-1 安全准则的安全工作点构成的集合,安全域体积反映了该集合所构成空间的大小。体积属于一种直接全维的观测。

利用数学上用多重积分计算物体面积、体积以及更高维空间中超体积的方法,n 维 DSSR 体积可以由 n 重积分表示为

$$V_{\mathrm{DSSR}} = \overbrace{\int_{\varOmega_{\mathrm{DSSR}}} \cdots \int}^{n} 1 \mathrm{d}x_1 \cdots \mathrm{d}x_n \tag{5-36}$$

式中,$\varOmega_{\mathrm{DSSR}}$ 表示积分区域,即配电系统安全域;x_i 表示配电网第 i 回馈线在高维空间对应的坐标轴;将 1 作为被积函数来求 DSSR 的体积。

严格地讲,在超过三维空间中,应该称为超体积,为方便表达,均称为体积。此外,只有在维度相同的空间中,比较体积才有意义。

为反映 DSSR 中高效运行区域的大小,定义负荷值高于某阈值的 DSSR 区域为高效运行区域,取阈值为配电网最大供电能力 TSC 的 70%,将该区域的体积计为 $V_{70\%}$,再计算高效运行区域在整个 DSSR 体积中的占比,用于进一步评价配电网安全高效运行的有效范围的大小。

DSSR 体积反映了配电网中满足 N-1 安全的工作点所构成空间的大小;TSC 反映了一定供电区域内配电网满足 N-1 安全的最大负荷供应能力,并且 TSC 是 DSSR 边界上运行效率最高的工作点。为更好地说明 DSSR 体积的物理意义以及与其密切相关的 TSC 的区别,用简单的配电网算例来说明。

假设有两个简单配电网,分别称为配电网 1 和配电网 2,其网络结构相同,如图 5-35 所示。

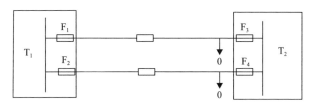

图 5-35　简单配电网结构

图 5-35 中配电网仅四回馈线，采用单联络接线。两个配电网馈线容量不同，具体参数如表 5-36 所示。

表 5-36　简单配电网算例的主变与馈线容量

设备	主变压器		馈线			
	T_1/ (MV·A)	T_2/ (MV·A)	馈线 F_1/ (MV·A)	馈线 F_2/ (MV·A)	馈线 F_3/ (MV·A)	馈线 F_4/ (MV·A)
配网 1	3.5	3.5	3	1	3	1
配网 2	3.5	3.5	2	2	2	2

采用文献[15]方法，计算得到两个配电网的最大供电能力 TSC 均为 3.5MV·A。

为方便观察安全域，假设配电网 1 和配电网 2 的馈线 3 和馈线 4 出口负荷固定为 0MV·A，此时馈线 1 和馈线 2 的出口负荷构成的安全域如图 5-36 所示。

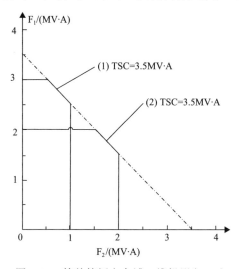

图 5-36　简单算例安全域二维投影(F_1,F_2)

图 5-36 中标注(1)的实线与坐标轴围成的封闭五边形为配电网 1 的 DSSR 二维投影，标注(2)的实线与坐标轴围成的五边形为配电网 2 的 DSSR 二维投影。DSSR 体积的二维投影是这两个五边形的面积。TSC 工作点构成五边形的斜线部分。

观察发现，虽然配电网 1 和配电网 2 的 TSC 都是 3.5MV·A，但是其 DSSR 投影的面积不同,配电网 1 安全域面积为 $2.875(\mathrm{MV \cdot A})^2$,配电网 2 为 $3.875(\mathrm{MV \cdot A})^2$。进一步观察发现,配电网 2 的安全域在两个坐标轴方向上分布上更均衡,因此其面积更大。

由上述简单例子看出,DSSR 体积对于电网变化的反应更敏感,可以反映 TSC 无法反映的信息。这是由于 TSC 和 DSSR 体积的物理意义不同,TSC 是馈线负荷之和;DSSR 体积是馈线负荷的积,表示多个馈线负荷同时变化时的安全范围大小。

5.6.2　DSSR 体积的计算

采用蒙特卡罗法并利用最大供电能力的结果来计算 DSSR 体积。该方法的计算步骤如图 5-37 所示。

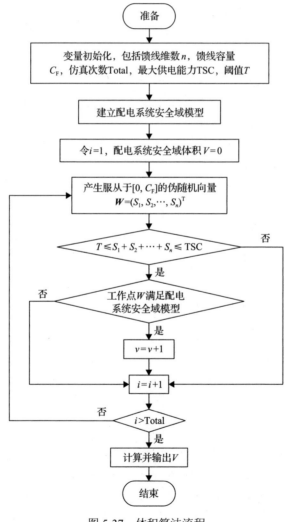

图 5-37　体积算法流程

由于 DSSR 边界表达式是由多个超平面表达式构成的[16]，而不是一个完整的表达式，因此式(5-36)积分的上下限很难确定，因此利用多重积分解析求解 DSSR 体积在实际计算中是很难实现的。数学上计算多重积分的常见算法是平均值估算法，该方法是以蒙特卡罗仿真为基础发展较为成熟的求解多重积分的方法[17]，蒙特卡罗仿真是基于概率统计的广义数值计算方法，该方法以随机模拟和统计实验为手段[18]。又因为配电安全域近似为连通的、无空洞的凸集，因此，借鉴复连通曲面体高维积分方法[19]，给出基于蒙特卡罗仿真的 DSSR 体积计算方法，其基本思想是产生一组问题需要的随机向量，以此作为数字仿真的输入变量进行仿真实验，最后对仿真结果进行统计，得出问题的近似解。

5.6.3 算例分析

配电安全域的体积算法将在一个四站八主变的配电网算例中验证。构造两个同等规模、具有可比性的配电网，其主变容量、台数以及馈线容量、回数都相同，但馈线联络不同。电网参数如下：4 座 35kV/10kV 变电站，8 台主变压器，主变容量均为 20MV·A；共 24 回馈线，馈线容量均为 9MV·A。两个算例分别称为配电网 A 和配电网 B，配电网 B 是在配电网 A 基础上优化部分馈线联络形成的，其联络如图 5-38 和图 5-39 所示。

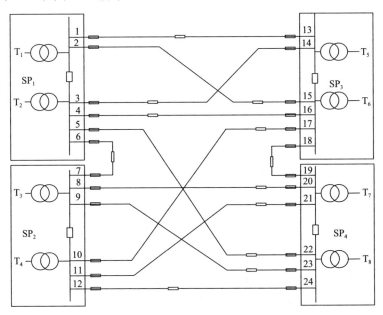

图 5-38 配电网 A 的结构

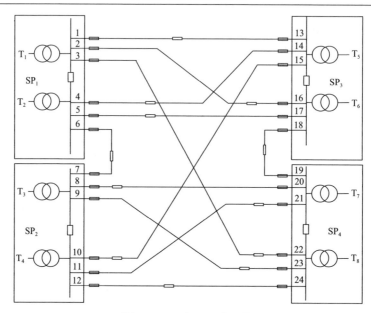

图 5-39　配电网 B 的结构

比较图 5-38 和图 5-39 看出，配电网 A 和配电网 B 的联络线规模为 12，均为单联络，且均是站间联络。但两个电网中各主变出线回数和联络位置不同。例如，配电网 A 中主变 T_2 和 T_6 有 4 回出线，配电网 B 中主变 T_2 和 T_6 有 3 回出线。配电网 A 和配电网 B 的主变容量和馈线容量匹配情况对比如表 5-37 所示。

表 5-37　主变容量匹配比例对比

主变编号	T_1	T_2	T_3	T_4	T_5	T_6	T_7	T_8
配电网 A	0.90	1.80	1.35	1.35	0.90	1.80	1.35	1.35
配电网 B	1.35	1.35	1.35	1.35	1.35	1.35	1.35	1.35

其中，主变容量匹配比例是指某主变所有出线的容量之和除以该主变容量所得到的值。配电网 A 和配电网 B 的平均主变容量匹配比例为 1.35。配电网 A 中有四台主变的容量匹配比例不等于 1.35，配电网 B 中所有主变的容量匹配比例均为 1.35。很容易看出，配电网 B 的各主变容量和馈线容量匹配更加均衡。

DSSR 体积受主变容量台数、馈线数量容量以及联络的影响。由于改变设备数量和容量会改变电网的规模。因此，只考虑联络结构对 DSSR 体积的影响，特别是设计 TSC 相同但 DSSR 体积不同的电网进行比较。

根据 5.6.2 节的蒙特卡罗体积算法来计算 DSSR 体积，采样点数为 1×10^7。为了便于表示体积的大小，这里定义 $1 \times 10^{18} (\text{MV} \cdot \text{A})^{24}$ 为基准体积，体积单位中的 24 表示安全域的维度，因为配电网有 24 回馈线。由于采用随机方法，为了提高计算的准确性，重复计算了五次[19]并取五次结果平均值 V 为最终结果。同时，以五次计算结果的标准差 δ 来表示计算结果的误差。在算例分析中，当误差 $\delta<0.1$ 时，认为计算结果已准确；当 $\delta\geqslant0.1$ 时，则需要增加采样次数，重新计算。

DSSR 体积、TSC 以及达到 70%TSC 时的高效区域体积的结果见表 5-38。

表 5-38　DSSR 体积计算结果

联络线分布情况	TSC/(MV·A)	$V_{\text{DSSR}}/[1\times10^{18}(\text{MV·A})^{24}]$	$V_{70\%}/[1\times10^{18}(\text{MV·A})^{24}]$	$V_{70\%}/V_{\text{DSSR}}$
配电网 A	108	9.50	1.48	15.62%
配电网 B	108	14.42	3.13	21.75%
配电网 B/配电网 A	1	1.52	2.11	1.39

从表 5-38 看出，虽然两个配电网 TSC 相同，但是配电网 B 的 DSSR 体积是配电网 A 的 1.52 倍。可见，同等规模的配电网，通过联络位置的优化，其 DSSR 体积发生了显著的变化。

配电网 B 的高效率运行区体积是配电网 A 的 2.11 倍，这说明配电网 B 具有更大的高效率运行范围，在高效运行区域的安全性能更好；同时，配电网 B 的高效率运行区域在安全域的占比为 21.75%，是配电网 A 的 1.39 倍，说明配电网 B 的安全域体积较大的部分主要集中在高效运行区域。

可见，DSSR 体积以及高效运行区体积指标能有效地反映配电网的安全性能。

5.7　DSSR 的通用性质

无论 DSSR 形状、大小、凹陷、圆润程度如何，DSSR 都具有一些通用的几何性质，总结如下。

性质 1：DSSR 的安全边界是近似线性的，可以用超平面来描述。

以一个安全边界二维图像为例，如图 5-40 所示。

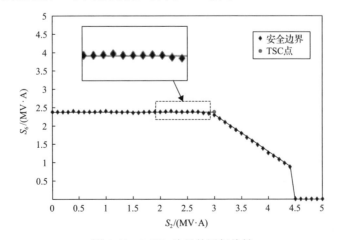

图 5-40　DSSR 边界的近似线性

图 5-40 中，实心点是考虑了精确潮流的 DSSR 边界点，实直线是通过最小二乘法拟合的近似边界。可以发现，实际边界点围绕着拟合的直线边界小范围波动，误差很小。

通过解析辅助观测的方法研究边界线性程度，结果也表明对于线路平均长度较小的城市配电网，DSSR 的边界是近似线性的。

实际运算中，高维电网的潮流计算以及曲面拟合非常耗时。如果安全边界可以用超平面表达，将会大大节省计算时间。此外，超平面的形式还可以大大简化电网的优化问题以及概率安全计算。

性质 2：N-1 安全点在 DSSR 边界围成的空间内稠密。

性质 2 表明：DSSR 内部充满了安全点且没有空洞。因此，运行人员在进行安全性分析时，只需判断工作点相对于边界的位置，而不需要担心内部出现不安全点或者外部遗漏掉安全点。

性质 3：单恢复方案的 DSSR 为凸几何体，多恢复方案可能出现非凸。

DSSR 二维截面可能呈现五边形、梯形、矩形和三角形 4 种形状，形状变化的本质是由斜边界与直边界（平行于坐标轴）相对位置不同造成的。这些形状均为凸图形。多恢复方案可能出现非凸，这在 5.2.2 节有详细的论述。

DSSR 的几何性质由观测归纳得到，同时也得到了严格的数学证明[20]，此处不再赘述。

5.8　DSSR 的维度

物体或系统的规模大小可用维度来描述。维度可理解为描述一个对象所需参数的个数[21]。维度越大，描述对象需要的参数越多，对象的规模也就越大。这里用维度概念来描述 DSSR 的规模。

5.8.1　DSSR 的二元维度

1. 二元维度的定义

DSSR 是高维空间中由多个超平面围成的一个超多面体。定义 DSSR 维度的一种直接的方式就是采用高维空间的维数作为 DSSR 的维数；空间维数等于配电网中所有馈线或馈线段的数量。但是这种定义有一个很大的缺点：它不能区分网络的联络方式。例如，两个馈线段数量完全相同的配电网，一个是简单的单联络接线，另一个是更复杂的多联络接线，二者的 DSSR 维度会完全一样；而实际上 DSSR 的复杂程度与接线方式密切相关。

为解决这个问题，采取另外一种思路来定义维度：由于每个 DSSR 超平面都对应一个安全边界约束，即 DSSR 由多个边界约束决定。描述该 DSSR 所需要的安全边界数越多，围成 DSSR 需要的超平面数量就越多，DSSR 的规模越大。因此 DSSR 的维度应反映围成它所需要超平面的个数，即安全边界的个数。进一步分析，不同安全边界约束中变量的数量是不同的，这对于 DSSR 的规模也具有明显影响。例如，两个安全边界数相同的配电网，一个大部分边界约束方程很简单，其变量数较少，另一个则更复杂，每个方程涉及变量数较多。这种情况是需要区分其不同的 DSSR 规模的[22-29]。

同时采用两个变量来定义 DSSR 的维度，即二元维度：对于安全边界数为 Q_b，所有边界约束变量总数为 Q_v 的配电网，定义其 DSSR 二元维度为

$$D_b = (Q_b, \ Q_v) \tag{5-37}$$

式(5-37)完整地描述了 DSSR 的规模。

2. 基于主变向量的 DSSR 二元维度算法

1) 主变向量

以单分段单联络与两分段两联络的配电网为例来进行分析。

假设某个配电网，包含 n 台主变。对于主变 i，将 $\left[L_{i1}, L_{i2}, \cdots, L_{ij}, \cdots, L_{in}\right]$ 称为主变联络关系向量，简称主变向量。L_{ij} 的定义如下所示。

① $j \neq i$ 时，$L_{ij} = x_{ij}Z + y_{ij}H + z_{ij}M$。其中，符号 Z 表示单分段单联络馈线一侧，符号 H 表示两分段两联络馈线的首端(正常状态下为两段负荷供电)，符号 M 表示两分段两联络馈线的末端(正常状态下为一段负荷供电)。具体解释如下所示。

对于主变 i，有 x_{ij} 回馈线以单联络方式与主变 j 相连；有 y_{ij} 回馈线作为两分段两联络馈线的首端与主变 j 相连；有 z_{ij} 回馈线作为两分段两联络馈线的末端与主变 j 相连。当主变 i 与主变 j 间没有互联关系时，$L_{ij} = L_{ji} = 0$。

② $j = i$ 时，$L_{ii} = 0$，表示主变 i 与自身无互联关系。

此外，由主变向量可得主变间的互联情况及每台主变所带的馈线、馈线段情况。与主变 i 互联的主变数等于主变 i 向量中非零项个数。将配电网中主变编号后，根据非零项在主变向量中的位置，可得与非零项顺序对应的与主变 i 互联的主变编号。

对于馈线联络方式更为复杂的配电网，可用类似方法对各主变的主变向量进行定义，即馈线除了上述提及的三种类型 Z、H 与 M 还有其他的种类，如多联络馈线的首端与末端。此时只需扩展主变向量中的内容，便可表示新的联络方式。

2) 二元维度计算方法

(1) 馈线 N-1 约束个数及约束变量数。

主变 i 所带的馈线段数量为连接在主变 i 上的各类馈线数之和，为 $\sum\limits_{j=1}^{n}(x_{ij} +$

$y_{ij} + z_{ij}$)。对于某一配电网,其馈线 N-1 约束的安全边界数为

$$Q_{\text{fb}} = \sum_{i=1}^{n} \sum_{j=1}^{n} (x_{ij} + y_{ij} + z_{ij}) \tag{5-38}$$

即等于配电网中所有的馈线段数目。

接下来分析主变向量中各馈线 N-1 约束的变量数。

单联络一侧馈线故障时,馈线负荷仅由单联络另一侧馈线转带,因此由另一侧馈线容量决定的安全边界数为 1。约束中变量数为 2,分别为自身馈线负荷与联络馈线负荷。

两分段两联络馈线首端(正常工作时承担两段馈线段负荷)故障时,首端的两段负荷分别由两分段两联络馈线的两个末端转带,因此由两个末端馈线容量决定的安全边界数为 2。每个约束变量数为 2,变量为自身两分段两联络馈线首端的一个负荷与转带两分段两联络馈线末端的一个负荷。

两分段两联络末端馈线(正常工作时仅承担一段馈线段负荷)故障时,末端负荷仅由两分段两联络馈线首端转带,因此首端馈线容量决定的安全边界数为 1。约束变量数为 3,变量为自身两分段两联络馈线末端的一个负荷与转带两分段两联络馈线首端的两个负荷。

综上,所有馈线 N-1 约束中变量总数为

$$Q_{\text{fv}} = \sum_{i=1}^{n} \sum_{j=1}^{n} (2x_{ij} + 2y_{ij} + 3z_{ij}) \tag{5-39}$$

(2) 主变 N-1 约束个数及约束变量数。

① 每台主变 N-1 约束的边界个数由与该主变互联的其他主变的个数决定。

负荷达到安全边界范围时,主变 i 发生故障后,它所带负荷将由其他互联的几个主变转带,且转带后每台主变所承担的负荷总量不能超出各自容量大小。所以主变 i 发生 N-1 故障后,由其他互联主变容量约束的安全边界数等于与主变 i 互联主变的个数,即其主变向量中非零项个数:

$$T_{i,\text{b}} = \sum_{j=1}^{n} \text{sign}(x_{ij} + y_{ij} + z_{ij}) \tag{5-40}$$

式 (5-40) 中 $\text{sign}(x)$ 为符号函数。$\text{sign}(x_{ij}+y_{ij}+z_{ij})$ 用于描述主变 i 与主变 j 之间的互联关系。当主变 i 与主变 j 之间存在互联关系时,$\text{sign}(x_{ij}+y_{ij}+z_{ij})=\text{sign}(x_{ji}+y_{ji}+z_{ji})=1$;否则,$\text{sign}(x_{ij}+y_{ij}+z_{ij}) = \text{sign}(x_{ji}+y_{ji}+z_{ji})=0$。

各约束中的约束条件为非零项在向量中位置对应编号主变的额定容量大小。

综上，由主变 N-1 约束的安全边界总数为各主变的互联主变数量之和，即

$$Q_{\mathrm{tb}} = \sum_{i=1}^{n}\sum_{j=1}^{n} \mathrm{sign}(x_{ij} + y_{ij} + z_{ij}) \tag{5-41}$$

②主变 N-1 约束中变量的个数由主变间的联络情况与主变所带的馈线段数量共同决定。

通过主变向量，可以得到当主变 i 发生 N-1 故障后，由主变 j 容量 $c_{\mathrm{T}j}$ 约束的边界中，变量个数为主变 i 转带给主变 j 的馈线段数量与主变 j 自身所带的馈线段数量之和：

$$T_{ij,\mathrm{f}} = (x_{ij} + y_{ij} + z_{ij}) + \mathrm{sign}(x_{ij} + y_{ij} + z_{ij}) \cdot \sum_{k=1}^{n}(x_{jk} + y_{jk} + z_{jk}) \tag{5-42}$$

式 (5-42) 中 $x_{ij} + y_{ij} + z_{ij}$ 为主变 i 故障后转带给主变 j 的各种类型的馈线段之和；$\mathrm{sign}(x_{ij} + y_{ij} + z_{ij})$ 表示主变 i 与 j 之间的互联关系；$\sum_{k=1}^{n}(x_{jk} + y_{jk} + z_{jk})$ 为主变 j 正常工作所带馈线段数量。如果主变 i 与 j 不互联，则 $(x_{ij} + y_{ij} + z_{ij})=0$，$\mathrm{sign}(x_{ij} + y_{ij} + z_{ij})=0$，约束不存在，即变量数为 0。如果主变 i 与 j 之间互联，约束变量数为

$$T_{ij,\mathrm{v}} = (x_{ij} + y_{ij} + z_{ij}) + \sum_{k=1}^{n}(x_{jk} + y_{jk} + z_{jk}) \tag{5-43}$$

以主变 T_i 相关约束为例进行说明：

T_i 故障后，所带负荷将全部转出，其负荷变量将出现在与其互联的主变 N-1 约束中；T_i 故障后所带负荷可转移到 $\sum_{j=1}^{n} \mathrm{sign}(x_{ij} + y_{ij} + z_{ij})$ 台主变，这也意味着有 $\sum_{j=1}^{n} \mathrm{sign}(x_{ij} + y_{ij} + z_{ij})$ 台主变故障后，所带部分负荷将转移到 T_i，故 T_i 自身的负荷会在所有主变 N-1 约束中出现 $\sum_{j=1}^{n} \mathrm{sign}(x_{ij} + y_{ij} + z_{ij})$ 次。对 n 台主变进行上述分析后，得到配电网中所有主变 N-1 约束中变量总数为

$$\begin{aligned} Q_{\mathrm{tv}} = \sum_{i=1}^{n}\sum_{j=1}^{n}(x_{ij} + y_{ij} + z_{ij}) + \sum_{i=1}^{n}\left\{\left[\sum_{j=1}^{n}(x_{ij} + y_{ij} + z_{ij})\right]\right. \\ \left. \cdot \left[\sum_{j=1}^{n}\mathrm{sign}(x_{ij} + y_{ij} + z_{ij})\right]\right\} \end{aligned} \tag{5-44}$$

(3)边界约束总数及变量总数。

将馈线 N-1 与主变 N-1 的约束数和各约束中变量数相加，便得到整个安全域二元维度的两个量。

由式(5-38)和式(5-41)得到边界总数：

$$Q_\mathrm{b} = \sum_{i=1}^{n}\sum_{j=1}^{n}(x_{ij}+y_{ij}+z_{ij})$$

$$+\sum_{i=1}^{n}\sum_{j=1}^{n}\mathrm{sign}(x_{ij}+y_{ij}+z_{ij}) \tag{5-45}$$

由式(5-39)和式(5-44)得到变量总数：

$$Q_\mathrm{v} = \sum_{i=1}^{n}\sum_{j=1}^{n}(3x_{ij}+3y_{ij}+4z_{ij})+\sum_{i=1}^{n}\left\{\left[\sum_{j=1}^{n}(x_{ij}+y_{ij}+z_{ij})\right]\right.$$

$$\left.\cdot\left[\sum_{j=1}^{n}\mathrm{sign}(x_{ij}+y_{ij}+z_{ij})\right]\right\} \tag{5-46}$$

边界总数 Q_b 与变量总数 Q_v 得到后，由式(5-37)得到 DSSR 二元维度 D_b。

3. 算例分析

1)DSSR 二元维度计算与分析

(1)算例概况。

以算例 1 配电网为例说明 DSSR 二元维度的概念与计算方法。算例 1 网架结构如图 5-41 所示，共有 2 座变电站，4 台主变，每台主变有 5 回馈线，共 20 回馈线。配电网有 2 个分段开关，共 22 个馈线段。

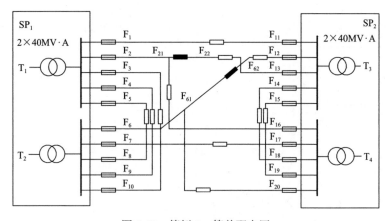

图 5-41　算例 1：简单配电网

(2)主变向量。

以主变 T_1 为例，T_1 故障后，转带关系如下所示。

①F_3、F_4 与 F_5 将会转移到主变 T_2。F_3、F_4 与 F_5 分别挂在单联络馈线一侧 3、4 与 5 上，所以 T_1 主变向量第二项为 3Z。

②F_1 与 F_{22} 转带给 T_3。F_1 挂在单联络馈线一侧 1 上，F_{22} 挂在两分段两联络馈线首端 2 上，所以 T_1 向量第三项为 (Z +H)。

③F_{21} 转带给 T_4。F_{21} 挂在两分段两联络馈线首端 2 上，所以 T_1 向量第四项为 H。

表 5-39 为算例 1 配电网的主变向量。

表 5-39　算例 1 配电网的主变向量

主变	向量
$i=1$	(0, 3Z, Z+H, H)
$i=2$	(3Z, 0, H, Z+H)
$i=3$	(Z+M, M, 0, 2Z)
$i=4$	(M, Z+M, 2Z, 0)

(3)DSSR 二元维度。

计算得到，馈线 N-1 约束的安全边界总数为 $Q_f = \sum_{i=1}^{4} \sum_{j=1}^{4} (x_{ij} + y_{ij} + z_{ij}) = 22$，主变 N-1 约束的安全边界总数为 $Q_t = \sum_{i=1}^{4} \sum_{j=1}^{4} \mathrm{sign}(x_{ij} + y_{ij} + z_{ij}) = 12$，安全边界总数为 $Q_b = Q_f + Q_t = 34$，所有馈线 N-1 约束中变量总数为 $Q_{fv} = \sum_{i=1}^{4} \sum_{j=1}^{4} (2x_{ij} + 2y_{ij} + 3z_{ij}) = 48$，所有主变 N-1 约束中变量总数为 $Q_{tv} = \sum_{i=1}^{4} \sum_{j=1}^{4} (x_{ij} + y_{ij} + z_{ij}) + \sum_{i=1}^{4} \left\{ \left[\sum_{j=1}^{4} (x_{ij} + y_{ij} + z_{ij}) \right] \cdot \left[\sum_{j=1}^{4} \mathrm{sign}(x_{ij} + y_{ij} + z_{ij}) \right] \right\} = 88$。

所有约束中的变量总数为 $Q_v = Q_{fv} + Q_{tv} = 136$。

根据式(5-37)的 DSSR 二元维度定义，得到 $D_b = (Q_b, Q_v) = (34, 136)$。

为验证主变向量法的 DSSR 二元维度计算结果的正确性，列出了该配电网 DSSR 的所有安全边界方程，统计发现两者相等。

为研究 DSSR 二元维度的影响因素和作用机理，进一步对不同配电网的 DSSR 二元维度大小进行研究。

2) 配电网规模不同时的 DSSR 二元维度

DSSR 二元维度包括安全边界数与变量数两部分。由于不同规模配电网的安全边界数差异往往较大，且单个安全边界约束中常存在多个变量，故安全边界数对于 DSSR 二元维度有更大的影响。因此选择安全边界数的影响因素进行分析。

在算例 1 基础上变化，仅改变单一变量，构造不同算例对比分析馈线联络方式(算例 2)、主变数(算例 3)与主变出馈线数(算例 4)对边界数的影响。

(1) 馈线联络方式对安全边界数的影响。

在算例 1 基础上改变馈线联络方式形成算例 2，其网架结构如图 5-42 所示。相比于算例 1，算例 2 中所有馈线均为单分段单联络，无两分段两联络。

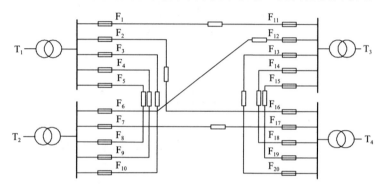

图 5-42　算例 2：单联络配电网

$D_b = (Q_b, Q_v) = (32, 120)$。

算例 2 包含 4 台主变，每台主变出馈线数为 5。所有馈线联络方式为单联络，馈线段数为 20。由上式得，其安全边界数为 32。与算例 1 安全边界数相比减少 2。

可看出，受馈线 N-1 约束的边界数量等于所有馈线段的数量。全为单联络时，分段开关数量为零，馈线段数等于馈线数量；存在多分段多联络时，馈线段数等于馈线数与分段开关数之和。

(2) 主变数对安全边界数的影响。

算例 3 用于分析主变数对边界数的影响，在算例 1 的基础上增加了 2 台主变，其网架结构如图 5-43 所示。

$D_b = (Q_b, Q_v) = (50, 197)$。

每台主变馈线数为 5，分段开关数量为 2，馈线段数量为 32。计算得安全边界数为 50，比算例 1 增加了 16。

(3) 主变出馈线数对安全边界数的影响。

算例 4 用于分析主变馈线数对安全边界数的影响，其网架结构如图 5-44 所示。每台主变出馈线数为 4，比算例 1 减少 1 个。

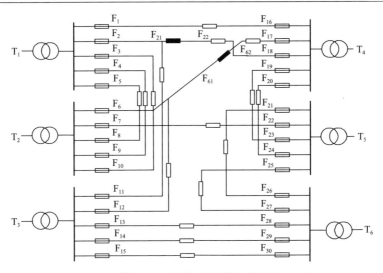

图 5-43　算例 3：分析主变数增加影响的配电网

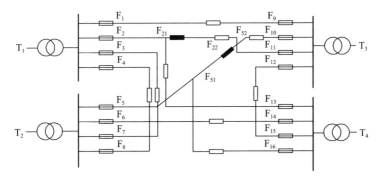

图 5-44　算例 4：分析主变出馈线数减少影响的配电网

$D_b = (Q_b, Q_v) = (30, 112)$。

图 5-44 中分段开关数为 2，馈线段数为 18。计算得其安全边界数为 30。与算例 1 相比减少了 4。

综上发现，受主变 N-1 约束的边界数量由各主变间的联络情况决定。主变越多，各主变出馈线越多，各主变才有可能与更多的主变产生互联关系，主变 N-1 约束的安全边界数才会越大。综合以上三部分结果可知：安全边界数主要由主变数、主变出馈线数、分段开关数三个因素决定。

3) 配电网规模相同联络不同时的 DSSR 二元维度

两个同样规模的配电网，主变、主变出馈线、馈线段的数量都相同。此时，两者安全边界数中由馈线 N-1 约束的边界数相同，安全边界数只受主变 N-1 约束的边界数影响。当主变间互联情况不同时，由主变 N-1 约束决定的安全边界数可能会不同。

(1)规模相同配电网边界数量不同的情况。

在算例 1 基础上构造算例 5(图 5-45)来验证规模相同配电网但安全边界数不同的情况。

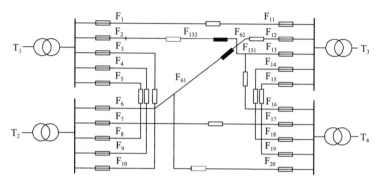

图 5-45　算例 5：规模相同边界数不同的配电网

算例 1 和算例 5 同为 2 站 4 主变，20 回馈线(14 回单联络馈线，6 回两分段两联络馈线)，22 个馈线段，馈线 N-1 约束的安全边界数相同。

在算例 1 中，两分段两联络结构(2,13,16)首端为馈线 F_2，末端为 F_{13} 与 F_{16}；在算例 5 中，两分段两联络(13,2,16)首端为 F_{13}，末端为 F_2 与 F_{16}。

$D_b=(Q_b,Q_v)=(32,126)$。

主变 T_2、T_3 均与其他 3 台主变互联。而主变 T_1、T_4 只与其他 2 台主变互联，所以主变 N-1 约束的安全边界数为 10。而对于算例 1 中的配电网，每台主变都与其他三台主变互联，主变 N-1 约束的安全边界数为 12。

上述例子表明，相同规模配电网的安全边界数可能不同。原因是由主变 N-1 约束的边界数主要受主变间的互联情况影响。馈线连接情况的改变，可能会使得某两台主变间由无联络变为有联络，或者由有联络变为无联络，从而使由主变 N-1 约束的安全边界数增加或减少，进而导致安全边界数发生变化。

(2)安全边界数达到极大值的条件。

对于规模相同的配电网，当各台主变的互联主变数增加时，安全边界数才会提高。因此，主变间实现全联络时，即每台主变都与其他所有主变都互联时，安全边界数最大。

对于有 a 个馈线段、b 台主变的配电网，每台主变的互联主变数值可在[1,b–1]的范围内变化。当这 n 台主变中的任意一台都与其他(b–1)台主变互联时，能够达到理论上的最大安全边界数，为[$a+b\times(b-1)$]。

用算例 6(图 5-46)说明安全边界数达到极大值的条件。在算例 1 中，主变 T_1 与 T_2 通过三回单联络馈线相连；在算例 6 中，T_1 与 T_2 只通过一回单联络馈线相连。但是两个配电网中都是主变全联络,两者安全边界数都相等达到最大。对于算例 5,T_1 与 T_4 间无互联,安全边界数也减少了。

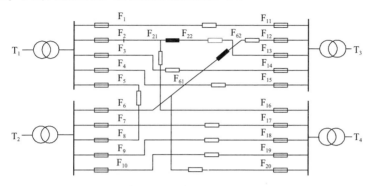

图 5-46   算例 6:安全边界数最大的配电网

(3)安全边界数达到极小值的条件。

当主变间联络数最少时,安全边界数最小。下面分别从单联络和多联络接线验证上述结论。

当所有馈线都为单联络时,此时馈线段数与馈线数相同。当每台主变只与其他一台主变互联时,主变 N-1 约束的安全边界数达到最小,安全边界总数也达到最小。

对于有 a 个馈线段、b 台主变的配电网,当这 b 台主变中的任意一台都仅与其他一台主变互联时,达到最小安全边界数,即 $(a+b)$。

用算例 7(图 5-47)验证单联络配电网最小安全边界数的条件。对于算例 7,$a=20$,$b=4$,每台主变都只与其他一台主变相连,该配电网安全边界数为 $(a+b)=24$,达到最小。

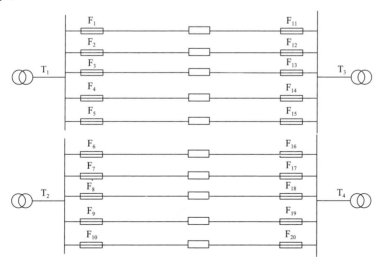

图 5-47   算例 7:安全边界数最小的单联络配电网

5.8.2　DSSR 的一元维度

1. 一元维度的定义

二元维度虽然能区别配电网联络的复杂程度，但它存在两个问题。

问题一：基于安全域解析表达式以及变量个数，与配电网馈线数量不能直接联系。

问题二：采用二元，不太符合人们对维度使用的习惯，二元数据不一致时很难比较两个配电网的维度大小。

为此，希望采用一元，即一个变量来表示维度，并与配电网馈线数直接联系。

一个含有 N 回馈线的配电网，DSSR 维度最大可为 $N \times N$。但实际中很多馈线间是不存在联络关系的，真实维度应该降低。这里引入等价馈线数的概念，用符号 N_e 表示。

对于有 N 回馈线的配电网，在考虑馈线联络关系后，等价于 N_e 回馈线的全联络配电网，定义 DSSR 一元维度为

$$D_u = N_e \times N_e \tag{5-47}$$

馈线间联络关系越紧密，$N_e \times N_e$ 越接近 $N \times N$。当全联络时，$N_e \times N_e$ 应等于 $N \times N$。还需指出，N_e 可以有小数位。

2. 基于关联矩阵的 DSSR 一元维度算法

1）关联矩阵

馈线间的联络关系可分为单联络、同近同远等 7 种，按馈线间的拓扑距离将其归为 4 个关联等级，如表 5-40 所示。

表 5-40　馈线联络关系及关联等级分类

序号	馈线联络关系		拓扑距离	关联等级
1	N-1 联系	单联络	1 个联络	最强关联
2		同近同远	1 个母线	较强关联
3		同近异远		
4		互为近远	1 母线+1 联络	一般关联
5		近远单相连		
6	N-2 联系	异近同远	1 母线+2 联络	无关联
7	无联系	异近异远	2 母线+1 联络或更多	无关联

在表 5-40 第 2 列中，N-1 联系指馈线 N-1 后能产生电气连接的两回馈线，N-2

联系指馈线 N-1 后不能而 N-2 后才能产生电气连接的两回馈线；第 3 列拓扑距离指两馈线或馈线段之间形成电气联系的最少母线或联络开关数。

关联矩阵 $\boldsymbol{A}$ 是指用矩阵形式表示配电网中馈线（或馈线段）之间的关联等级，矩阵元素 a_{mn} 的取值依据表 5-40 的关联等级得到，如下：

$$a_{mn} = \begin{cases} 0, & \text{馈线} m \text{与馈线} n \text{无关联} \\ 1, & \text{馈线} m \text{与馈线} n \text{一般关联} \\ 2, & \text{馈线} m \text{与馈线} n \text{较强关联} \\ 3, & \text{馈线} m \text{与馈线} n \text{最强关联} \end{cases}$$

以图 5-48 简单算例为例说明如何根据馈线联络关系生成关联矩阵。

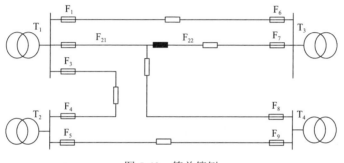

图 5-48　简单算例

图 5-48 中结构共 9 回馈线，10 个馈线段（T_i 表示主变，F_j 表示馈线段）。馈线间的联络关系生成的关联矩阵见表 5-41。

表 5-41　简单算例的关联矩阵

馈线段	F_1	F_{21}	F_{22}	F_3	F_4	F_5	F_6	F_7	F_8	F_9
F_1	※	2	2	2	1	0	3	1	1	0
F_{21}	2	※	2	2	1	0	1	1	3	1
F_{22}	2	2	※	2	1	0	1	3	1	0
F_3	2	2	2	※	3	1	1	1	1	0
F_4	1	1	1	3	※	2	0	0	0	1
F_5	0	0	0	1	2	※	0	0	1	3
F_6	3	1	1	1	0	0	※	2	0	0
F_7	1	1	3	1	0	0	2	※	0	0
F_8	1	3	1	1	0	1	0	0	※	2
F_9	0	1	0	0	1	3	0	0	2	※

从表 5-41 看出，关联矩阵是对称阵；非零元素表示对应的馈线段有关联，零元素表示无关联。表 5-41 中浅色阴影是全为非零元素的子矩阵，对应 F_1、F_{21}、F_{22}、F_3 和 F_4 五个馈线段是互相关联的，是计算 DSSR 一元维度的重要组成部分；深色阴影是全为零元素的子矩阵，对应 F_5 和 F_6 是无关联的，不存在联络关系，在计算一元维度时应剔除。

得到关联矩阵后，下一步需要根据非零元素子矩阵找到全部有关联的馈线，构成馈线组合。

2) 馈线组合

从有 N 回馈线的配电网中任取 m 回馈线，若 m 回馈线中任意两回馈线均有关联，定义该 m 回馈线构成一个馈线组合，记为 $(F_1, F_2, \cdots, F_m)$，$2 \leqslant m \leqslant N$。

从上述定义看出，关联矩阵中全为非零元素的子矩阵对应的馈线构成一个馈线组合，找出配电网中所有的馈线组合是计算 DSSR 一元维度的关键。馈线组合可由以下两步得到：

第一步，对关联矩阵作行列变换；

第二步，得到配电网的馈线组合。

(1) 关联矩阵行列变换。

希望能用最少的馈线组合数表示馈线间的关系。从表 5-41 矩阵直接提取馈线组合可能会出现重复，例如，表 5-41 中三个馈线组合 $(F_1, F_{21}, F_{22}, F_3, F_6)$、$(F_1, F_{21}, F_{22}, F_3, F_7)$ 和 (F_6, F_7)，每个组合内的馈线段均互相关联，实际上可以化简为一个馈线组合 $(F_1, F_{21}, F_{22}, F_3, F_6, F_7)$。

为避免这一问题，需要对表 5-41 矩阵作行列变换，变换后的矩阵称为变换矩阵 T，见表 5-42。

表 5-42　简单算例的变换矩阵

馈线段	F_1	F_{21}	F_{22}	F_3	F_6	F_7	F_5	F_8	F_9	F_4
F_1	※	2	2	2	3	1	0	1	0	1
F_{21}	2	※	2	2	1	1	0	3	1	1
F_{22}	2	2	※	2	1	3	0	1	0	1
F_3	2	2	2	※	1	1	1	1	0	3
F_6	3	1	1	1	※	2	0	0	0	0
F_7	1	1	3	1	2	※	0	0	0	0
F_5	0	0	0	1	0	0	※	1	3	2
F_8	1	3	1	1	0	0	1	※	2	0
F_9	0	1	0	0	0	0	3	2	※	1
F_4	1	1	1	3	0	0	2	0	1	※

变换后沿对角线的分块矩阵均为非零元素，并且从左上方到右下方分块矩阵的阶数依次递减。

(2)确定馈线组合。

首先，提取对角线的馈线组合。

变换矩阵左上方的分块矩阵称为第 1 个分块矩阵，其余分块矩阵沿对角线以此类推命名。按分块矩阵从左上角开始到右下角结束，除去右下角单个元素分块矩阵外提取得到 r 个馈线组合 $(F_{11}, F_{12}, \cdots, F_{1s_1})$、$(F_{21}, F_{22}, \cdots, F_{2s_1})$、$\cdots$、$(F_{r1}, F_{r2}, \cdots, F_{rs_r})$，$s_1, s_2, \cdots, s_r$ 作为计数使用。

例如，表 5-42 中沿对角线共有 3 个分块矩阵，见表 5-42 中阴影部分。除去右下角的单元素分块矩阵外，剩下的 2 个分块矩阵形成 2 个馈线组合 $(F_1, F_{21}, F_{22}, F_3, F_6, F_7)$ 和 (F_5, F_8, F_9)。

其次，提取除对角线分块矩阵外的馈线组合。

对角线分块矩阵外其余位置也有非零元素，它们生成的子矩阵对应的馈线也会构成馈线组合。

以第 1 个分块矩阵为基础，在该分块矩阵所在行数内以列为单位依次向右找非零元素，则同一列内的非零元素所在的行与该列生成一个全为非零元素的子矩阵，对应的馈线构成一个馈线组合。然后，依次以第 2 个，$\cdots$，第 r 个分块矩阵为基础，重复上述步骤，便可得到所有除对角线分块矩阵外的馈线组合。

例如，表 5-42 第 1 个分块矩阵 $(F_1, F_{21}, F_{22}, F_3, F_6, F_7)$ 是一个 6 行 6 列阵，在前 6 行内有第 7 列 F_5 所在列的非零元素位于 F_3 所在行，第 8 列 F_8 所在列的非零元素位于 F_1、F_{21}、F_{22}、F_3 所在行，第 9 列 F_9 所在列的非零元素位于 F_{21} 所在行，第 10 列 F_4 所在列的非零元素位于 F_1、F_{21}、F_{22}、F_3 所在行，故 (F_5, F_3)、$(F_8, F_1, F_{21}, F_{22}, F_3)$、$(F_9, F_{21})$、$(F_4, F_1, F_{21}, F_{22}, F_3)$ 分别构成一个馈线组合。第 2 个分块矩阵为 (F_5, F_8, F_9)，在这 3 行内有第 10 列 F_4 所在列的非零元素位于 F_5、F_9 所在行，故 (F_4, F_5, F_9) 为一个馈线组合。

最后，这两部分的馈线组合共同构成了该配电网的 n_1 个馈线组合。

图 5-48 网络有 $n_1 = 7$ 个馈线组合：$(F_1, F_{21}, F_{22}, F_3, F_6, F_7)$、$(F_5, F_3)$、$(F_8, F_1, F_{21}, F_{22}, F_3)$、$(F_9, F_{21})$、$(F_4, F_1, F_{21}, F_{22}, F_3)$、$(F_5, F_8, F_9)$、$(F_4, F_5, F_9)$。

需要指出，上述得到馈线组合的过程中，对不同的关联等级，仅按有关联(即矩阵中的 1、2、3)和无关联(0)来区分。后续可以进一步探讨关联强度的不同对一元维度的影响。

另外，给定配电网的馈线组合数 n_1 是唯一的。这是因为馈线组合数 n_1 是依据变换矩阵中的分块矩阵得到的，而变换矩阵具有两个特点：

①沿对角线分块矩阵均为非零元素的矩阵，且从左上方到右下方分块矩阵的阶数呈递减趋势。

②每个分块矩阵的阶数是在保证全为非零元素的情况下取得的极大值。

这两个特点决定了分块矩阵个数和阶数的唯一性，从而得到的馈线组合数 n_1 也是唯一的。

3) 等价馈线数

(1) 全联络虚拟等价法。

一个含有 N 回馈线的配电网，按照上面方法找到其有 n_1 个馈线组合。

根据式(5-47)，DSSR 一元维度希望表示为 $N_e \times N_e$，但此时 $N_e \times N_e$ 仍未得到，以下是求解 $N_e \times N_e$ 的推导过程。

我们知道 $N_e \times N_e$ 的值取决于 n_1 个馈线组合。一个馈线组合的维度就是组合中的馈线数，即 $m_i \times m_i$，故 n_1 个馈线组合的维度之和为 $\sum\limits_{i=1}^{n_1} m_i \times m_i$，$m_i$ 为第 i 个馈线组合的馈线数。

对于这个配电网，当其是全联络时，配电网的一元维度一定为 $N \times N$。仍然按照 n_1 求取方法求取其馈线组合，假设找到 n_2 个，将这 n_2 个馈线组合称为全联络虚拟馈线组合，简称虚拟组合。$N \times N$ 的值取决于 n_2 个虚拟组合。

虚拟组合的维度之和为 $\sum\limits_{j=1}^{n_2} m_j \times m_j$，$m_j$ 为第 j 个虚拟组合的馈线数。

依据数量的对应关系，有如下等式成立：

$$\frac{N_e \times N_e}{N \times N} = \frac{\sum\limits_{i=1}^{n_1} m_i \times m_i}{\sum\limits_{j=1}^{n_2} m_j \times m_j} \tag{5-48}$$

式(5-48)的等号左边表示配电网实际 DSSR 一元维度与其若虚拟为全联络时一元维度的比值。

式(5-48)的等号右边表示 n_1 个馈线组合的维度之和与 n_2 个虚拟组合的维度之和的比值。

从式(5-48)得 DSSR 一元维度中的等价馈线数 N_e：

$$N_e = N \sqrt{\frac{\sum\limits_{i=1}^{n_1} m_i \times m_i}{\sum\limits_{j=1}^{n_2} m_j \times m_j}} \tag{5-49}$$

（2）简单算例求解过程。

式(5-49)中 m_i 是 n_1 个馈线组合里第 i 个组合的馈线数，由 n_1 确定；m_j 是 n_2 个虚拟组合里第 j 个组合的馈线数，由 n_2 确定。因此式(5-49)中有三个变量 N、n_1、n_2，其中 N 为配电网本身的馈线数；n_1 按照上面方法求得；n_2 是虚拟所求配电网为全联络时的虚拟组合数，按照 n_1 求取方法确定，过程如下：

①构造所求配电网的虚拟全联络结构并写出关联矩阵，其行列顺序与变换矩阵相同。

图 5-48 网络虚拟为全联络时对应的结构见图 5-49。

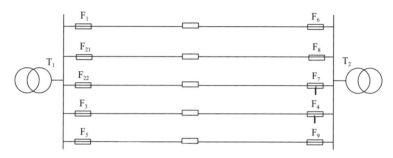

图 5-49　简单算例的虚拟全联络结构

图 5-49 的关联矩阵见表 5-43，其行列顺序与表 5-42 矩阵相同。

表 5-43　虚拟全联络结构的关联矩阵

馈线	F_1	F_{21}	F_{22}	F_3	F_6	F_7	F_5	F_8	F_9	F_4
F_1	※	2	2	2	3	1	2	1	1	1
F_{21}	2	※	2	2	1	1	2	3	1	1
F_{22}	2	2	※	2	1	3	2	1	1	1
F_3	2	2	2	※	1	1	2	1	1	3
F_6	3	1	1	1	※	2	1	2	2	2
F_7	1	1	3	1	2	※	1	2	2	2
F_5	2	2	2	2	1	1	※	1	3	1
F_8	1	3	1	1	2	2	1	※	2	2
F_9	1	1	1	1	2	2	3	2	※	2
F_4	1	1	1	3	2	2	1	2	2	※

表 5-43 是简单算例虚拟为全联络时的关联矩阵。

②按照上面求取 n_1 个馈线组合的方法来确定 n_2 个虚拟组合。

第一步，划分沿对角线的分块矩阵，划分原则与变换矩阵相同，如表 5-43 中的阴影部分。

第二步，分别提取对角线和除对角线分块矩阵外的虚拟组合。

表 5-43 对角线的 2 个分块矩阵形成的虚拟组合为 $(F_1, F_{21}, F_{22}, F_3, F_6, F_7)$ 和 (F_5, F_8, F_9)。第 1 个分块矩阵后面的第 7 列到第 10 列每列均和前 6 行构成一个虚拟组合。第 2 个分块矩阵后面的第 10 列和它构成一个虚拟组合 (F_4, F_5, F_8, F_9)。

最终可得 $n_2=7$ 个虚拟组合：$(F_1, F_{21}, F_{22}, F_3, F_6, F_7)$、$(F_5, F_1, F_{21}, F_{22}, F_3, F_6, F_7)$、$(F_8, F_1, F_{21}, F_{22}, F_3, F_6, F_7)$、$(F_9, F_1, F_{21}, F_{22}, F_3, F_6, F_7)$、$(F_4, F_1, F_{21}, F_{22}, F_3, F_6, F_7)$、$(F_5, F_8, F_9)$、$(F_4, F_5, F_8, F_9)$。

整理简单算例的馈线组合和虚拟组合见表 5-44。

表 5-44　简单算例的馈线组合和虚拟组合

序号	馈线组合	m_i	虚拟组合	m_j
1	$(F_1, F_{21}, F_{22}, F_3, F_6, F_7)$	6	$(F_1, F_{21}, F_{22}, F_3, F_6, F_7)$	6
2	(F_5, F_3)	2	$(F_5, F_1, F_{21}, F_{22}, F_3, F_6, F_7)$	7
3	$(F_8, F_1, F_{21}, F_{22}, F_3)$	5	$(F_8, F_1, F_{21}, F_{22}, F_3, F_6, F_7)$	7
4	(F_9, F_{21})	2	$(F_9, F_1, F_{21}, F_{22}, F_3, F_6, F_7)$	7
5	$(F_4, F_1, F_{21}, F_{22}, F_3)$	5	$(F_4, F_1, F_{21}, F_{22}, F_3, F_6, F_7)$	7
6	(F_5, F_8, F_9)	3	(F_5, F_8, F_9)	3
7	(F_4, F_5, F_9)	3	(F_4, F_5, F_8, F_9)	4

表 5-44 第 1 列为组合的个数，即 $n_1=7$、$n_2=7$；第 2 列和第 3 列为馈线组合及每个组合内的馈线数；第 4 列和第 5 列为虚拟组合及每个组合内的馈线数。

求取到变量结果后代入式 (5-49) 得到

$$\frac{N_e \times N_e}{10 \times 10} = \frac{6 \times 6 + 2 \times 2 + 5 \times 5 + 2 \times 2 + 5 \times 5 + 3 \times 3 + 3 \times 3}{6 \times 6 + 7 \times 7 + 7 \times 7 + 7 \times 7 + 7 \times 7 + 3 \times 3 + 4 \times 4}$$

采用式 (5-49) 得到等价馈线数 $N_e = 6.6$，故配电网的 DSSR 一元维度 $D_u = 6.6 \times 6.6$。

可以看出，算例中剔除无关联的馈线后，含有 10 个馈线段的配电网的真实维度为 6.6×6.6，小于 10×10。

4) 算法流程图

归纳 DSSR 一元维度的算法流程如图 5-50 所示，图 5-50 虚线框内 Step1~Step6 是馈线组合数 n_1 的计算步骤。

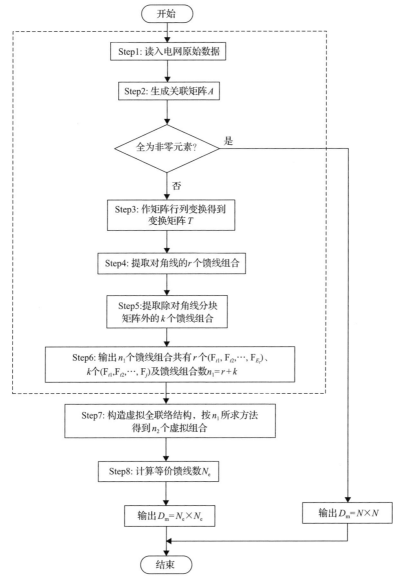

图 5-50　DSSR 一元维度的算法流程

在读入电网的数据后，由 Step2 生成配电网的关联矩阵 A，若矩阵全为非零元素，则直接得到 $D_u = N \times N$；若含有零元素，由 Step3～Step6 求取 n_1 个馈线组合，Step7 求取 n_2 个虚拟组合，计算出 N_e，得到 $D_u = N_e \times N_e$。

3. DSSR 二维观测时的降维应用

含有 N 回馈线的配电网，若不考虑联络关系，可构成 $N \times N$ 维的安全域空间，空间中的任意两回馈线都需要组合进行观测，而无关联的两回馈线构成的组合显然是没有意义的。以下将一元维度概念和计算方法应用于 DSSR 二维观测组合中。

例如，简单算例中共有 10 个馈线段，构成的 DSSR 空间中任两个馈线段都可组合进行二维观测，二维组合数共有 $C_{10}^2 = 45$。根据关联矩阵找出相关联的二维馈线组合，共有 30 个。这 30 个馈线组合是真正需要的组合，也是构成了 DSSR 二维观测时的维度，剔除掉 15 个无关联组合，简化了 DSSR 二维观测。

进一步，找到相关联的两回馈线组合，还可以得到 DSSR 二维观测时的维度，记作 $D_{u,2D}$，以区别于前面的 DSSR 维度 D_u。

每个组合只有两回馈线，30 个馈线组合的维度之和为 $\sum_{i=1}^{30} m_i \times m_i = 2 \times 2 \times 30 = 120$；虚拟图 5-48 网络为全联络时，找到共 45 个虚拟组合，这些组合的维度之和为 $\sum_{j=1}^{45} m_j \times m_j = 2 \times 2 \times 45 = 180$，由式（5-49）得到等价馈线数 $N_e = N\sqrt{\left(\sum_{i=1}^{30} m_i \times m_i\right)\Big/\left(\sum_{j=1}^{45} m_j \times m_j\right)} = 8.2$，配电网二维观测时的 DSSR 维度 $D_{u,2D} = N_e \times N_e = 8.2 \times 8.2$。

需要指出，此处的维度 $D_{u,2D}$ 是指配电网在二维观测时的 DSSR 维度，即馈线组合仅由两回馈线构成；而 5.8.2 节所得的维度 D_u 是配电网的完整 DSSR 维度，组合内的馈线数没有限制。

4. 网络结构对一元维度的影响分析

当馈线（或馈线段）的数量一定时，DSSR 一元维度取决于网络结构的馈线联络方式。以下在图 5-48 简单算例的基础上改变馈线联络方式，分别形成了最弱结构、改进算例和最强结构 3 个算例，对比分析网络结构对一元维度的影响。

（1）最弱结构：此结构满足 N-1 情况下联络关系最弱，其网架结构如图 5-51 所示。

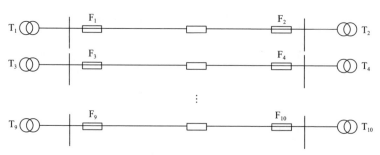

图 5-51　最弱结构配电网

根据 DSSR 一元维度定义，得到 $D_u = 3.2 \times 3.2$。

(2)改进算例：此结构相对基本算例加强了馈线联络关系，其网架结构如图 5-52 所示。

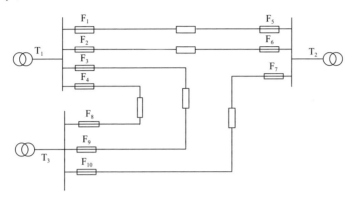

图 5-52　改进算例配电网

根据 DSSR 一元维度定义，得到 $D_u = 7.8 \times 7.8$。

(3)最强结构：此结构的馈线联络关系最强，即网络结构为全联络的情况，其网架结构如图 5-53 所示。

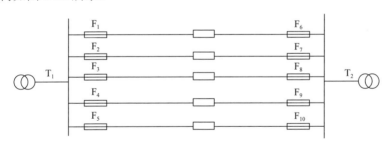

图 5-53　最强结构配电网

根据 DSSR 一元维度定义，得到 $D_u = 10 \times 10$。

将上述三个算例和图 5-48 算例的 DSSR 一元维度结果整理如表 5-45 所示。

表 5-45　不同算例对应的 DSSR 一元维度

算例名称	DSSR 一元维度
最弱结构	3.2×3.2
图 5-48 算例	6.6×6.6
改进算例	7.8×7.8
最强结构	10×10

从表 5-45 中可以看出，对于有 10 回馈线的配电网，最弱结构时一元维度取极小值 3.2×3.2，最强结构时一元维度取极大值 10×10，而简单算例和改进算例的一元维度位于两者之间，由于改进算例联络比简单算例紧密，关联矩阵非零元素相对较多，故一元维度会变大为 7.8×7.8。

综上可知，网络结构强度决定了 DSSR 一元维度。对于一个 N 回馈线的配电网，量化结论如下：

①当联络结构最强（即全联络）时，关联矩阵全为非零元素，DSSR 一元维度取极大值 $D_{u,max} = N \times N$。

②满足 N-1 情况下联络结构最弱时，关联矩阵非零元素仅位于对角线两侧，DSSR 一元维度取到极小值 $D_{u,min} = \dfrac{2\sqrt{2}N}{\sqrt{9N-10}} \times \dfrac{2\sqrt{2}N}{\sqrt{9N-10}}$。

(4)普通的网络结构，一元维度位于两者之间。

5.9　本章小结

本章通过观测与推导相结合的方法，研究了 DSSR 的性质机理。

(1)本章揭示了配电网安全边界在二维空间中的形成机理。当且仅当馈线联络为 N-1 联系时将形成斜线边界；而直线边界总是存在的。归纳得到不同网络结构与 DSSR 二维边界图像的直观对应关系。

(2)本章介绍了配电安全域全维间接观测的概念与方法。本章定义了 DSSR 的边界点距离，给出了基于边界点距离绘制的螺旋图、雷达图以及折线图等进行安全域可视化的手段，能直接观测域的凹陷以及是否圆润。本章给出了 DSSR 的半径、域螺旋图指标、形状畸变指标和凹陷指标。

(3)本章介绍了"先整体，后局部；先间接，后直接"的 DSSR 综合观测思路，兼顾了整体观测和局部细节观测的优点。本章主要包括 DSSR 形状综合观测和 DSSR 大小综合观测，TSC 曲线观测配电网的极限带载能力作为补充。

(4)本章介绍了 DSSR 的图谱。本章发现渗透率是 DSSR 图谱的决定因素，以及安全域二维图像类型并非无穷无尽。本章发现了 DSSR 特殊图像，在斜线边界上具有直角的凸起或凹陷，完善了 DSSR 图谱。

此外，本章还定义了 DSSR 的体积和维度，给出了 DSSR 稠密性、近似线性的一般性质。

参 考 文 献

[1] 肖峻, 贡晓旭, 贺琪博, 等. 智能配电网 N-1 安全边界拓扑性质及边界算法[J]. 中国电机工程学报, 2014, 34(4): 545-554.

[2] 肖峻, 肖居承, 张黎元, 等. 配电网的严格与非严格安全边界[J]. 电工技术学报, 2019, 34(12): 2637-2648.

[3] 肖峻, 祖国强, 周欢, 等. 有源配电网的全象限安全域[J]. 电力系统自动化, 2017, 41(21): 79-85.

[4] Xiao J, Zhang M, Bai L, et al. Boundary supply capability for distribution systems: Concept, indices and calculation[J]. IET Generation, Transmission and Distribution, 2017, 12(2): 499-506.

[5] 贾俊平, 金勇进, 何晓群. 统计学[M]. 北京: 中国人民大学出版社, 2015: 106-112.

[6] Tukey J W. Exploratory Data Analysis[M]. Upper Saddle River: Addison Wesley, 1977: 688.

[7] 肖峻, 林启思. 基于安全域和供电能力曲线几何观测的配电网规划方案评价方法[J]. 电网技术, 已投稿.

[8] Baur H W. The geometry of polyhedral distortions. Predictive relationships for the phosphate group[J]. Acta Crystallographica Section B: Structural Crystallography and Crystal Chemistry, 1974, 30(5): 1195-1215.

[9] ASME B31. 4-2009 Pipeline Transportation Systems for Liquid Hydrocarbons and Other Liquids[S]. New York: The American Society of Mechanical Engineers, 2009.

[10] 肖峻, 张宝强, 张苗苗, 等. 配电网安全边界的产生机理[J]. 中国电机工程学报, 2017, 37(20): 5922-5932.

[11] Allan R N, Billinton R, Sjarief I, et al. A reliability test system for educational purpose-basic distribution system data and results[J]. IEEE Transactions on Power Systems, 1991, 6(2): 813-820.

[12] 赵波, 张雪松, 洪博文. 大量分布式光伏电源接入智能配电网后的能量渗透率研究[J]. 电力自动化设备, 2012, 32(8): 95-100.

[13] 肖峻, 张宝强, 李敬如, 等. 基于安全边界的高渗透率可再生能源配电系统规划研究思路[J]. 电力系统自动化, 2017, 41(9): 28-35.

[14] Xiao J, He Q B, Zu G Q. Distribution management system framework based on security region for future low carbon distribution systems[J]. Journal of Modern Power Systems and Clean Energy, 2015, 3(4): 544-555.

[15] 肖峻, 谷文卓, 贡晓旭, 等. 基于馈线互联关系的配电网最大供电能力模型[J]. 电力系统自动化, 2013, 37(17): 72-77.

[16] 肖峻, 谷文卓, 王成山. 面向智能配电系统的安全域模型[J]. 电力系统自动化, 2013, 37(8): 14-19.

[17] 和燕, 山玉林, 高永丽, 等. m 维空间立体体积的 Monte-Carlo 仿真[J]. 计算机仿真, 2013, 30(3): 256-259, 363.

[18] 李满枝, 王洪涛, 苗俊红. 二重积分的 Monte-Carlo 数值仿真[J]. 计算机仿真, 2011, 28(5): 14-117.

[19] 吴庆标. 复连通曲面体高维积分的 Monte Carlo 法[J]. 浙江大学学报(理学版), 2001, 28(1): 1-6.

[20] 祖国强. 智能配电系统安全域的原理[D]. 天津: 天津大学, 2017.

[21] 王萼芳, 石生明. 高等代数[M]. 北京: 高等教育出版社, 2013: 246-247.

[22] 肖峻, 曹严, 张宝强, 等. 配电网安全域的全维直接观测[J]. 电工技术学报, 2020, 35(19): 4171-4182.

[23] 肖峻, 张宝强, 邵经鹏, 等. 配电网安全域的全维观测[J]. 电力系统自动化, 2018, 42(16): 73-79.

[24] 张宝强. 配电网安全域的观测方法与性质机理研究[D]. 天津: 天津大学, 2019.

[25] 肖峻, 周欢, 祖国强. 配电网安全域的二维图谱[J]. 电力系统自动化, 2019, 43(24): 96-117.

[26] 肖峻, 焦衡, 屈玉清, 等. 配电网安全域的特殊二维图像: 发现、机理和用途[J/OL]. 中国电机工程学报, 2020, 40(16): 5088-5101.

[27] 肖峻, 张苗苗, 祖国强, 等. 配电系统安全域的体积[J]. 中国电机工程学报, 2017, 37(8): 2222-2230.

[28] 肖峻, 张寒, 张宝强, 等. 配电网安全域的维度[J]. 电力系统自动化, 2018, 42(1): 16-22.

[29] 肖峻, 苏亚贝, 张宝强, 等. 配电网安全域的 N×N 形式维度[J]. 电网技术, 2019, 43(7): 2441-2452.

第6章　安全域在配电运行中的应用

相比传统的 N-1 仿真法，安全域方法不仅能提高安全性分析的速度，还能提供新的信息，使运行人员获得系统整体的安全性测度，对安全态势感知和预防控制的实现有很大帮助。本章列举典型的应用方法，包括安全评价、网络重构以及安全态势感知方法，介绍基于 DSSR 的配电网安全高效运行框架。

6.1　安　全　距　离

安全距离(security distance，SD)是配电系统当前工作点到安全边界的距离，是安全评价的关键数据。配电网安全距离分为几何安全距离(geometric security distance，GSD)和馈线安全距离(feeder security distance，FSD)。

6.1.1　安全距离的定义

1. 几何安全距离的定义与物理意义

几何安全距离定义为工作点到安全边界的垂直距离，记为 GSD。当安全边界用超平面表示时，GSD 是欧氏空间中点到超平面的距离[1]。GSD 具有以下性质：

(1) GSD 数量与安全边界数量相同。

(2) GSD 为正，工作点位于安全边界内，安全；GSD 为负位于边界外，不安全。

以图 6-1 为例，虚线分别是工作点到安全边界 1、2、4 的 GSD。

GSD 的物理意义是某个安全边界的几个相关负荷同时增长时，从几何空间上最短到达安全边界的负荷裕度；FSD_1 与 FSD_2 分别为工作点在两回馈线负荷增长方向的馈线安全距离。图 6-1 中，工作点到安全边界 4 的 GSD 表示负荷 S_1 和 S_2 同时变化时在欧氏空间中到达安全边界 4 的最短距离。

2. 馈线安全距离的定义与物理意义

对于某回具体馈线，它的安全裕度有多少？这是实际运行人员关心的问题，而 GSD 没有给出这一信息，因此出现了馈线安全距离 FSD。

馈线安全距离定义为工作点沿轴向到安全边界的距离大小，包含正负的信息。工作点的每一个负荷分量 S_i 都对应一个馈线安全距离，记作 FSD_i，FSD 具有如下属性：

(1) FSD 数量与馈线/馈线段负荷数量相同。

(2)FSD 为正表示工作点位于安全边界内，工作点安全；FSD 为负则位于边界外，不安全。

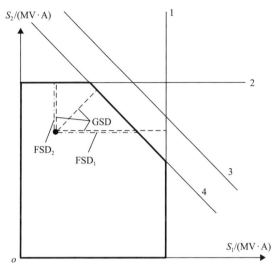

图 6-1　几何安全距离和馈线安全距离示意图

在图 6-1 中，点虚线分别是工作点沿轴向 S_1 和 S_2 到安全边界的 FSD。FSD 的物理意义表示其他负荷不变时的单个负荷的负荷裕度，例如，图 6-1 中 FSD_1 表示负荷 S_1 的负荷裕度。

3. 两种安全距离的对比

1)GSD 和 FSD 的相同点

(1)都反映工作点与安全边界的位置关系。

(2)正负关系相同。即工作点在 DSSR 内时两者都为正值，工作点在 DSSR 外时两者都会出现负值。

(3)大小关系一致。即两者为正的数值越大时，都表征负荷裕度越大，安全性越高，反之表征负荷裕度越小，安全性越低。

2)GSD 和 FSD 的不同点

(1)GSD 是工作点到安全边界的垂直距离大小，FSD 是工作点到安全边界的轴向距离大小，即工作点沿某个观测馈线的轴向到安全边界的距离。

(2)GSD 数量与安全域的安全边界数量相同，FSD 数量与馈线/馈线段的数量相同。

(3)GSD 表示多个负荷同时变动的负荷裕度，FSD 表示仅单个负荷变动时的负荷裕度。

4. 安全距离的概念扩展

几何距离是欧氏距离，前面介绍的 GSD 和 FSD 都属于几何距离，它们的区别是方向上的不同，GSD 是到安全边界的垂向距离，FSD 是到安全边界的轴向距离。

安全距离的概念还有进一步的扩展。除几何距离外，还有状态距离[2]。状态距离定义了工作点从一个位置运动到另一位置时系统状态的变化量，等于各状态量变化值的绝对值之和，即曼哈顿距离[3]。与几何距离相比，状态距离更准确地反映了状态量变化的代价。

6.1.2 安全距离的计算方法

1. 几何安全距离的计算方法

GSD 的计算方法与数学上计算点到超平面的距离类似，公式为

$$\text{GSD} = \left(c - \sum_{x=1}^{n} a_x S_x \right) \bigg/ \sqrt{\sum_{x=1}^{n} a_x^2} \tag{6-1}$$

式中，c 表示主变或馈线的额定容量；a_x 表示系数；S_x 表示馈线或馈线段负荷。GSD 的实质是增加了方向性的欧氏距离。

2. 馈线安全距离的计算方法

工作点沿 S_i 方向到安全边界的 FSD_i 的计算方法为

$$\text{FSD}_i = \min \left[\left(\frac{c_1 - \sum_{x=1}^{n1} a_x S_x}{a_i} \right)_{\exists x=i}, \left(\frac{c_2 - \sum_{x=1}^{n2} a_x S_x}{a_i} \right)_{\exists x=i}, \cdots \right]$$
$$= \min(d_{\beta 1}, d_{\beta 2}, \cdots) = d_\beta (d_\beta \in \{d_{\beta 1}, d_{\beta 2}, \cdots\}) \tag{6-2}$$

式中，c_j 为倒带单元内主变或馈线元件 j 的容量大小；$\dfrac{c_j - \sum\limits_{x=1}^{n} a_x S_x}{a_i}, i \in x$ 为高维空间中工作点沿轴向 S_i 到某个安全边界 βi 的距离，记为 $d_{\beta i}$；FSD_i 为工作点沿 S_i 到所有安全边界的最短距离，等于 $d_\beta(d_\beta \in d_{\beta i})$；起到限制作用的安全边界记为 $\beta (\beta \in \beta i)$，称为约束边界。约束边界不同于安全边界，约束边界是在某一轴向上限制负荷裕度的安全边界。在图 6-1 中，安全边界 4 为 FSD_1 的约束边界、安全边界 2 为 FSD_2 的约束边界。

6.2　基于 DSSR 的安全评价

安全距离的主要用途是安全评价，可以分为以下两种评价方法。

(1)安全距离直接评价。

GSD 和 FSD 都表示工作点与安全边界的位置关系，当工作点到所有安全边界的安全距离都为正时表示工作点在 DSSR 内，是安全的，反之不安全。因此根据 GSD 和 FSD 可对配电网进行安全评价[1,4]。

(2)基于位移的安全评价。

实际运行中的工作点是不断变化的，利用变化前工作点的安全距离数据和变化后新工作点的位移数据可以对新工作点更高效地进行安全评价。此时，无须根据安全距离直接评价法重新计算新工作点到所有安全边界的距离，而是仅对发生变化的馈线/馈线段负荷进行评估，通过比较新工作点的位移量与变化前工作点的安全距离的大小就可以得到新工作点是否安全的结论。基于位移的安全评价具有更高的计算效率，但其前提必须已知变化前工作点的安全评价结果。

6.2.1　基于 GSD 的安全评价方法

GSD 能计算得到多个相关负荷变化时，每一个负荷的保守负荷裕度。

在原工作点下，当有如下 N 个馈线/馈线段负荷 $S_i, S_j, S_k, \cdots$ 变化时，S_i 的保守负荷裕度的计算方法为

$$\begin{cases} g(S_i) = \min\left(\dfrac{\mathrm{GSD}^1 x^1}{y^1}, \dfrac{\mathrm{GSD}^2 x^2}{y^2}, \cdots, \dfrac{\mathrm{GSD}^\beta x^\beta}{y^\beta} \right) \\ x^\beta = n_\beta E_N e_i \\ y^\beta = \sqrt{n_\beta E_N n_\beta{}^{\mathrm{T}}} \end{cases} \tag{6-3}$$

式中，$g(S_i)$ 为馈线/馈线段负荷 S_i 的保守负荷裕度；β 为所有包含 S_i 变量的安全边界；n_β 为安全边界 β 远离零点的法向量形成的行矩阵；GSD^β 为原工作点到安全边界 β 的几何安全距离；E_N 为 N 行 N 列的矩阵，并且在 N 个变化负荷 $S_i, S_j, S_k, \cdots$ 对应的斜对角上的 $e_{ii}, e_{jj}, e_{kk}, \cdots$ 为 1，其余位为 0；e_i 为 $[0, \cdots, 0, \underset{i^{th}}{1}, 0, \cdots, 0]^{\mathrm{T}}$，为与负荷 S_i 对应的单位向量；x^β 和 y^β 分别为中间变量。

当有 $N(N \geqslant 2)$ 个馈线/馈线段负荷变化时，新工作点安全的判据为式(6-4)。

$$\Delta S_i \leqslant g(S_i) \tag{6-4}$$

式中，$i=1, 2, \cdots, N$，ΔS_i 可以为负值，后面将这种基于位移的 GSD 安全评价方法

简称为 GSD 位移法。

GSD 位移法的保守性体现在当不满足式(6-4)时，新工作点不一定不安全。这是因为 GSD 是根据工作点到安全边界的最短距离得到的，在其余某些负荷增加方向上，即使负荷增量超过保守负荷裕度，仍然满足安全。以图 6-2 为例，GSD 位移法得到的新工作点的安全范围是图 6-2 中阴影部分，而事实上，新工作点的安全范围还包括 DSSR 内的空白区域，例如，新工作点 W_1 和 W_2 都在阴影范围外，但实际上，W_1 虽然是不安全的，W_2 却是安全的，因此 GSD 位移法具有保守性。

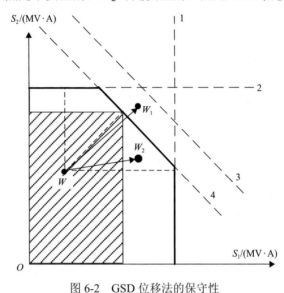

图 6-2　GSD 位移法的保守性

6.2.2　基于 FSD 的安全评价方法

1. 单变量变化场景

FSD 能够直接用于只有单变量变化时的新工作点的安全评价。FSD 的物理意义是单个变量(即馈线/馈线段负荷)的精确负荷裕度。当单变量变化造成工作点位移时，只要单变量的变化量ΔS_i不超过 FSD_i就能保证新工作点安全，否则，不安全。因此，FSD 用于单负荷变化的安全评价时，新工作点安全的判据为

$$\Delta S_i < FSD_i \tag{6-5}$$

将这种基于位移的 FSD 安全评价方法简称为 FSD 位移法。

2. 多变量变化场景

实际情况下，工作点的位移是伴随着多个负荷同时变化的，FSD 用于多变量

变化场景下的安全评价方法如下所示。

当存在 $n(n \geq 1)$ 个馈线/馈线段负荷变化时，将 n 个负荷的 FSD 的列矩阵记为 S，称为馈线安全距离矩阵；n 个负荷的变化量的列矩阵记为 ΔS，称为负荷变化矩阵；将 n 个负荷对应的约束边界 β 的法向量提取出来，并将向量仅保留 n 个负荷对应的位，形成一个 n 行 n 列的矩阵，记为 M，称为法向量矩阵；0 为零矩阵，其各位都为 0。

多变量 $(n \geq 2)$ 变化时新工作点安全的判据为

$$S - M\Delta S \geqslant 0 \tag{6-6}$$

此处矩阵 $S - M\Delta S \geqslant 0$ 定义为对所有的 $i, j=1, 2, \cdots, n$，$a_{ij} > 0$。上述不等式说明，只要多负荷变化时 $M\Delta S$ 小于馈线安全距离矩阵 S，就能保证新的工作点满足 N-1 安全。将这种基于位移的 FSD 安全评价方法同样简称为 FSD 位移法。

需要注意的是，式(6-5)单变量变化时的安全判据是式(6-6)多变量变化时的安全判据的特例。这是因为，当 $n=1$ 时，此时只有一个馈线/馈线段负荷变化，设为 S_i，此时馈线安全距离矩阵 S 为 FSD_i，法向量矩阵 $M=1$，负荷变化矩阵 $\Delta S = \Delta S_i$。所以 $n=1$ 时，判据变为 $\Delta S_i < \mathrm{FSD}_i$，说明判据(6-5)是判据(6-6)的特例。

6.2.3　算例分析

1. 算例概况

选择算例 1-某市核心区域实际 10kV 配电网进行验证，其网架结构与参数详见 3.6.1 节。该区域含 SP_1、SP_2 和 SP_3 三座 35kV 变电站。其中 SP_1 和 SP_2 均各有两台主变，SP_3 变电站有 3 台主变，所有主变容量均为 20MV·A。每台主变出线均为 6 条，共 42 回馈线，66 个馈线/馈线段负荷。

该区域配电网变电站、主变、馈线数据见表 6-1。该配电网接线模式有单分段单联络、两分段两联络和三分段三联络。

表 6-1　主变/馈线基本信息

变电站	主变	变比	主变编号	主变容量/(MV·A)	馈线总容量/(MV·A)
SP_1	1#	35kV/10kV	T_1	20	47.38
	2#	35kV/10kV	T_2	20	52.37
SP_2	1#	35kV/10kV	T_3	20	53.69
	2#	35kV/10kV	T_4	20	54.03
SP_3	1#	220kV/35kV/10kV	T_5	20	48.84
	2#	220kV/35kV/10kV	T_6	20	54.55
	3#	220kV/35kV/10kV	T_7	20	46.93

选取夏季某日某时刻负荷为工作点 $W_1^{[5]}$，总负荷为 84MV·A，主变平均负载率为 0.60，馈线/馈线段负荷部分数据见表 6-2 第 3 列，表 6-2 中第 1 列线路号中带字母的编号表示馈线段，不带字母的编号表示馈线。

某一时刻工作点从 W_1 位移到新工作点 $W_2^{[5]}$，部分位移数据见表 6-3。

表 6-2　工作点 W_1 数据

线路号	线路容量/(MV·A)	工作点 W_1 数据/(MV·A)
161	6.24	1.95
163	6.24	1.43
165	11.22	2.12
167A	6.24	1.3
168A	6.24	1.26
168B	6.24	1.26
⋮	⋮	⋮

表 6-3　工作点 W_2 的位移数据

馈线/馈线段负荷	位移方式	变量	变量数值/(MV·A)
S_{163}	增加	ΔS_{163}	1.05
S_{166}	增加	ΔS_{166}	0.78
S_{167B}	增加	ΔS_{167B}	1.06
S_{783B}	增加	ΔS_{783B}	1.00
$S_{利42B}$	减少	$\Delta S_{利42B}$	−0.89
S_{161}	不变	ΔS_{161}	0
S_{162}	不变	ΔS_{162}	0
⋮	⋮	⋮	⋮

表 6-3 展示了工作点位移到 W_2 后，各馈线/馈线段负荷的变化方式，其中，馈线/馈线段负荷 S_{163}、S_{166}、S_{167B}、S_{783B} 和 $S_{利42B}$ 同时变化，其余馈线/馈线段负荷不变。W_2 比 W_1 总负荷增加 3.00MV·A。

另设两个工作点 W_3 和 $W_4^{[5]}$。W_3 在 W_1 的基础上所有馈线/馈线段负荷均增加 0.30MV·A，总负荷增加 19.80MV·A。W_4 在 W_1 的基础上所有馈线/馈线段负荷均增加 0.50MV·A，总负荷增加 33.00MV·A。W_4 总负荷比 W_3 总负荷多 13.20MV·A。

2. 安全距离计算

1）GSD 的计算结果

该算例安全边界数量共有 109 个[5]。计算工作点 W_1、W_2、W_3 和 W_4 到 109 个安全边界的 GSD。以安全边界 β_1 为例，根据式(6-1)计算 W_1 到 β_1 的 GSD 为

$$\mathrm{GSD}_{\beta_1} = \frac{c_{\mathrm{F},168} - S_{168} - S_{161}}{\sqrt{2}} = 1.02\mathrm{MV\cdot A} \qquad (6\text{-}7)$$

按上述过程依次计算 W_1、W_2、W_3 和 W_4 的 GSD，部分结果见表 6-4[5]。

表 6-4　GSD 的计算结果

边界	$W_1\mathrm{GSD}/(\mathrm{MV\cdot A})$	$W_2\mathrm{GSD}/(\mathrm{MV\cdot A})$	$W_3\mathrm{GSD}/(\mathrm{MV\cdot A})$	$W_4\mathrm{GSD}/(\mathrm{MV\cdot A})$
β_1	1.02	1.02	0.50	0.16
β_2	2.69	1.95	2.27	1.24
β_3	2.09	1.51	1.57	0.65
β_4	1.84	1.84	1.63	1.48
β_5	3.01	2.46	2.80	2.11
β_6	3.05	3.05	2.53	2.18
$\vdots$	$\vdots$	$\vdots$	$\vdots$	$\vdots$

2)FSD 的计算结果

分别计算工作点 W_1、W_2、W_3 和 W_4 的 FSD。例如，根据式(6-2)计算 W_1 沿 S_{161} 到安全边界的 FSD_{161} 为

$$\mathrm{FSD}_{161} = \min(c_{\mathrm{F},168} - S_{168} - S_{161}, c_{\mathrm{F},1} - S_{\mathrm{T},1} - S_{168A} - S_{162}, c_{\mathrm{F},1} - S_{\mathrm{T},1} - S_{162} - S_{168A},$$
$$c_{\mathrm{F},1} - S_{\mathrm{T},1} - S_{789B} - S_{783B}, c_{\mathrm{F},1} - S_{\mathrm{T},1} - S_{783B} - S_{789B}, c_{\mathrm{F},1} - S_{\mathrm{T},1} - S_{782})$$
$$= \min(1.77, 6.81, 6.81, 6.22, 6.22, 7.43)\mathrm{MV\cdot A} = 1.77\mathrm{MV\cdot A}$$

$$(6\text{-}8)$$

按照上述过程依次计算 W_1、W_2、W_3 和 W_4 沿各个轴向到安全边界的 FSD，部分 FSD 结果见表 6-5[5]。

表 6-5　FSD 的计算结果

编号	馈线/馈线段	$W_1\mathrm{FSD}/(\mathrm{MV\cdot A})$	$W_2\mathrm{FSD}/(\mathrm{MV\cdot A})$	$W_3\mathrm{FSD}/(\mathrm{MV\cdot A})$	$W_4\mathrm{FSD}/(\mathrm{MV\cdot A})$
1	161	1.77	0.41	0.50	0.27
2	162	2.52	2.00	3.21	1.76
3	163	3.24	0.41	0.52	−2.62
4	164	5.37	5.16	2.30	2.10
5	165	3.24	0.41	3.96	2.98
6	166	3.36	2.30	0.52	−2.88
$\vdots$	$\vdots$	$\vdots$	$\vdots$	$\vdots$	$\vdots$

由于有 66 个馈线/馈线段负荷，FSD 的数量与馈线/馈线段负荷数量相同，所以 FSD 有 66 个。

对比四个工作点的 GSD 和 FSD，得到表 6-6。

表 6-6　两种安全距离结果对比

工作点	安全距离	正负分布	平均值/(MV·A)	中值/(MV·A)	方差
W_1	GSD	100%为正	2.20	2.13	0.97
	FSD	100%为正	3.38	3.46	0.92
W_2	GSD	100%为正	1.98	1.80	1.11
	FSD	100%为正	1.85	1.78	1.53
W_3	GSD	94%为正	1.51	1.44	1.15
	FSD	89%为正	2.13	1.67	1.88
W_4	GSD	68%为正	0.81	0.79	1.43
	FSD	48%为正	0.28	−0.60	2.28

通过表 6-6 对比，得到结论如下：

(1)安全距离的正负表征是否满足 N-1 安全，正负分布表征不安全程度。

对比 W_1、W_2 安全距离的正负分布情况，GSD 和 FSD 都为正，表明两工作点满足 N-1 安全。

对比 W_3、W_4 安全距离的正负分布情况，GSD 和 FSD 不都为正，表明两工作点不满足 N-1 安全，其中，W_3 的 GSD 有 94%为正，W_4 的 GSD 有 68%为正，后者 GSD 为正的比例少于前者，W_3 的 FSD 有 89%为正，W_4 的 FSD 有 48%为正，后者 FSD 为正的比例也少于前者，因此两工作点的 GSD 和 FSD 都表明 W_4 的不安全程度更严重。事实恰好是，W_4 总负荷比 W_3 总负荷多 13.20MV·A。

(2)安全距离的平均值或中值能够表征配电网安全时的安全程度。

对比 W_1、W_2 两个工作点的安全距离的平均值和中值，发现：工作点 W_1 的 GSD 的平均值和中值分别大于工作点 W_2 的 GSD 的平均值和中值，表明 W_1 的安全程度比 W_2 的高；工作点 W_1 的 FSD 的平均值和中值分别大于工作点 W_2 的 FSD 的平均值和中值，也表明 W_1 的安全程度比 W_2 的高。事实恰好是，W_1 比 W_2 的总负荷少 3MV·A，W_1 比 W_2 的安全性程度高。

(3)安全距离方差能表征负荷分布均衡程度。

安全距离的方差越小，说明工作点到安全边界的距离分布越均匀，则负荷分布也越均匀。例如，工作点 W_1 的安全距离的方差比工作点 W_2 的安全距离的方差小，说明工作点 W_1 的负荷分布更加均衡。

3. 安全评价

1) 基于位移的 GSD 安全评价结果

根据 GSD 位移法能得到 W_2 的安全评价结果。根据式(6-3)可得：$g(S_{163})=$ 1.08MV·A，$g(S_{166})=$1.08MV·A，$g(S_{167B})=$1.08MV·A，$g(S_{783B})=$1.51MV·A，$g(S_{利42B})=$1.51MV·A。查阅表 6-3 位移数据第 4 列可得，各负荷变量数值满足：

$$\begin{cases} \Delta S_{163} < g(S_{163}) \\ \Delta S_{166} < g(S_{166}) \\ \Delta S_{167B} < g(S_{167B}) \\ \Delta S_{783B} < g(S_{783B}) \\ \Delta S_{利42B} < g(S_{利42B}) \end{cases} \tag{6-9}$$

即位移后满足式(6-4)判据，W_2 满足 N-1 安全。经实际 N-1 仿真校验后，结果显示 W_2 是安全的，验证了 GSD 位移法判断新工作点安全时是准确的。但该方法判断结果为不安全时不一定准确，下面利用反例进行说明，验证 GSD 位移法具有保守性。

假设工作点在原工作点 W_1 的基础上位移到新工作点 W_x，新工作点 W_x 的位移数据见表 6-7。表 6-7 展示了工作点位移到新工作点 W_x 时，各馈线/馈线段负荷的变化方式，其中，馈线/馈线段负荷 F_{163}、F_{166}、F_{167B}、F_{783B} 和 $F_{利42B}$ 同时变化，其余馈线/馈线段负荷不变。

表 6-7　工作点 W_x 的位移数据

馈线/馈线段负荷	位移方式	变量	变量数值/(MV·A)
F_{163}	增加	ΔF_{163}	1.10
F_{166}	增加	ΔF_{166}	0.78
F_{167B}	增加	ΔF_{167B}	1.10
F_{783B}	增加	ΔF_{783B}	1.00
$F_{利42B}$	减少	$\Delta F_{利42B}$	−0.89
F_{161}	不变	ΔF_{161}	0
F_{162}	不变	ΔF_{162}	0
⋮	⋮	⋮	⋮

根据式 (6-3) 可得：$g(F_{163})=$1.08MV·A，$g(F_{166})=$1.08MV·A，$g(F_{167B})=$1.08MV·A，$g(F_{783B})=$1.51MV·A，$g(F_{利42B})=$1.51MV·A。查阅表 6-7 位移数据第 4 列可得，各负荷变量数值满足：

$$\begin{cases} \Delta F_{163} > g(F_{163}) \\ \Delta F_{166} < g(F_{166}) \\ \Delta F_{167B} > g(F_{167B}) \\ \Delta F_{783B} < g(F_{783B}) \\ \Delta F_{利42B} < g(F_{利42B}) \end{cases} \tag{6-10}$$

即位移后不满足式(6-4)判据,说明 GSD 位移法判断 W_x 不满足 N-1 安全。然而,经过对 W_x 进行实际 N-1 仿真校验,结果显示 W_x 是满足 N-1 安全的。该反例说明 GSD 位移法在判断结果为不安全时不一定准确。

2) 基于位移的 FSD 安全评价结果

根据 FSD 位移法也可以得到 W_2 的安全评价结果。要得到 W_2 的安全评价结果,需要得到 3 个矩阵,分别是馈线安全距离矩阵 S、负荷变化矩阵 ΔS 和法向量矩阵 M,如下:

$$S = \begin{bmatrix} 3.24 \\ 3.36 \\ 3.24 \\ 3.02 \\ 3.02 \end{bmatrix} \tag{6-11}$$

$$\Delta S = \begin{bmatrix} 1.05 \\ 0.78 \\ 1.06 \\ 1.00 \\ -0.89 \end{bmatrix} \tag{6-12}$$

$$M = \begin{bmatrix} 1 & 0 & 1 & 0 & 0 \\ 0 & 1 & 0 & 0 & 0 \\ 1 & 0 & 1 & 1 & 0 \\ 0 & 0 & 0 & 1 & 1 \\ 0 & 0 & 0 & 1 & 1 \end{bmatrix} \tag{6-13}$$

经计算

$$S_{新} = S - M\Delta S = \begin{bmatrix} 1.13 \\ 2.58 \\ 0.13 \\ 2.91 \\ 2.91 \end{bmatrix} \tag{6-14}$$

由于矩阵 $S - M\Delta S > 0$，满足判据式 (6-6)，说明新工作点 W_2 满足 N-1 安全。

3) GSD 与 FSD 安全评价以及位移法总结

GSD 和 FSD 用于配电网安全评价具有如下特点：

(1) 两者都可直接对工作点进行安全评价。正负号反映了是否安全，正负分布反映了不安全的程度，两者反映的不安全程度是一致的。

(2) 两者都可以采用位移法的安全评价。GSD 位移法的判据是式 (6-4)，FSD 位移法的判据是式 (6-5) 或式 (6-6)。

(3) 位移法的计算量和时间大大减少。将 N-1 仿真法、安全距离直接评价法、GSD 位移法和 FSD 位移法分别用于 W_2 的安全评价。在处理器 Intel (R) Core (TM) i5 CPU M 430@2.26GHz，内存为 4GB，操作系统 Windows 7 的 PC 环境下的时间对比见表 6-8。

表 6-8　4 种安全评价方法的时间对比结果

安全评价方法	时间/ms
N-1 仿真方法	106
安全距离直接评价法	11
GSD 位移法	<1
FSD 位移法	2

可见，GSD 位移法和 FSD 位移法具有非常快的速度，其运算时间分别比 N-1 仿真法降低了 2 个数量级，比安全距离直接评价法降低 1 个数量级，其中尤其以 GSD 位移法最快。

(4) FSD 位移法是准确的，GSD 位移法是保守的，它判断安全时一定安全，但判断不安全时不一定不安全，此时可用 FSD 位移法或安全距离法进一步进行判断。

综上，当没有进行和存储前一工作点安全数据时，应采用安全距离法；当具备前一工作点安全评价数据时，优先采用位移法。FSD 位移法能够单独使用，GSD 位移法速度最快，但需要组合使用，才能兼顾准确和速度。

6.3　基于 DSSR 的网络重构

配电网的网络重构 (reconfiguration) 可分为正常状态重构与故障恢复重构[6,7]：前者以降低网损、提高电压质量为目标；后者以尽可能恢复用户供电为目标。本节的重构属于正常状态重构。这里将 DSSR 应用于配电网重构，建立新的重构模型，并与网损最小法和负载均衡法两种经典重构方法进行对比。

6.3.1　指标定义

安全距离 SD 采用了馈线安全距离，给出如下安全评价指标。

(1)馈线 i 的安全距离 SD_i，当网络开关状态确定后，SD_i 也唯一确定。利用 SD_i 可以对不同馈线段个性化地设置安全约束，这是后面多种重构策略设置的基础。重要用户以及负荷波动较大的节点所需安全裕度往往较大，这些重要馈线段的安全裕度记为 SD_IF。

(2)平均安全距离(average security distance，ASD)，反映全网综合安全裕度(设馈线总数为 n)，有

$$ASD = \frac{1}{n}\sum_{i=1}^{n} SD_i \tag{6-15}$$

(3)最小安全距离(minimum security distance，MSD)，当 MSD＞0 时，所有馈线、主变均满足 N-1 安全性；当 MSD＜0 时，其绝对值表示任一主变或馈线故障后，可能丢失的最小负荷。

$$MSD = \min\{SD_1, SD_2, \cdots, SD_n\} \tag{6-16}$$

6.3.2　重构模型

模型以网损为目标函数，安全距离为约束。配电网安全边界提前算出，因此复杂的安全性分析转化为安全距离计算(属于代数运算)，大大简化了模型与求解过程。采取系统网损占总有功负荷的比值作为目标函数。

$$\min F = \frac{\sum\limits_{j=1}^{m} k_j r_j |I_j|^2}{\sum\limits_{n} P_f^i} \tag{6-17}$$

式中，m 为配电网馈线数；n 为节点数量；r_j 为线路 j 阻抗；I_j 为线路 j 的负荷电流；k_j 为开关状态，0 为断开，1 为闭合；P^i 为节点 i 负荷有功功率。网损 F 由潮流计算获得，由于配电线路阻抗比 R/X 较大，采取前推回代法[8]。

模型除满足常规的电压约束、线路过载、主变约束等，还需满足安全距离约束。由于安全距离源于安全边界，而边界计算涵盖了所有 N-1 故障后的线路、变压器容量约束；故障状态的约束通常比正常运行下严格，因此全部约束简化为

$$s.t. \begin{cases} V_{i,\min} \leqslant V_i \leqslant V_{i,\max} \\ SD_i \geqslant SD_{i,\min} \\ g \in g_{radial} \end{cases} \tag{6-18}$$

式中，$V_{i,max}$ 与 $V_{i,min}$ 分别为节点 i 电压的上下限；$SD_{i,min}$ 为馈线 i 需满足的最小安全距离；为便于标识，后面以向量 $SD = [SD_1, SD_2, \cdots, SD_n]$ 为各回馈线安全距离，$SD_{min} = [SD_{1,min}, SD_{2,min}, \cdots, SD_{n,min}]$ 为安全距离要求的下限，对 SD_{min} 中的元素取不同数值即可实现对不同馈线设置不同的安全约束；$g \in g_{radial}$ 为辐射结构约束。

6.3.3　算法求解

将安全性分析转化为安全距离的代数运算，大大降低了对重构模型求解速度的要求。采用网络重构遗传算法并做出适当改进[6]，算法流程图如图 6-3 所示。

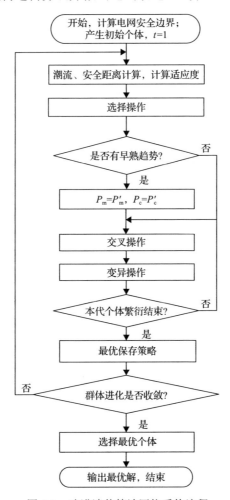

图 6-3　改进遗传算法网络重构流程

安全边界是离线计算得到的，其他步骤则是在线执行的。网络重构后安全距离、母线电压、开关状态和网络损耗都会发生变化。这四个指标将决定个体的适应度，对于遗传算法中的编码策略、选择、交叉和变异等环节不再赘述，详见参考文献[6]。

6.3.4 算例分析

传统重构指标的计算一般与变电站之间如何互联无关，算例多为单电源多线路的辐射结构。我国城市电网变电站一般通过中压线路互联，N-1 安全常由主变和馈线共同决定，传统算例无法体现，所以采用多主变多馈线互联算例。

采取 IEEE RBTS-BUS4 扩展算例（由文献[9]算例扩展得到）：①增加了馈线以及联络规模；②负荷略有增加，体现高负载下工作点趋近 N-1 安全边界的情景；③调整馈线和主变容量，使得 N-1 安全性受馈线、主变共同约束；④馈线 F_7 和 F_{16} 为重要馈线，需要更大的安全裕度。算例电网结构如图 6-4 所示；算例参数见表 6-9～表 6-11。

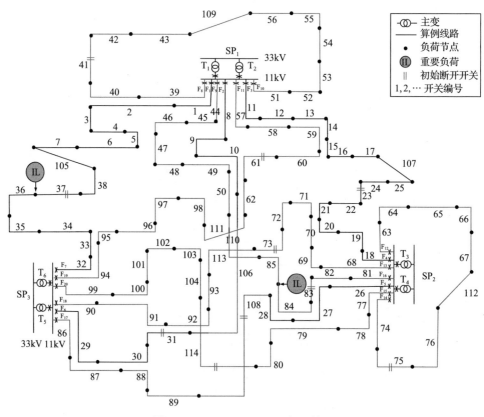

图 6-4　IEEE RBTS-BUS4 扩展算例

表 6-9 主变数据

变电站	主变压器	变比	容量/(MV·A)	出口馈线数	馈线总容量/(MV·A)
SP$_1$	T$_1$	33kV/11kV	13	4	45.13
	T$_2$	33kV/11kV	13	3	45.13
SP$_2$	T$_3$	33kV/11kV	13	3	42.37
	T$_4$	33kV/11kV	13	4	42.37
SP$_3$	T$_5$	33kV/11kV	10	3	41.46
	T$_6$	33kV/11kV	10	3	41.46
总计	—	—	72	20	257.92

表 6-10 馈线参数

馈线编号	导线型号	线路允许容量/(MV·A)	单位电阻/(Ω/km)	单位电抗/(jΩ/km)
1,2,5,11,12,13,14,15	JKLYJ-120	5.83	0.22	0.366
3,4,6,7,8,9,10,16,17,18,19,20	JKLYJ-150	6.91	0.17	0.365

注：各段线路长度均为 0.5km。

表 6-11 工作点负荷数据

编号	F$_1$F$_7$		F$_2$F$_6$		F$_3$F$_4$		F$_5$F$_7$		F$_8$F$_{10}$	
	有功/MW	无功/Mvar	有功/MW	无功/Mvar	有功/MW	无功/Mvar	有功/MW	无功/Mvar	有功/MW	无功/Mvar
1	0.330	0.160	0.734	0.355	0.297	0.144	0.350	0.170	0.550	0.266
2	0.330	0.160	0.734	0.355	0.297	0.144	0.350	0.170	0.550	0.266
3	0.330	0.160	0.734	0.355	0.297	0.144	0.350	0.170	0.550	0.266
4	0.330	0.160	0.550	0.266	0.244	0.118	0.700	0.339	0.550	0.266
5	0.260	0.126	0.550	0.266	0.244	0.118	0.444	0.215	0.734	0.355
6	0.260	0.126	0.734	0.355	0.302	0.146	0.444	0.215	0.302	0.146
7	0.260	0.126	—	—	0.302	0.146	0.444	0.215	0.302	0.146
8	0.200	0.097	—	—	0.302	0.146	—	—	0.244	0.118
9	0.250	0.121	—	—	0.302	0.146	—	—	0.266	0.129
10	0.250	0.121	—	—	0.244	0.118	—	—	0.266	0.129
11	0.250	0.121	—	—	0.244	0.118	—	—	0.266	0.129
12	0.250	0.121	—	—	0.244	0.118	—	—	—	—
13	0.300	0.145	—	—	0.399	0.193	—	—	—	—
14	0.260	0.126	—	—	0.399	0.193	—	—	—	—
15	—	—	—	—	0.399	0.193	—	—	—	—

编号	F_9F_{16}		$F_{11}F_{19}$		$F_{12}F_{14}$		$F_{13}F_{18}$		$F_{15}F_{20}$	
	有功/MW	无功/Mvar	有功/MW	无功/Mvar	有功/MW	无功/Mvar	有功/MW	无功/Mvar	有功/MW	无功/Mvar
1	0.399	0.193	0.330	0.160	0.300	0.145	0.399	0.193	0.293	0.142
2	0.399	0.193	0.330	0.160	0.300	0.145	0.266	0.129	0.293	0.142
3	0.399	0.193	0.330	0.160	0.300	0.145	0.266	0.129	0.293	0.142
4	0.399	0.193	0.330	0.160	0.350	0.170	0.266	0.129	0.293	0.142
5	0.366	0.177	0.330	0.160	0.350	0.170	0.366	0.177	0.302	0.146
6	0.366	0.177	0.330	0.160	0.340	0.165	0.366	0.177	0.244	0.118
7	0.302	0.146	0.420	0.203	0.340	0.165	0.550	0.266	0.244	0.118
8	0.293	0.142	0.310	0.150	0.340	0.165	0.293	0.142	0.366	0.177
9	0.293	0.142	0.310	0.150	—	—	0.293	0.142	0.266	0.129
10	0.293	0.142	0.310	0.150	—	—	0.734	0.355	0.266	0.129
11	0.293	0.142	0.430	0.208	—	—	—	—	—	—
12	0.293	0.142	—	—	—	—	—	—	—	—

注: 负荷编号由正常运行状态下其上游的开关编号表示; 平均主变负载率为 57.43%; 负荷总量为 41.35MV·A。

1. 不同安全约束设置策略的重构

由于 SD_{min} 是量化安全性的指标, 设计多种安全约束策略。如表 6-12 所示。策略 1～4 的总体安全约束强度不断增加, 策略 1、策略 3 仅针对重要馈线加强安全约束, 策略 2、策略 4 的全网各馈线的安全约束强度相同, 表 6-12 中还列出重构前后各种安全距离指标与网损情况, 其中 SD_IF (重要馈线安全距离) 为 SD_7 和 SD_{16} 的平均值, 各指标变化如图 6-5 所示。

表 6-12 安全约束策略 1～4 描述与重构前后结果对比

策略描述	SD_{min} 设置/(MV·A)	重构结果	断开开关	ASD/(MV·A)	MSD/(MV·A)	SD_IF/(MV·A)	网损/%
重构前	—	36-31-23-108-41-8	3-61-75-73-114	1.764	−1.880	0.9188	1.55
策略 1	$SD_{7min}=SD_{16min}=0.8$, 其他 $SD_{imin}=-3$	105-8-25-26-55	110-96-63-72-103	1.557	−2.130	1.8610	1.299
策略 2: 所有馈线与主变恰好全部满足 N-1 安全	所有 $SD_{imin}=0$	6-31-25-26-56	48-111-63-92-103	1.745	0.039	0.1592	1.312
策略 3: 提高馈线 (F_7, F_{16}) 安全距离, 且全网均需满足 N-1 安全	$SD_{7min}=SD_{16min}=0.5$, 其他 $SD_{imin}=0$	6-106-25-86-56	48-62-63-72-103	1.673	0.200	0.3700	1.322
策略 4: 全网都要求较高的 N-1 安全距离	所有 $SD_{imin}=0.8$	6-10-24-86-43-85	62-74-92-103	2.032	1.067	1.8710	1.427

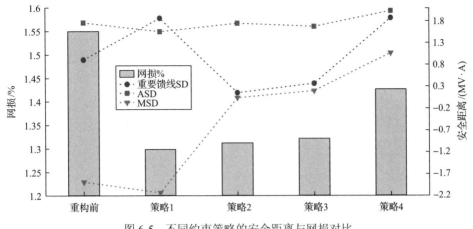

图 6-5　不同约束策略的安全距离与网损对比

由表 6-12 和图 6-5 可知：

(1) 重构前电网的安全性较好（ASD 较大），但网损也较大。4 种重构策略均可减小网损，且系统总体安全性（ASD）均无明显降低。

(2) MSD 的变化趋势与向量 SD_{min} 中元素的最小值（表 6-12 中第 2 列）一致，这表明通过调整 SD_{min} 的取值可以改善系统瓶颈元件的安全性。

(3) 策略 1~4 的安全性（MSD、ASD）逐渐增强，但网损也逐渐增加，这表明算例的安全性与经济性并不趋同，与实际运行经验一致。

(4) 策略 1 在获得最小网损的情况下，保证了重要馈线的安全裕度（SD_IF），适于对经济性要求较高的场景；策略 4 虽然网损较大，但其各项安全距离指标均为最佳，适合安全性要求较高的场景。

2. 与最小网损法的对比

将安全域法重构分别与最小网损法[6]及负载均衡法[7]两种经典方法进行对比。

文献[6]以网损最小为单一优化目标。选取安全域法中经济性最好的策略 1 与文献[6]进行对比，结果如表 6-13 所示。需要指出，若安全域法模型的约束条件由 $SD_i>SD_{i,min}$ 放宽为正常运行时系统安全，模型就退化为与文献[6]完全相同。

表 6-13　与最小网损法对比分析结果

策略	描述	断开开关	SD_IF/(MV·A)	网损/%
重构前	—	37,31,23,108,41,83,61,75,73,114	0.9188	1.550
安全域法（策略 1）	网损为目标，重要馈线 N-1 安全裕度为约束	105,8,25,26,55,110,97,63,72,103	1.8610	1.299
最小网损法	网损为目标，正常运行安全性为约束	105,31,24,26,56,110,62,63,73,103	1.4040	1.286

由表 6-13 可知：安全域法与最小网损法都可以有效地减小系统网损，且效果相近；但是安全域法的重要馈线 SD 更大，这是由于重构模型优先保证重要馈线的安全裕度，再优化系统网损。事实上，安全性的提高会带来更高层面的社会经济效益，这往往比单纯减少网损更有意义。

3. 与负载均衡法的对比

由表 6-14 可知，负载均衡法的负荷均衡度(load balance index，LBI)比安全域法更小，即负荷均衡程度更好，但是安全域法的重要馈线 SD 明显更大。负载均衡的主要目的也是消除线路过载，这与提升安全裕度的安全域法类似。但是，安全域法可针对不同的馈线个性化地设置安全约束，从而最大限度地保护重要馈线的安全，而负载均衡法只是将系统负荷简单均匀分布，其安全性未必最优，这种情况在网架结构不对称且负荷重要程度差别较大时会更加明显。从原理上讲，负载均衡是网络完全对称时安全距离均衡的特例，即当网络结构、变电站主变配置以及负荷分布完全对称时，安全域法与负载均衡模型的结果一致。

表 6-14　与经典负载均衡法对比分析结果

策略	重构前	安全域法(策略 4)	负载均衡法[7]
描述	—	网损为目标，全网 N-1 安全裕度约束	以 LBI 为目标，正常运行安全约束为约束
断开开关	37,31,23,108,41,83,61,75,73,114	6,10,24,86,43,85,62,74,92,103	7,106,25,89,43,50,111,112,113,104
重要馈线 SD/(MV·A)	0.9188	1.871	1.372
网损/%	1.550%	1.427%	1.461%
LBI	0.2149	0.1204	0.08850

6.4　基于 DSSR 的安全框架

6.4.1　功能框架

安全域的好处若要在配电网运行中实现，需要在配电调度系统中开发相关的安全监控功能模块。图 6-6 给出了在配电调度系统中的安全监控功能框架。

6.4.2　基础功能

基础功能主要包括配电网实时数据采集、整理和基本的分析计算，具备拓扑分析、接线模式、状态估计、潮流计算、短路计算、可靠性计算、负荷特征分析、负荷预测等传统配电管理系统(distribution management system，DMS)功能。在此基础上的安全性分析功能包括供电能力计算、安全距离计算、安全边界降维可视化和 N-1 仿真校验。

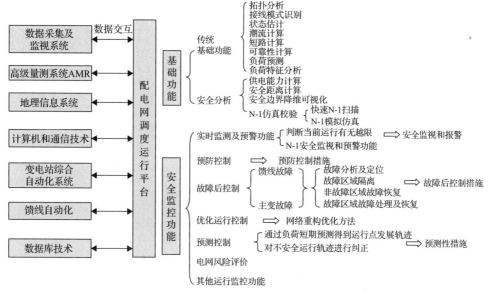

图 6-6　配电调度系统中的安全监控功能框架

（1）供电能力计算：TSC 的计算是离线预先进行的，只要电网结构和参数不变就无须重新计算[11]。采用文献[12]的均衡负载模型计算得到整个电网的 TSC，以及达到 TSC 时各变电站、主变和馈线的最大允许负荷。可用供电能力(available supply capability，ASC)等于 TSC 与负荷的差值，表示保证 N-1 安全准则下，各主变和馈线在现有负荷基础上如何增减负荷能达到最优负荷分布。

（2）安全距离计算：根据实时负荷数据，计算当前工作点到安全域边界的距离，结果包括工作点到每一个安全域边界超平面的距离以及综合的加权距离[1,4,13]。安全距离的结果既是描述当前电网安全程度最重要的量化数据，也是下一步采取安全控制措施的依据。与 TSC 计算类似，安全域边界可以预先计算出来，因此对当前工作点计算安全距离速度很快[1,4,13]。

（3）安全边界降维可视化：当有馈线或主变 N-1 校验不通过时，工作点在安全边界之外。但是由于安全边界是高维超平面无法直接观察，此功能通过找到 N-1校验不通过元件及其相关元件作为变量得到其二维或三维可视化安全边界。通过降维的安全边界图，得到这些方向上的裕量和负荷控制最佳策略[14]。

（4）N-1 仿真校验：N-1 仿真校验是传统的安全性分析方法，对大量预想故障进行逐个仿真。为满足实际运行对速度的需要，目前分为不太精确的快速 N-1 扫描[12]和精确的 N-1 模拟仿真[15]。快速 N-1 扫描不考虑潮流，是简化的 N-1 校验，主要用于实时对全网扫描以发现严重不通过 N-1 的元件。N-1 模拟仿真考虑潮流及各种调压措施，对全网进行精确的模拟以校验元件 N-1 是否通过。由于该功能速度慢，主要用于故障离线分析等。

TSC 和基于安全域的新方法相对传统的 N-1 仿真在计算速度上优势明显，非常适合在线应用，并能给出安全裕度信息。传统 N-1 仿真虽然计算速度慢，但是也有其优点，能发现无法满足安全性的故障的种类和具体位置，便于形成故障处理预案；此外，还能对新方法的准确性进行校验。因此新方法和传统方法互补性很强，在该体系中将综合应用。

6.4.3　安全监控功能

(1)实时监视及预警(可扩展为态势感知)：利用实时数据进行监视，发现问题和隐患并预警，具体步骤如下。

步骤 1。不计 N-1 的安全监视与预警：判断当前运行参数有无越限，如有则警示调度员采取措施。

步骤 2。N-1 安全监视与预警：步骤 1 不能发现电网潜在隐患，如果电网不满足 N-1 准则，发生故障后有可能会失负荷。利用安全域理论，提前计算安全边界，对工作点实时计算安全距离，判断工作点是否满足 N-1 安全。当不满足时进行预警，还可调用快速 N-1 扫描功能或精确 N-1 仿真功能，得到不通过校验的元件集合及详细越限数据。

(2)预防控制：当工作点处于安全边界外时，首先对安全距离出现负值的主变和馈线做 N-1 仿真模拟，得到负荷越限信息；再对局部安全距离为负值的主变和馈线进行安全域降维可视化。最后综合两者分析结果制定预防控制措施。

(3)预测控制：对未来某时刻工作点可能超过安全域范围进行预警，辅助调度员及时掌控运行状态，远离危险运行区域。首先，实时跟踪工作点轨迹，并结合负荷短期预测，得到未来工作点的发展轨迹。再结合安全距离计算分析，得到电网安全性的发展趋势。然后，若预测到工作点运行轨迹穿过安全域落入不安全区域，则考虑采取措施提前干预，纠正运行轨迹，保证工作点落入安全域内。

(4)优化控制：当电网处于安全边界内工作时，还可对运行状态进一步优化。有时电网虽处于安全域内，但是由于局部重载，出现部分元件接近极限运行、安全裕度小或负载不均衡的现象，这对安全也是一种隐患。此时，优化控制功能参考 TSC 指标，例如，ASC，通过新型网络重构方法来确定更合理的联络解环位置，在不降低负荷情况下调整负荷在配电网中的分布，使设备负载率更加均衡，安全裕度得到保证。与传统优化网损和电压的模型不同，这种新的网络重构以全网安全裕度和负载均衡度为主来构建目标函数，在此基础上再优化网损和电压。

(5)紧急控制和恢复控制：该功能是故障发生后采取的措施。按故障类型划分为馈线故障和主变故障两种情况。当馈线故障时，首先进行故障定位，然后进行故障隔离以及非故障区恢复,最后故障排除后进行故障区的恢复。这是传统 DMS 具有的功能。

(6) 安全风险评价:由于 N-1 事件发生具有不同概率,每个事件对安全性的影响大小也不同。风险评价考虑 N-1 事件发生概率,并结合调度运行人员(最终是电力用户)对风险的接受程度,更精细地对电网进行安全评价,在愿意承担一定风险的情况下,适当扩大系统的安全边界,进一步地挖掘配电网的供电潜力。此外,对电网的各类不安全因素和安全隐患进行辨识并评估电网安全水平,得到风险指标,并找出影响最大的关键元件,通过提高设备维护水平来管理风险,降低风险发生的概率或者严重程度,同时为下一步电网改造规划提供具体信息。

6.4.4　安全框架示例

1．配电网概况

采用我国南方某城市实际配电网作为示范,其网架结构见图 6-7。该区共有 110kV 变电站 12 座,变电容量共 1094.5MV·A,10kV 配电线路共 114 回,馈线间均形成联络,并假设其完全实现了配电自动化。主变间详细联络配置见表 6-15。

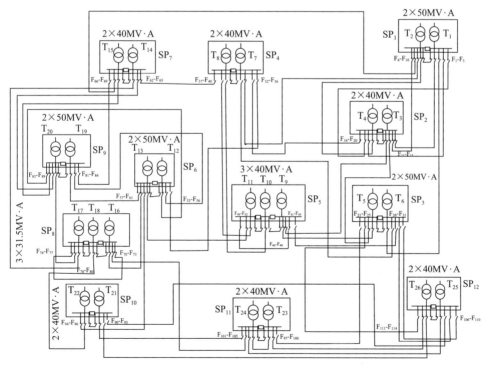

图 6-7　示例配电网示意图

表 6-15　主变联络容量配置

联络主变编号	馈线联络数量	单回馈线容量/(MV·A)	联络主变编号	馈线联络数量	单回馈线容量/(MV·A)	联络主变编号	馈线联络数量	单回馈线容量/(MV·A)
1～2	1	11.778	6～25	2	11.778	14～20	1	10.566
1～3	1	11.778	7～8	1	11.778	15～19	1	10.566
1～4	2	11.778	7～12	1	10.566	15～20	1	10.566
1～6	1	11.778	8～10	1	10.566	16～17	1	10.566
2～3	1	11.778	8～11	1	10.566	16～18	1	10.566
2～4	1	11.778	8～14	1	10.566	16～24	1	10.566
2～7	1	11.778	9～10	1	10.566	17～18	1	10.566
2～15	1	11.778	9～11	1	10.566	17～20	1	10.566
3～4	1	11.778	10～11	1	10.566	18～22	1	10.566
3～5	1	11.778	11～13	1	10.566	19～20	1	10.566
3～9	1	11.778	12～13	1	10.566	21～22	1	10.566
4～7	1	11.778	12～19	1	10.566	21～24	1	10.566
5～6	1	11.778	12～20	1	10.566	21～25	1	10.566
5～9	1	11.778	13～16	1	10.566	21～26	1	10.566
5～23	1	11.778	13～19	1	10.566	23～24	2	10.566
5～26	1	11.778	13～22	1	10.566	23～26	1	10.566
6～7	1	11.778	14～15	1	10.566	24～25	1	10.566
6～9	1	11.778	14～17	1	10.566	25～26	1	10.566

2. TSC 和 DSSR 计算

由于 TSC 和 DSSR 的计算均与负荷无关，因此预先计算 TSC 和 DSSR。计算得到 TSC 为 628.9MV·A。求得部分安全边界表达式见式(6-19)。

$$
\partial \Omega_{\mathrm{se}} = \left\{ W \in \Omega_{\mathrm{DSSR}} \left| \begin{array}{l} S_1 + S_{10} = 11.778 \text{ 或 } S_2 + S_{15} = 11.778 \text{ 或} \\ S_1 + S_6 + S_7 + S_8 + S_9 + S_{10} = 50 \text{ 或} \\ S_2 + S_{11} + S_{12} + S_{13} + S_{14} + S_{15} = 40 \text{ 或} \\ S_3 + S_{27} = 11.778 \text{ 或 } S_4 + S_{18} = 11.778 \text{ 或} \\ S_3 + S_{26} + S_{27} + S_{28} + S_{29} + S_{30} + S_{31} = 50 \text{ 或} \\ S_4 + S_{16} + S_{17} + S_{18} + S_{19} + S_{20} + S_5 = 40 \text{ 或} \\ S_5 + S_{17} = 11.778 \text{ 或 } \cdots \end{array} \right. \right\}
\tag{6-19}
$$

3. 基于 DSSR 的安全控制示例

故障后控制非安全域研究重点，仅给出预防、预测及优化控制的示例。

1) 预防控制

以工作点 W_A 为例, 总负荷为 445.5MV·A, 小于 TSC, ASC 为 183.427MV·A。这说明从总量上安全性还有一定裕度。计算安全距离、负荷分布和安全距离部分数据见表 6-16。

表 6-16 预防控制前工作点情况 (部分数据)

编号	负荷/(MV·A)	安全距离/(MV·A)	编号	负荷/(MV·A)	安全距离/(MV·A)
S_8	3.33	−0.83	S_{32}	7.53	0.448
S_{16}	3.62	−1.12	S_{33}	7.42	1.128
S_{28}	3.23	−0.73	S_{34}	7.47	0.978
S_{40}	3.80	−1.30	S_{35}	7.58	0.578
S_{56}	2.00	0.50	S_{36}	7.50	1.066

共有 4 个边界距离 (S_8、S_{16}、S_{28} 和 S_{40}) 出现负值, 因此工作点 W_A 是不安全的。这 4 回馈线和及其主变 T_2、T_4、T_6、T_8 的 N-1 校验不通过。观察发现安全距离出现负值的馈线均与主变 T_7 有联络, 推测馈线 F_8、F_{16}、F_{28} 和 F_{40} 所带负荷在线路 N-1 故障后由主变 T_7 供电, 而 T_7 发生过载, 故绘制馈线负荷 S_8、S_{16}、S_{28}、S_{40} 和 S_{56} 与主变 T_7 上馈线负荷 F_{36} 的二维安全边界示意图, 如图 6-8 所示。

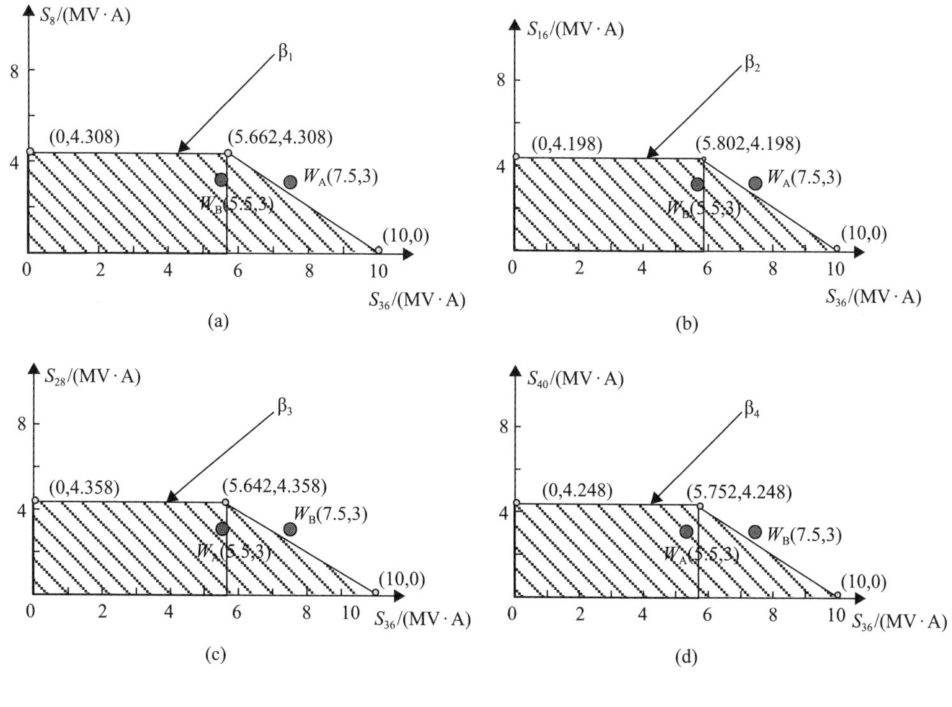

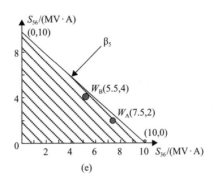

图 6-8　工作点与二维安全边界位置关系

以图 6-8(e)为例：W_A 为控制前工作点，坐标为(7.5, 2)，W_B 为控制后工作点，坐标为(5.5, 4)；坐标(10, 0)和(0, 10)分别为边界 β_5 和坐标轴的交点。

由降维安全边界 $\beta_1 \sim \beta_4$ 看出，只要将 S_{36} 的负荷减少，S_8、S_{16}、S_{28} 和 S_{40} 都将回到安全范围内，但是这样将损失电网负荷。再观察边界 β_5，将 S_{36} 的负荷减少的同时增大 S_{56} 的负荷，工作点仍然可以在安全边界内。馈线 F_{36} 和 F_{56} 构成单环网，负荷可通过选择新的开环点来重新分配，如图 6-9 所示。

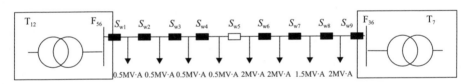

图 6-9　重新分配负荷

打开开关 S_{w6}，闭合 S_{w5}，使得馈线 F_{56} 和 F_{36} 上的负荷重新分配，S_{36} 减少 2MV·A 负荷到 5.5MV·A，S_{56} 增加 2MVA 到 4MV·A。

如图 6-8 所示，工作点 W_A 经预防控制后变成 W_B，回到安全域内。W_B 的部分数据见表 6-17。预防控制前后数据对比见表 6-18。

表 6-17　预防控制后工作点(部分数据)

编号	负荷/(MV·A)	安全距离/(MV·A)	编号	负荷/(MV·A)	安全距离/(MV·A)
S_8	3.33	0.978	S_{32}	7.53	0.448
S_{16}	3.62	0.588	S_{33}	7.42	1.128
S_{28}	3.23	1.128	S_{34}	7.47	0.978
S_{40}	3.80	0.448	S_{35}	7.58	0.578
S_{56}	4.00	0.500	S_{36}	5.50	1.066

表 6-18 预防控制前后数据对比

工作点	馈线负载均衡度	主变负载均衡度	安全距离总和/(MV·A)	安全距离负值个数	总负荷/(MV·A)
W_A	13.83549	30.7047	128.626	4	445.5
W_B	13.31994	29.27078	128.626	0	445.5

工作点	ASC_{tot}/(MV·A)	最小安全距离/(MV·A)	馈线 N-1 不通过个数	主变 N-1 不通过个数	
W_A	183.427	−1.3	4	4	
W_B	183.427	0.246	0	0	

由图 6-8 和表 6-17、表 6-18 看出，通过预防控制负荷重新分配，工作点从不安全区域回到安全区域。

2) 预测控制

假设示例电网 08:00 的运行状态为工作点 W_C，通过负荷预测得到 11:00 的用电高峰状态为工作点 W_D。假设工作点 W_D 的负荷均为工作点 W_C 的 1.15 倍，由安全距离计算可知，工作点 W_D 处于不安全状态。08:00 预测到工作点 W_C 的运行轨迹在 11:00 将进入不安全区域，为避免这种将要发生的情况，可通过网络重构使当前工作点 W_C 过渡到工作点 $W_{C'}$，这样电网 11:00 的工作点将由不安全的 W_D 过渡到安全的 $W_{D'}$。整个控制过程的思路是通过调整电网当前工作点的位置来影响负荷增长在配电网中的分布，将负荷增长引导到安全裕度更大的位置。

图 6-10 采用三维空间给出了上述控制过程中工作点的变化。

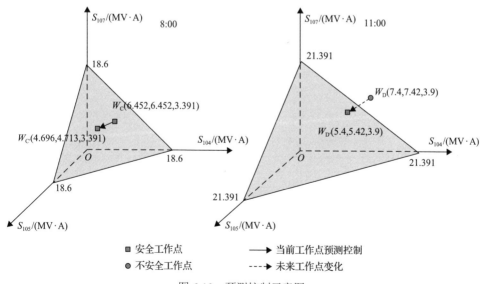

图 6-10 预测控制示意图

3）优化控制

以工作点 W_E 为例，此时负荷分布不均匀。第 2、第 7 以及第 24 台主变负载率较高，达到 70%、83.75%、83.75%，且主变 ASC 出现了负值，见表 6-19。

表 6-19　主变 ASC 优化控制前后对比

主变编号	优化前 ASC /(MV·A)	优化后 ASC /(MV·A)	主变编号	优化前 ASC /(MV·A)	优化后 ASC /(MV·A)
T_1	14.445	12.445	T_{14}	5.132	5.132
T_2	**−5.147**	**2.853**	T_{15}	6.738	4.738
T_3	14.853	12.853	T_{16}	7.132	5.132
T_4	13.222	9.222	T_{17}	5.132	5.132
T_5	14.445	14.445	T_{18}	1.849	1.849
T_6	17.334	15.334	T_{19}	6.132	6.132
T_7	**−4.253**	**3.747**	T_{20}	11.415	11.415
T_8	5.738	3.738	T_{21}	6.132	4.132
T_9	13.233	13.233	T_{22}	3.849	3.849
T_{10}	0.849	0.849	T_{23}	7.738	3.738
T_{11}	6.132	6.132	T_{24}	**−7.085**	**2.915**
T_{12}	6.132	4.132	T_{25}	12.627	10.627
T_{13}	6.415	6.415	T_{26}	7.738	7.738

此时主变负载率较最优分布 TSC 均衡负载[16]差距较大，需将部分负荷从负载率高的主变转移到负载率低的主变上去。此处需要说明的是，TSC 是理想的值，负荷不可能完全按照 TSC 分布，但是 TSC 提供了一种优化方向，按照 TSC 方向来重新分配负荷能使负荷与电网的分布更趋一致，能在保证安全裕度的前提下均衡负载优化电网运行。此处，通过网络重构优化后变成工作点 W_F。优化控制前后的数据对比见表 6-20。

表 6-20　优化控制前后的数据对比

工作点	馈线负载均衡度	主变负载均衡度	安全距离总和 /(MV·A)	安全距离负值个数	总负荷 /(MV·A)
W_E	14.31	31.48	124.90	0	451
W_F	9.72	17.47	126.70	0	451

工作点	ASC_{tot}/(MV·A)	最小安全距离值 /(MV·A)	馈线 N-1 不通过个数	主变 N-1 不通过个数
W_E	177.92	0.33	0	0
W_F	177.92	0.46	0	0

由表 6-20 可知，网络重构能使电网的最小安全距离增大并在增加或保持安全裕度的前提下，大幅地提升主变和馈线的负载均衡度。

6.4.5 相近概念对比

1. 与配电自动化的比较

(1)配电自动化针对故障后采取补救措施以减少停电损失，属于事后补救；高峰负荷下故障不能避免采取限电措施，安全性和供电可靠性不高。DSSR 安全框架是主动性的，预防控制和预测控制能尽量地保证在安全域内运行，确保故障后能转带全部负荷，提高了安全性和供电可靠性。

(2)配电自动化主要关注馈线自动化，是局部的；变电站间馈线联络未充分利用；满足同等 N-1 安全准则情况下变电站负载率较低。DSSR 安全框架是整体的，即互联形成的整体的配电网，主变发生故障可由站内主变和网络共同转带，满足 N-1 下变电站负载率更高，超过现有导则标准，能大大地提高资产利用率。

(3)通过优化控制来优化全网的负荷分布，在保证安全裕量前提下，使得负荷与电网容量的分布更趋一致。在不限制负荷的条件下提高安全水平和接纳新增负荷能力。

(4)从信息化角度，利用了智能配电网采集的包括中低压配电网在内的实时数据，通过安全监视报警和控制对调度员提供支持。该平台在高信息化水平下，利用信息网(二次)扩展了能量网(一次)的能力，真正发挥了信息网的作用。

2. 与输电安全控制的比较

配电网安全监控框架与输电系统 dy liacco 安全架构类似，但又有自身的特点，两者对比如表 6-21 所示。

表 6-21 配电网与输电网安全监控的区别

对比项目	输电网	配电网
安全性要求	事故影响范围广、后果严重，安全性要求极高	事故影响范围较小，要求较低，因用户不同而已
复杂性	具有复杂稳定问题；元件数量较小，状态量更多，各节点间形成强联系，需要整体分析	设备越限为主；元件数量大、状态量较少，网络弱联系或无关，分区分片来分析
运行模式	环网运行，N-1 后没有短时停电	环网建设，辐射运行，N-1 后有短时停电
控制措施	切负荷、串并联电容器补偿、发电机紧急控制、解列、切机等	故障隔离、非故障区恢复供电、局部网络重构；切负荷、备用电源

输电网的安全性与配电网也存在联系。对美国"9·8"大停电事故原因的分析指出，高电压等级电网的故障发生后，潮流可能通过低电压等级电网转移，而输电网分析往往未建立足够详细的低电压等级电网模型，低压电网保护装置定值不

合理对大电网安全是非常不利的[17]。

配电网涉及的电压等级为 0.4～110kV，在很多大城市甚至也包括 220kV 变电站。未来的智能配电网实现实时采集信息和完善的安全调度运行体系后，不但具备将配电网安全问题就地解决、避免扩展到上级大电网的能力；而且还将具备与大电网安全体系协调配合，协助提高大电网安全性的积极作用。

6.5　基于 DSSR 的态势感知

在 6.4 节安全框架中的安全监视与预警功能，可以从态势感知的角度来理解。态势感知技术被认为是支撑城市电网运行的一项重要的精细化分析技术。态势感知是指在一定时间和空间尺度下，对当前系统、设备和环境因素动态变化的感知、综合理解以及状态变化预测的过程。态势感知过程一般可以分为态势要素提取、实时态势理解、未来态势预测 3 个阶段。

6.5.1　安全性与态势感知的关系

安全性对配电网非常重要。它关系到当前系统状态和将来可能发生的故障状态。配电网安全性分析主要包括以下步骤。首先，有必要收集尽可能多的有关配电网的数据，包括馈电线的功率流、电压幅度、节点的相位角、开关状态等；其次，根据收集到的数据，通过计算安全指标来评估系统的当前状态，从而使配电网的数据更准确。调度员可以学习当前的系统状态。最后，根据已有的数据，对电网未来的运行进行预测，如负荷预测，为调度员的后续运行提供参考。可以看出，配电网安全性分析过程符合态势感知三个阶段的定义。因此，安全性是态势感知的基本内容。

6.5.2　安全性态势感知框架及方法

态势感知实现的重要目标之一就是实时监测并预防未知或潜在的配电网安全事故。一方面，配电网的规模日趋增大，运行日益复杂，这对配电网实时态势信息掌握的挑战越来越大。另一方面，造成配电网安全事故的原因，除了人为因素和自然灾害，配电网自身的缺陷或者薄弱环节也是重要原因之一。因此，如何减轻态势理解的计算压力，尽可能地提前发现并关注配电网的薄弱环节，对配电网安全性态势感知的实现和效果至关重要。

配电安全域理论能够精确刻画满足给定安全准则下的系统最大允许运行范围，常用于配电网的安全评价。通过计算当前工作点与安全边界的距离，使运行人员获得系统整体的安全性测度，易于做到对配电网安全性的态势感知。此外，通过对配电网 DSSR 的观测，能够分析找到配电网存在的缺陷或薄弱环节，这对

缩小运行人员的关注范围，提高其工作效率具有重要的参考价值。基于安全域的
配电网安全性态势感知方法，其框架如图 6-11 所示。

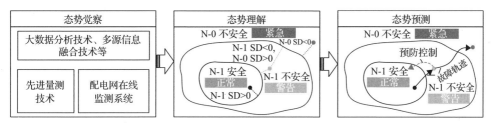

图 6-11　基于安全域的配电网态势感知框架

1) 基于安全域的配电网安全性分析

给定算例配电网，首先，采用 DSSR 直流潮流模型，离线计算出配电安全域
及安全边界。其次，根据需求的不同，采用不同观测方法进行 DSSR 观测，发现
域特征和缺陷(见第 5 章)。最后，分析找出配电网存在的安全缺陷。

2) 基于安全距离的态势理解

N-0 安全距离和 N-1 安全距离都可以量化安全裕度，故可以分别用 N-0/N-1
安全距离来判断某一个工作点是否满足 N-0/N-1 安全。以 N-1 安全距离为例说明
如何通过它来实现态势理解，如表 6-22 所示。

根据安全距离的计算结果，可以感知某一工作点的状态、安全程度或不安全
程度。此外，通过对越界安全边界的分析(5.1 节)，可以识别出瓶颈元件。

表 6-22　基于 N-1 安全距离的态势理解结果

N-1 安全距离情况	态势理解结果
$SD_i \geqslant 0$	馈线 i 方向的最大可增加负载值 SD_i
$\forall\, i=1,\cdots,m,\, SD_i \geqslant 0$	工作点满足 N-1 安全 馈线 i 方向的最大可增加负载值 SD_i
$\exists\, i,\, SD_i < 0$	工作点不满足 N-1 安全 馈线 i 方向的最小可切负荷值 $\lvert SD_i \rvert$ 瓶颈元件集

3) 基于安全距离的态势理解

配电网态势感知中常用的状态预测变量有负荷、电压幅度和相位角。在得到
配电网的现有信息后，需要计算电压稳定指数等各项指标，进行态势预测。然而，
安全距离本身可以作为衡量配电网安全水平的指标，其趋势可以反映配电网的安
全性变化。因此，本章根据历史时期的安全距离数据，采用时间序列预测方法[18]
对下一时期的安全距离进行预测，实现对配电网未来安全形势的预测。

6.5.3　算例分析

采用 3.6.1 节的天津城区电网实际算例展示基于 DSSR 的态势感知。

1. 安全域分析结果

1) 安全边界计算结果

算例共有 42 回馈线和 7 个变压器,故构成 DSSR0 的安全约束为 49 个 N-0
安全约束;有 66 个节点,因此有 66 组 N-1 安全约束组成 DSSR。

2) 安全域观测结果

采用 5.3.1 节全维间接观测法进行观测,找出其凹陷边界并分析瓶颈元件。

对算例配电网的 N-0 DSSR 进行全维间接观测,观测得到的凹陷边界表达式
及分析得到的瓶颈元件整理如表 6-23 所示。

表 6-23　算例 N-0 DSSR 凹陷边界及瓶颈元件

边界编号	线性表达式	瓶颈元件
β_4^0	$c_{F,167}-S_{167}=0$	馈线 167
β_6^0	$c_{F,171}-S_{171}=0$	馈线 171
β_{11}^0	$c_{F,168}-S_{168}=0$	馈线 168
β_{17}^0	$c_{F,785}-S_{785}=0$	馈线 785
β_{24}^0	$c_{F,784}-S_{784}=0$	馈线 784
β_{38}^0	$c_{F,li33}-S_{li33}=0$	馈线利 33

对算例配电网的 N-1 DSSR 进行全维间接观测,观测得到的凹陷边界表达式
及分析得到的瓶颈元件整理如表 6-24 所示。

表 6-24　算例 N-1 DSSR 凹陷边界及瓶颈元件

边界编号	线性表达式	瓶颈元件
β_1	$c_{F,168}-S_{161}-S_{168A}-S_{168B}=0$	馈线 161
β_3	$c_{F,782}-S_{163}-S_{782}=0$	馈线 163
β_7	$c_{F,863}-S_{167A}-S_{863}=0$	馈线段 167A
β_8	$c_{F,862}-S_{167B}-S_{862}=0$	馈线段 167B
β_9	$c_{F,162}-S_{171A}-S_{162}=0$	馈线段 171A
β_{11}	$c_{F,yun18}-S_{171B}-S_{yun18}=0$	馈线段 171B

续表

边界编号	线性表达式	瓶颈元件
β_{14}	$c_{F,171}-S_{162}-S_{171}=0$	馈线 162
β_{20}	$c_{F,161}-S_{168A}-S_{161}=0$	馈线段 168A
β_{22}	$c_{F,yun18}-S_{168B}-S_{yun18}=0$	馈线段 168B
β_{29}	$c_{F,long31}-S_{781B}-S_{long31}=0$	馈线段 781B
β_{34}	$c_{F,786}-S_{785A}-S_{786}=0$	馈线段 785A
β_{36}	$c_{F,ji37}-S_{785B}-S_{ji37}=0$	馈线段 785B
β_{45}	$c_{F,163}-S_{782}-S_{163}=0$	馈线 782
β_{51}	$c_{F,785}-S_{786A}-S_{785}=0$	馈线 786A
β_{53}	$c_{F,ji18}-S_{786B}-S_{ji18}=0$	馈线 786B
β_{54}	$c_{F,long31}-S_{788}-S_{long31}=0$	馈线 788
β_{57}	$c_{F,166}-S_{792B}-S_{166}=0$	馈线段 792B
β_{65}	$c_{F,li411}-S_{li21B}-S_{li41}=0$	馈线段利 21B
β_{75}	$c_{F,yong71}-S_{li22B}-S_{yong71}=0$	馈线段利 22B
β_{78}	$c_{F,yong98}-S_{li25}-S_{yong98}=0$	馈线利 25
β_{81}	$c_{F,tu25}-S_{li26B}-S_{tu25}=0$	馈线利 26B
β_{82}	$c_{F,long31}-S_{li31}-S_{long31}=0$	馈线利 31
β_{87}	$c_{F,782}-S_{li33B}-S_{782}=0$	馈线段利 33B
β_{97}	$c_{F,yong75}-S_{li35B}-S_{yong75}=0$	馈线段利 35B
β_{98}	$c_{F,yong76}-S_{li36}-S_{yong76}=0$	馈线利 36
β_{105}	$c_{F,long11}-S_{li43}-S_{long11}=0$	馈线利 43
β_{116}	$c_{F,qiong22}-S_{li46B}-S_{qiong22}=0$	馈线段利 46B

2. 态势理解结果

首先，计算得到安全距离。其次，给出总体的态势理解结果。最后，选取两个馈线方向上的安全距离，通过对越界安全边界分析来展示详细的态势理解过程。

1) 安全距离计算结果

以馈线 163 方向的 N-1 安全距离计算为例展示计算过程。选取 7 月 1 日 11 点的采样数据作为计算的起始点 W。首先，计算在馈线 163 方向的越界点 W_c 和安全距离。计算过程及结果如表 6-25 所示。

表 6-25　馈线 163 方向上的 N-1 安全距离计算结果

起始点 W	$(2.48,1.84,0.83,0.82,1.52,3.09,1.49,1.83,1.20,2.34,0.28,2.35,1.45,0.82,1.56,1.15,1.50,1.67,1.71,$ $0.30,1.61,2.34,0.27,1.28,0.28,1.24,0.28,1.91,1.43,0.87,0.92,0.89,1.28,0.03,0.81,1.19,1.21,0.22,2.36,$ $0.81,0.27,0.22,2.50,2.43,2.20,0.25,1.36,0.28,2.10,1.22,0.80,0.82,1.30,1.77,1.01,0.81,0.69,0.12,1.42,$ $1.11,0.92,0.17,1.10,0.88,0.44,0.94)^{\mathrm{T}}$
越界点 W_{c}	$(2.48,\mathbf{4.35},0.83,0.82,1.52,3.09,1.49,1.83,1.20,2.34,0.28,2.35,1.45,0.82,1.56,1.15,1.50,1.67,1.71,$ $0.30,1.61,2.34,0.27,1.28,0.28,1.24,0.28,1.91,1.43,0.87,0.92,0.89,1.28,0.03,0.81,1.19,1.21,0.22,2.36,$ $0.81,0.27,0.22,2.50,2.43,2.20,0.25,1.36,0.28,2.10,1.22,0.80,0.82,1.30,1.77,1.01,0.81,0.69,0.12,1.42,$ $1.11,0.92,0.17,1.10,0.88,0.44,0.94)^{\mathrm{T}}$
安全距离 W to W_{c}	2.51MV·A

由表 6-25 可知,7 月 1 日 11 时工作点在馈线 163 方向的 N-1 安全裕度为 2.51MV·A,即此时馈线 163 的最大可增加功率为 2.51MV·A。

2) 总体态势理解结果

计算在每个时刻每个馈线方向的 N-0/N-1 安全距离,并绘制 N-0/N-1 安全距离彩色等高线图来反映算例的安全水平,如图 6-12 所示。

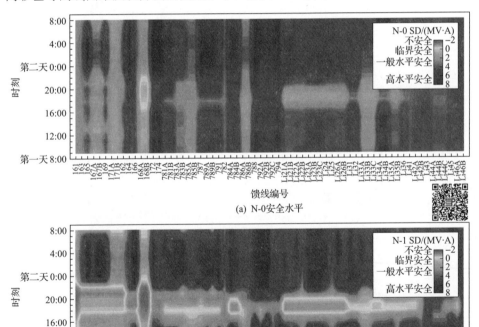

(a) N-0 安全水平

(b) N-1 安全水平

图 6-12　配电网总体安全水平(彩图扫二维码)

由图 6-12 看出，蓝色区域安全距离最大(5~8MV·A)，表示高安全性。绿色区域紧挨蓝色区域(安全距离为 1~4MV·A)。黄色区域安全距离约为 0MV·A，代表临界安全水平。红色区域对应负的安全距离(–2~–1MV·A)，代表不安全。

图 6-12(a)为该算例总体 N-0 安全水平。图 6-12(a)中大部分区域是蓝色，其次是绿色。总的来说，N-0 安全水平很高。图 6-12(a)中只有小一部分是暗黄色，在 19:00~21:00 出现在馈线 168A 和 168B，说明此时配电网在该馈线方向有轻微 N-0 不安全。

图 6-12(b)为该算例的总体 N-1 安全水平。该区域的大部分是蓝色的，表示高 N-1 安全性。而暗黄色区域在 11:00~13:00 和 17:00~22:00 分布在多个馈线方向，说明此时间段内配电网有轻微 N-1 不安全。红色区域在 17:00~22:00 时主要分布在馈线 161~162、168A、168B 方向，说明此时间段内配电网在馈线方向处于较重的 N-1 不安全水平。

对 N-0/N-1 安全距离进行统计分析，如图 6-13 所示，曲线上的一个点对应一个采样时间。

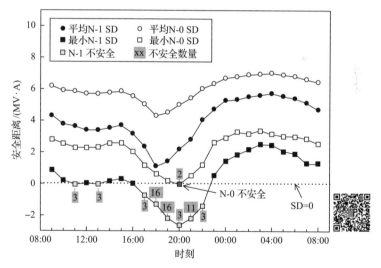

图 6-13 算例的 N-0/N-1 安全距离统计结果(彩图扫二维码)

由图 6-13 可知，

(1)平均 N-0/N-1 安全距离曲线上的所有点均位于零线以上，说明该算例的整个 N-0/N-1 安全水平较高。

(2)最小 N-0 安全距离曲线上只有一个点(箭头)在零以下，上方数字"2"表示不安全仅发生在两个馈线方向上，意味着不安全程度较轻。

(3)在零线以下的最小 N-1 安全距离曲线上有 8 个点(灰色方点)，一些灰底数字较大如"16"，表示 N-1 不安全在多个馈线方向多个时刻发生，这意味着算例的

N-1 不安全水平相对较高。另外，最严重的 N-1 不安全发生在 20:00，对应安全距离值为–2.63MV·A。

3) 详细态势理解结果

从表 6-24 和表 6-25 分析得出的瓶颈馈线中选择两回馈线来说明详细的态势理解结果。以馈线 168A 和 163 方向的安全距离结果为例。

(1) 工作点轨迹图。

图 6-14 为安全域内工作点轨迹以及与 N-0、N-1 安全边界的相对位置关系。

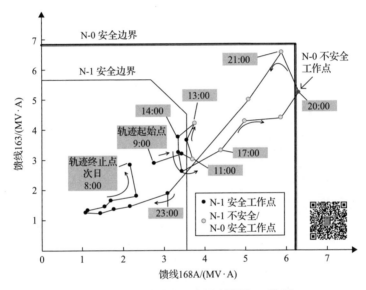

图 6-14   工作点轨迹示意图(彩图扫二维码)

如图 6-14 所示，工作点相对位置随时间变化。从 9 点开始，它在 N-1 安全边界内，在 11 点穿过 N-1 安全边界，第一次变为 N-1 不安全。它在 12 点返回到 N-1 安全边界内，在 13 点又穿过 N-1 边界，然后返回并再次穿过 N-1 边界。在 20:00 时，它越过 N-0 边界，变成 N-0 不安全。21:00 返回到 N-0 安全边界内，23:00 返回到 N-1 边界内，一直保持 N-1 安全，直到第二天早上 8 点。

事实上，与 168A 和 163 馈线相关其他馈线负载也在变化，因此 168A 和 163 馈线的二维 DSSR0/DSSR 大小是时变的。为显示工作点与安全边界的位置，在图 6-14 绘制过程中，固定了馈线 168A 和 163 的边界。

(2) 安全距离时变曲线。

根据表6-26和表6-27计算得到各个时刻的N-0/N-1安全距离(表6-28和表6-29)。绘制安全距离时变折线图如图6-15所示。

表 6-26　与馈线 168A 和 163 相关的 N-0 安全边界

馈线编号	边界编号	表达式
168A	β_{11}^0	$c_{F,168}-S_{168A}-S_{168B}=0$
	β_{14}^0	$c_{T,2}-S_{162}-S_{164}-S_{166}-S_{168A}-S_{168B}-S_{172}-S_{174}=0$
163	β_2^0	$c_{F,163}-S_{163}=0$
	β_7^0	$c_{T,1}-S_{161}-S_{163}-S_{165}-S_{167}-S_{169}-S_{171}=0$

表 6-27　与馈线 168A 和 163 相关的 N-1 安全边界

馈线编号	边界编号	表达式
168A	β_1	$c_{F,168}-S_{161}-S_{168A}-S_{168B}=0$
	β_{20}	$c_{F,168}-S_{168A}-S_{161}=0$
	β_{21}	$c_{T,1}-S_{168A}-S_{162}-S_{161}-S_{163}-S_{165}-S_{167}-S_{169}-S_{171}=0$
163	β_3	$c_{F,782}-S_{163}-S_{782}=0$
	β_4	$c_{T,2}-S_{163}-S_{T,4}=0$
	β_{21}	$c_{T,1}-S_{168A}-S_{162}-S_{161}-S_{163}-S_{165}-S_{167}-S_{169}-S_{171}=0$

表 6-28　各个时刻的 N-0 安全距离

时刻	馈线 168A 方向安全距离/(MV·A)	馈线 163 方向安全距离/(MV·A)	时刻	馈线 168A 方向安全距离/(MV·A)	馈线 163 方向安全距离/(MV·A)
第一天 9:00	3.18	4.20	21:00	0.53	4.44
10:00	2.55	4.18	22:00	1.22	4.50
11:00	2.31	4.17	23:00	2.63	4.65
12:00	2.29	4.17	第二天 0:00	3.26	4.71
13:00	2.33	4.10	1:00	3.62	4.79
14:00	2.56	4.09	2:00	3.84	4.85
15:00	2.60	4.08	3:00	4.07	4.84
16:00	2.06	4.08	4:00	3.97	4.83
17:00	1.18	4.14	5:00	3.85	4.75
18:00	0.65	4.21	6:00	3.86	4.60
19:00	0.21	4.24	7:00	3.38	4.54
20:00	**-0.02**	4.35	8:00	3.67	4.38

表 6-29　各个时刻的 N-1 安全距离

时刻	馈线 168A 方向安全距离/(MV·A)	馈线 163 方向安全距离/(MV·A)	时刻	馈线 168A 方向安全距离/(MV·A)	馈线 163 方向安全距离/(MV·A)
第一天 9:00	0.89	2.63	21:00	**−2.19**	−0.97
10:00	0.23	2.33	22:00	**−1.40**	0.56
11:00	**−0.04**	2.51	23:00	0.56	3.62
12:00	0.05	1.49	第二天 0:00	1.47	4.04
13:00	**−0.03**	0.64	1:00	1.86	4.13
14:00	0.18	1.49	2:00	2.18	4.28
15:00	0.31	2.29	3:00	2.53	4.24
16:00	0.02	2.89	4:00	2.48	4.17
17:00	**−0.73**	2.21	5:00	2.07	4.04
18:00	**−1.30**	0.76	6:00	1.93	3.85
19:00	**−2.18**	0.19	7:00	1.32	3.70
20:00	**−2.63**	0.33	8:00	1.47	2.69

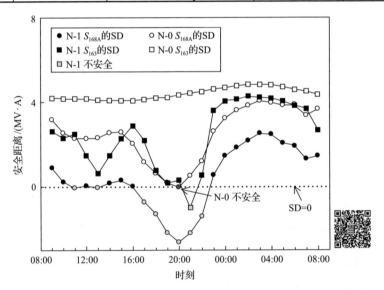

图 6-15　馈线 168A 和 163 方向上的 N-0/N-1 安全距离(彩图扫二维码)

图 6-15 中的箭头所指红色点表示负的 N-0 安全距离，黄色表示负的 N-1 安全距离。在馈线 168A 方向上，在 11:00、13:00、17:00~22:00 等多个时间点的 N-1 安全距离为负(见黄点)，在 20:00 时 N-0 安全距离为负(见箭头点)。在馈线 163 方向，仅 21:00 时 N-1 安全距离为负(见黄色方块)，其余时刻 N-0 安全距离均为正。

(3)基于安全距离的态势理解结果。

通过在馈线 168A 方向上取 N-1 安全距离分别为正和负的两个工作点来说明对安全距离的理解。

在 17:00 时,工作点与馈线 168A 方向对应安全边界的具体安全距离如表 6-30 所示。

表6-30　17：00 时馈线 168A 方向上的安全距离

馈线编号	N-1 边界表达式	N-1 安全距离/(MV·A)
β_1	$c_{F,168}-S_{161}-S_{168A}-S_{168B}=0$	−0.73
β_{20}	$c_{F,161}-S_{168A}-S_{161}=0$	2.25
β_{21}	$c_{T,1}-S_{168A}-S_{162}-S_{161}-S_{163}-S_{165}-S_{167}-S_{169}-S_{171}=0$	1.02

如表 6-30 所示,越界 N-1 安全边界为 β_1:$c_{F,168}-S_{161}-S_{168A}-S_{168B}=0$,N-1 安全距离为−0.73MV·A。这说明馈线 168A 上的负荷,或与之密切相关的馈线上的负荷,至少需要减少 0.73MV·A 才能满足 N-1 的安全性。经分析,N-1 越限原因是馈线 161 的故障导致了馈线 168A 的容量过载。可知在当前时刻,故障元件为馈线 161,过载元件为馈线 168A,过载为 0.73MV·A。

在 23:00 时,馈线 168A 方向的 N-1 安全距离为 0.56MV·A(表 6-30),说明馈线 168A 或其密切相关的馈线上最大可增加负荷量为 0.56MV·A。

(4)安全距离对调度员的指导。

如图 6-15 所示,20 时在馈线 168A 方向的 N-0 安全距离为−0.02MV·A。此时配电网处于紧急状态,调度员必须采取某些措施如切馈线 168A 上至少 0.02MV·A 的负荷使电网恢复正常运行状态。其他时刻的配电网 N-0 安全距离为正。N-1 安全距离多次小于 0,说明配电网经常处于 N-1 不安全状态,因此调度员应多加注意馈线 168A。在馈线 163 方向上,N-0/N-1 安全距离始终大于 0,因此调度人员不太需要关注馈线 163。

综上所述,由于馈线 168A 方向的安全距离为负,馈线 163 方向的安全距离为正,调度员应重点跟踪馈线 168A,在适当的时间采取安全措施。

3. 态势预测结果

1)总体态势预测结果

由于安全距离趋势可以代表配电网的安全状态趋势,本章利用基于时间序列的预测方法[19],基于历史时刻的安全距离预测配电网未来的安全状况。整个算例的安全水平预测结果如表 6-31 所示。

表 6-31　算例 N-0/N-1 安全性预测统计结果

预测时间/h	N-0 不安全馈线数	N-0 不安全馈线数占比	平均 N-0 安全距离/(MV·A)	最小 N-0 安全距离/(MV·A)	N-1 不安全馈线数	N-1 不安全馈线数占比	平均 N-1 安全距离/(MV·A)	最小 N-1 安全距离/(MV·A)
第二天9:00	0	0	6.54	2.84	0	0	4.34	1.08
10:00	0	0	6.38	2.78	0	0	4.21	0.45
11:00	0	0	6.19	2.02	3	4.55%	3.81	−0.46
12:00	0	0	6.11	1.88	3	4.55%	3.64	−0.49

从表 6-31 可以看出,未来 4 小时配电网 N-0 安全距离呈下降趋势,但仍为正; N-1 的安全距离值也呈现下降趋势,但可能呈现负值。

2)详细态势预测结果

以馈线 168A 和 163 方向的安全距离预测为例。根据计算得到的馈线 168A 和 163 方向的安全距离,预测未来 4 小时安全距离变化趋势如图 6-16 所示。

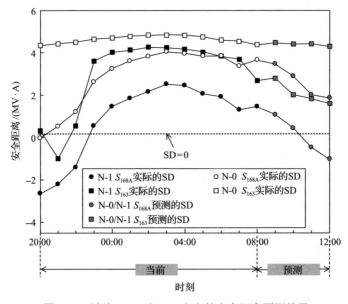

图 6-16　馈线 168A 和 163 方向的安全距离预测结果

从图 6-16 中可以看出,未来 4 小时,168A 和 163 馈线方向的 N-0/N-1 安全距离呈下降趋势,但 N-0 安全距离暂时不出现负值。N-1 安全距离在馈线 168A 方向为负,但在馈线 163 方向为正。因此,调度员应更加关注对馈线 168A 负荷变化的跟踪,以防止不安全甚至紧急情况出现。

6.6　本 章 小 结

本章介绍了 DSSR 在运行上的典型应用方法，主要包括：

（1）安全距离是 DSSR 应用于运行的基本概念，给出了几何安全距离 GSD 与馈线安全距离 FSD 的定义，比较了两种安全距离的物理意义与用途；给出了基于位移的安全评价方法，速度比基于安全距离评价方法提高一个数量级，更适合实际跟踪工作点轨迹的在线安全评价。

（2）介绍了满足 N-1 安全准则前提下的网损最小重构模型，相比于经典的最小网损法，网损接近但 N-1 安全裕度明显增加。相比于负载均衡法，N-1 安全裕度和网损水平都更优，还能优先保证重要节点的安全性。

（3）介绍了实现安全域在线运行的安全监控框架，介绍了基于 DSSR 的预防控制、预测控制和优化控制，并通过实际配电网算例展示了这些功能。

（4）介绍了基于安全距离的配电网安全性态势感知方法。可以清晰地将配电网总体态势感知结果在时间、空间、安全性三个维度上可视化。

参 考 文 献

[1] 肖峻, 谷文卓, 王成山. 面向智能配电系统的安全域模型[J]. 电力系统自动化, 2013, 37(8): 14-19.

[2] 肖峻, 林启思, 左磊, 等. 有源配电网的安全距离与安全性分析方法[J]. 电力系统自动化, 2018, 42(17): 76-86.

[3] 李金阳, 陈嘉良. 基于曼哈顿距离的不确定移动对象概率 Skyline 查询[J]. 计算机与现代化, 2017(10): 42-48.

[4] Xiao J, Gu W, Wang C, et al. Distribution system security region: Definition, model and security assessment[J]. IET Generation, Transmission and Distribution, 2012, 6(10): 1029-1035.

[5] 肖峻, 甄国栋, 王博, 等. 配电网的安全距离: 定义与方法[J]. 中国电机工程学报, 2017, 37(10): 2840-2851.

[6] 毕鹏翔, 刘健, 刘春新, 等. 配电网络重构的改进遗传算法[J]. 电力系统自动化, 2002, 26(2): 57-61.

[7] 臧天磊, 钟佳辰, 何正友, 等. 基于启发式规则与熵权理论的配电网故障恢复[J]. 电网技术, 2012, 36(5): 251-257.

[8] 张学松, 柳焯, 于尔铿, 等. 配电网潮流算法比较研究[J]. 电网技术, 1998, 22(4): 45-49.

[9] Allan R N, Billinton R, Sjarief I, et al. A reliability test system for educational purposes-basic distribution system data and results[J]. IEEE Transactions on Power Systems, 1991, 6(2): 813-820.

[10] 祖国强, 肖峻, 左磊, 等. 基于安全域的配电网重构模型[J]. 中国电机工程学报, 2017, 37(5): 1401-1410.

[11] 肖峻, 谷文卓, 贡晓旭, 等. 基于馈线互联关系的配电网最大供电能力模型[J]. 电力系统自动化, 2013, 37(17): 72-77.

[12] 肖峻, 贡晓旭, 王成山. 配电网最大供电能力与 N-1 安全校验的对比验证[J]. 电力系统自动化, 2012, 36(18): 86-91.

[13] Xiao J, Zu G Q, Gong X X, et al. Model and topological characteristics of power distribution system security region[J]. Journal of Applied Mathematics, 2014(6): 1-13.

[14] 肖峻, 贡晓旭, 贺琪博, 等. 智能配电网 N-1 安全边界拓扑性质及边界算法[J]. 中国电机工程学报, 2014, 34(4): 545-554.

[15] 刘伟, 郭志忠. 配电网安全控制模型及算法[J]. 电力自动化设备, 2003, 23(8): 60-64.

[16] Xiao J, Li F X, Gu W Z, et al. Total supply capability (TSC) and associated indices for distribution planning: Definition, model, calculation and applications[J]. IET Generation, Transmission and Distribution, 2011, 5(8): 869-876.

[17] 方勇杰. 美国 "9·8" 大停电对连锁故障防控技术的启示[J]. 电力系统自动化, 2012, 36(15): 1-7.

[18] Huang X, Li H, Zhu Y. Short-term ice accretion forecasting model for transmission lines with modified time-series analysis by fireworks algorithm[J]. IET Generation, Transmission and Distribution, 2018, 12(5): 1074-1080.

[19] 肖峻, 贺琪博, 苏步芸. 基于安全域的智能配电网安全高效运行模式[J]. 电力系统自动化, 2014, 38(19): 52-60.

第7章 智能电网新条件下的配电安全域

第 1~6 章针对的是具有配电自动化的传统配电网。智能电网背景下，可再生能源发电接入比例增大，储能、电力电子等新装备逐步应用，用户侧更广泛地参与灵活互动。配电安全域需要进一步地考虑这些新条件的影响。本章将介绍在分布式电源、微电网、需求响应、柔性互联等智能电网新条件下的配电安全域。

7.1 有源配电网的安全域

未来智能配电系统将包含分布式电源、分布式储能、主动负荷等多种新元件，传统的无源配电网将转变为有源配电网，系统的运行环境更为复杂：节点功率同时存在流出和注入，支路潮流由单向转为双向；系统功能由单纯供电转为供电和 DG 消纳的综合服务。这种背景下，安全域将从第 I 象限扩展到任一象限，成为全象限安全域（total quadrants-distribution system security region，TQSR）。DSSR 的模型、性质等也将发生较大变化。这里介绍全象限配电系统安全域的概念与模型，以反映有源配电网节点功率与支路潮流均出现反向的基本特征；再通过算例观测归纳 TQSR 的新特性。

7.1.1 研究场景与基本假设

1. 研究场景

研究场景符合城市电网的基本假设，还具备有源配电网的特点，具体如下：

(1)主要针对城市电网，负荷密度高，供电半径较短，馈线普遍具有联络，普遍实现配电自动化，负荷能通过馈线快速转带。

(2)输电系统仍是配电系统的一个主要电源，配电系统功能以负荷供电为主、DG 消纳为辅，前者具有更高的安全性和可靠性的优先级。

(3)DG 总容量小于所在馈线容量，这与配电网设计准则一致；负荷总体用电量大于 DG 发电量。虽局部时间可能出现部分馈线功率倒送到变电站 10kV 母线，但不越过变电站主变。

(4)配电网和 DG 均具备调压能力。

(5)N-1 后 DG 存在脱网、并网、孤岛三种运行模式。

2. 基本假设

根据研究场景做出如下假设：

(1)节点功率从电网流出方向为正(如负荷)，注入为负(如 DG)；支路潮流由变电站 10kV 母线流向馈线末端为正。

(2)容量约束强于电压约束。

由于城网线路不长、网损比例较小，因此简化考虑网损，馈线出口潮流包括网损；电网和 DG 均具备调压能力，电压不难保持在允许范围内，忽略电压约束。

(3)采用 N-1 安全准则。只考虑馈线出口故障，而不考虑馈线其他位置故障，因为在以负荷供电为主的有源网中，馈线出口故障仍然是最严重故障。

(4)故障集不包含 DG 本身故障。原因是单个 DG 容量相对馈线总负荷较小，其退出运行对连续供电影响较小。

(5)对于多联络接线模式，失电负荷由具有联络关系的多回馈线均匀转带，该方案易于实现最大的 N-1 馈线负载率[1]。

7.1.2　有源配电网的安全性

1. 工作点与状态空间

工作点需要完整唯一地反映系统状态，将其定义为配电系统正常运行时所有非平衡节点净功率构成的向量。在辐射结构配电网中，平衡节点为馈线首端节点。当支路潮流依赖于节点功率时，向量元素简化为负荷或 DG 的功率。设系统非平衡节点数为 n，工作点 W 表示为

$$\begin{cases} W = [S_1, \cdots, S_i, \cdots, S_n] \\ S_i = S_{\mathrm{L},i}, & i \in L \\ S_i = S_{\mathrm{DG},i}, & i \in G \end{cases} \tag{7-1}$$

式中，S_i 为节点 i 净功率；$S_{\mathrm{L},i}$ 为负荷 i 功率；$S_{\mathrm{DG}i}$ 为 DGi 功率；L 为所有负荷节点的集合；G 为所有 DG 节点的集合。

实际运行时，节点功率受到配变或 DG 容量约束而保持在一定允许范围内。设节点功率流出为正，则

$$\begin{cases} 0 \leqslant S_{\mathrm{L},i} \leqslant S_{\mathrm{L},i}^{\max}, & i \in L \\ -S_{\mathrm{DG},i}^{\max} \leqslant S_{\mathrm{DG},i} \leqslant 0, & i \in G \end{cases} \tag{7-2}$$

式中，$S_{\mathrm{L},i}$ 为负荷 i 功率；$S_{\mathrm{L},i}^{\max}$ 为负荷 i 功率的最大值；$S_{\mathrm{DG},i}$ 为 DGi 功率；$S_{\mathrm{DG},i}^{\max}$ 为 DGi 功率的最大值；L 为所有负荷节点的集合；G 为所有 DG 节点的集合。

所有节点容量允许范围内工作点组成的一个有界集合，称为配电系统的状态空间，记为 $\varTheta$。

2. 有源配电网的正常运行约束

采用直流潮流，简化考虑网损，忽略电压约束，配电网潮流简化为功率平衡方程，即线路潮流等于其下游所有节点净功率的代数和。

(1) 正常运行线路容量约束

$$|S_{B,i}| = \left| \sum_{j \in \Lambda_{B,i}} S_j \right| \leqslant c_{B,i}, \quad \forall i \in B \tag{7-3}$$

式中，$S_{B,i}$ 为线路 i 的功率；$\Lambda_{B,i}$ 表示线路 i 下游所有节点的集合；$c_{B,i}$ 表示线路 i 的容量；B 为所有线路的集合。

由于线路存在双向潮流，式(7-3)绝对值符号不能省略；传统配电网只有单向潮流，因此线路容量约束不等式无绝对值符号。

(2) 正常运行主变容量约束

$$S_{T,i} = \sum_{j \in \Lambda_{T,i}} S_j \leqslant c_{T,i}, \quad \forall i \in T \tag{7-4}$$

式中，$S_{T,i}$ 为主变 i 的功率；$\Lambda_{T,i}$ 表示主变 i 下游所有节点的集合；$c_{T,i}$ 表示主变 i 的额定容量；T 为所有主变的集合。

研究场景中馈线倒送功率不会越过主变，因此式(7-4)不包含绝对值符号。

3. 有源配电网的 N-1 安全约束

1) N-1 后 DG 运行模式

DG 在系统侧发生 N-1 后主要有并网运行、脱网运行、孤岛运行三种模式。在直流潮流模型下，三种模式的 DG 都可以等效为负的负荷。

并网型 DG 等效扩大了 DG 所在线路容量[2]，有利于 N-1 安全性。脱网型 DG 在 N-1 后直接与系统脱离，对 N-1 安全性没有帮助，且可能造成潮流和电压的突变，将其看作 N-1 后出力降为零的并网型 DG。

IEEE 1547 标准鼓励供电方和用户通过技术手段实现孤岛[3]。当 DG 容量较大且调节能力较强时，可以实现孤岛运行。当系统发生 N-2 甚至更大面积故障时，部分负荷无法通过配电网恢复供电，此时合理划分孤岛、利用 DG 单独向负荷供电，对于提高用户可靠性具有重要意义。

由于 DSSR 只考虑 N-1 安全性，DG 在系统 N-1 后首先选择联络馈线供电，因此并不形成孤岛运行，即中压网络负荷转供能力已满足 N-1，孤岛运行不会对 N-1 安全性有进一步提升，只会对 N-2 或更严重故障下的安全性产生影响。

2) N-1 安全约束

元件 ψ_k 发生 N-1 后，为恢复非故障区供电,配电网将重构形成新的拓扑结构，

元件 ψ_k 相关的功率平衡方程也会相应变化。

(1)N-1 线路容量约束

$$| S_{\mathrm{B},i}(k) | = | \sum_{j\in \Lambda_{k_{\mathrm{B},i}}} S_j | \leqslant c_{\mathrm{B},i}, \quad \forall i\in B, \psi_k \notin B \tag{7-5}$$

新拓扑结构下，$S_{\mathrm{B},i}(k)$ 为支路 B_i 的功率，$\Lambda_{k_{\mathrm{B},i}}$ 为支路 B_i 的下游节点集合。式(7-5)表示除退出运行的 ψ_k 外，任意线路 i 的容量不小于其下游节点净功率的绝对值。

(2)N-1 主变容量约束

$$S_{\mathrm{T},i}(k) = \sum_{j\in \Lambda_{k_{\mathrm{T},i}}} S_j \leqslant c_{\mathrm{T},i}, \quad \forall i\in T, \psi_k \notin T \tag{7-6}$$

新拓扑结构下，$S_{\mathrm{T},i}(k)$ 为主变 T_i 的功率，$\Lambda_{k_{\mathrm{T},i}}$ 为主变 T_i 的下游节点集合。式(7-6)表示除退出运行的 ψ_k 外，任意主变 i 的容量不小于其下游节点净功率的绝对值。

设故障集为 ψ，若某工作点 W 下，$\forall \psi_k \notin \psi$，式(7-5)和式(7-6)均成立，那么 W 满足 N-1 安全准则。

7.1.3　数学模型

由 7.1.2 节可知，从 N-1 安全性分析的角度，脱网型 DG 和孤岛 DG 都可以等效为并网 DG，因此在模型与算例部分均只考虑并网型 DG。

TQSR 定义为状态空间中满足正常运行约束与 N-1 安全准则的所有工作点的集合。由式(7-1)～式(7-6)可知，TQSR 模型可表示为

$$\Omega_{\mathrm{TQSR}} = \{W = [S_1,\cdots,S_i,\cdots,S_n]\in \Theta\}$$

$$\mathrm{s.t.A}\begin{cases} S_i = S_{\mathrm{L},i}, & i\in L \\ S_i = S_{\mathrm{DG},i}, & i\in G \\ 0\leqslant S_{\mathrm{L},i}\leqslant S_{\mathrm{L},i}^{\max}, & i\in L \\ -S_{\mathrm{DG},i}^{\max}\leqslant S_{\mathrm{DG},i}\leqslant 0, & i\in G \end{cases}$$

$$\mathrm{s.t.B}\begin{cases} |S_{\mathrm{B},i}| = |\sum_{j\in \Lambda_{\mathrm{B},i}} S_j|\leqslant c_{\mathrm{B},i}, & \forall i\in B \\ S_{\mathrm{T},i} = \sum_{j\in \Lambda_{\mathrm{T},i}} S_j\leqslant c_{\mathrm{T},i}, & \forall i\in T \end{cases}$$

$$\mathrm{s.t.C}, \forall \psi_k\in \Psi, \begin{cases} |S_{\mathrm{B},i}(k)| = |\sum_{j\in \Lambda_{k_{\mathrm{B},i}}} S_j|\leqslant c_{\mathrm{B},i}, \\ \forall i\in B, \psi_k\notin B \\ S_{\mathrm{T},i}(k) = \sum_{j\in \Lambda_{k_{\mathrm{T},i}}} S_j\leqslant c_{\mathrm{T},i}, \\ \forall i\in T, \psi_k\notin T \end{cases} \tag{7-7}$$

式 s.t.A 为式 (7-1) 和式 (7-2) 的状态空间约束,表示负荷功率或 DG 出力的范围。

式 s.t.B 为式 (7-3) 和式 (7-4) 的正常运行约束,即正常运行时馈线和主变容量不越限。

式 s.t.C 为 N-1 约束。对于故障集 ψ 的任一故障,式 (7-5) 和式 (7-6) 的 N-1 约束成立。

由式 (7-7) 看出,相对传统单象限 DSSR,TQSR 模型的全象限体现在两个方面:一是状态空间 Θ 的取值范围覆盖全象限;二是不等式含绝对值符号,即边界可能位于任一象限。

对于有源网,不仅需要列出 N-1 边界,还应列出正常运行边界,这是由于 DG 使得某些 N-1 约束可能比正常运行约束更宽松;而传统配电网满足 N-1 约束时也满足正常约束,只需列出 N-1 边界。

7.1.4　算例分析

1. 总体思路

根据安全域模型列写有源配电网的安全边界方程,再二维可视化观测域的图像,并与纯供电配电网和纯集电配电网对比。集电网主要功能是将分布式发电汇集后外送。供电网与集电网可分别看作 DG 比例最低和最高、达到极值的有源配电网,因此引入供电网和集电网更利于研究 DG 引起安全域性质变化的机理。

有源配电网算例见图 7-1,纯供电网和纯集电网的算例见图 7-2 和图 7-3。算例参数见表 7-1。

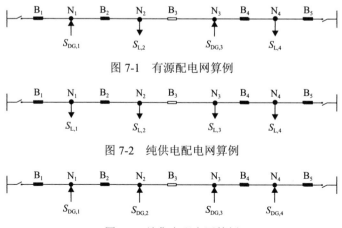

图 7-1　有源配电网算例

图 7-2　纯供电配电网算例

图 7-3　纯集电配电网算例

表 7-1　算例基本参数

算例	有源网	供电网	集电网
线路容量/(MV·A)	1	1	1
DG 出力范围/(MV·A)	[−0.4, 0]	—	[−0.4, 0]
负荷功率范围/(MV·A)	[0, 1.5]	[0, 0.8]	—

具体步骤如下：

(1)列写三类算例网络的边界方程并对比。

(2)从象限、形状上观测对比三类算例安全域的二维截面拓扑特性。

(3)从图像上分析归纳域空间的安全性特征。

2. 边界方程

依据式(7-7)列写算例的完整边界方程。其中既对应 N-1 约束，还包括正常运行约束。对所有边界化简后得到最终安全边界，见表 7-2。

表 7-2　算例的安全边界方程对比

运行方式	有源网	供电网	集电网
正常运行	$S_{L,2}=1$	—	—
N-1	$\|S_{DG,1}+S_{L,2}+S_{DG,3}+S_{L,4}\|=1$ $S_{L,4}=1$ $\|S_{L,4}+S_{DG,3}+S_{L,2}\|=1$	$S_{L,1}+S_{L,2}+S_{L,3}+S_{L,4}=1$	$S_{DG,1}+S_{DG,2}+S_{DG,3}+S_{DG,4}=-1$

由表 7-2 看出：

(1)有源配电网边界方程含绝对值符号，表示支路可能出现双向潮流；而供电网、集电网没有绝对值，表示支路只有单向潮流。

(2)供电网、集电网最终边界方程只有一个，对应馈线出口线路容量约束。这是因为单向潮流时，馈线出口处潮流最容易发生越限。而有源配电网边界方程个数更多，还包括出口支路容量约束。这是因为 DG 与负荷的净功率可能使馈线出口潮流很小，但线路中段潮流很大，因此非出口支路容量约束不可忽略。

(3)供电网、集电网的最终边界只有 N-1 约束；而有源配电网还可能包含正常运行约束。这是由于一些支路(如 B_2)下游可能出现新的 DG(如 DG_1)，等效扩大了这些支路的容量[4]，使得某些 N-1 约束比正常运行约束更宽松。

(4)当有源配电网所有 DG 都替换为负荷时，边界方程将退化为与供电网相同；当所有负荷都替换为 DG 时，边界方程将退化为与集电网相同。

3. 可视化观测

1)观测结果

采用二维可视化方法观测 TQSR。首先根据模型(7-7)写出高维边界方程，然后选择 2 个观测变量，固定其他变量为常数，将所得方程绘制在二维坐标系中。大量观测后，发现 TQSR 二维截面呈现五边形、梯形、矩形、三角形 4 种形状[5]。其中，五边形截面如图 7-4 所示。

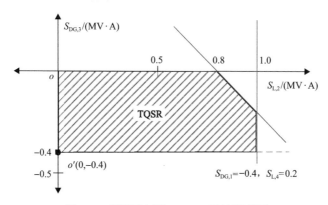

图 7-4　有源配电网：TQSR 五边形截面

改变 $S_{DG,1}$ 和 $S_{L,4}$ 取值后，斜线平移还可得到梯形、矩形、三角形截面。

采用二维可视化方法可得到供电网和集电网的 DSSR 二维截面[5]。以下从象限、形状、安全性质三方面分析对比三类配电网的特点。

2）象限特点

图 7-4 所示 TQSR 截面均位于Ⅳ象限。若变化坐标轴的观测节点，还可观测到位于Ⅱ、Ⅲ象限的 TQSR 截面[5]。观测表明：有源配电网的安全域可能位于任一象限，总结其规律如表 7-3 所示。

表 7-3　有源配电网安全域的象限分布

X 轴观测节点	Y 轴观测节点	域所在象限
负荷(流出)	负荷(流出)	Ⅰ象限
DG(注入)	负荷(流出)	Ⅱ象限
DG(注入)	DG(注入)	Ⅲ象限
负荷(流出)	DG(注入)	Ⅳ象限

由表 7-3 可知：

（1）观测变量为负荷和 DG 时，域位于Ⅱ或Ⅳ象限；

（2）观测变量全为负荷时，域均位于Ⅰ象限；

（3）观测变量全为 DG 时，域均位于Ⅲ象限。

可见，有源配电网从传统配电网的单象限域变为全象限域。传统供电网安全域均位于Ⅰ象限，集电网安全域位于Ⅲ象限，均可看作 TQSR 的特例。

　　还需指出，TQSR 还能适用智能配电网更复杂的情况：单个节点可能包含负荷、DG、储能等更多新元件，节点功率既可以流出也可以注入。此时安全域二维图像将同时覆盖更多象限，例如，当 X 轴功率可注入和流出、Y 轴功率只能流出时，安全域将同时覆盖Ⅰ和Ⅱ象限。

　　3) 形状特点

　　一方面，TQSR 二维截面与传统 DSSR 具有很多相同点，形状也呈五边形、梯形、矩形、三角形。域也是由 N-1 安全边界(实斜线)、正常运行边界(实直线)、状态空间边界(虚线)、坐标轴封闭围成的。本质上，在以供电为主的有源配电网中，DG 可以看作负的负荷，因此 TQSR 可以由传统 DSSR 翻转、平移等变换得到，变换过程形状不变。

　　需要指出，如果潮流反向线路容量边界有效，截面可能出现六边形[5]。按配电网设计原则，DG 总容量应小于馈线容量，故反向潮流不会超过馈线出口容量，潮流反向边界总为无效。

　　TQSR 截面形状与传统 DSSR 也有区别。边界斜边与坐标轴在域方向夹角为 θ，传统配电网 DSSR 的 θ 为 45°，而 TQSR 的 θ 出现了 135°，如图 7-5 所示。

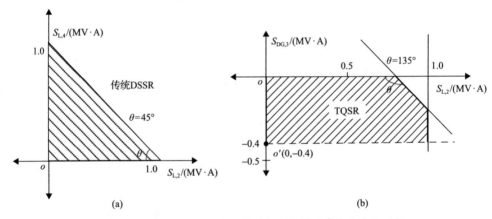

(a)　　　　　　　　　　　　　　　　(b)

图 7-5　传统 DSSR 与 TQSR 斜边与坐标轴在域方向夹角对比

　　θ 不同导致安全性质产生变化。为便于对比，将 TQSR 观测量改为 DG 功率绝对值和负荷功率，得安全域如图 7-6 所示(相当于图 7-5(a)沿 X 轴翻转 180°)。

　　传统 DSSR 安全性随任意观测变量数值的增加而降低[6]，例如，图 7-5(a)，当两个负荷功率增加时工作点将朝着 45°斜线边界移动，直到突破边界。

　　TQSR 中，某些变量增加(负荷功率)会导致安全性降低，而某些变量(DG 出力)增加反而会导致安全性增加；图 7-6 中，当负荷增加、DG 减小时工作点将朝着 135°斜线边界方向运动，直到突破边界。

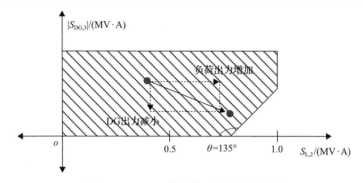

图 7-6　$|S_{DG}|$–S_L 的域截面与安全性分析

4) 安全性质

以图像为基础，进一步分析对比域空间的安全性质特点，包括最安全点的位置以及工作点在域二维投影平面上移动时安全性的变化规律。

零负荷点即坐标原点是传统配电网的最安全点；但不是有源配电网的最安全点，例如，图 7-4 中，原点距斜线边界的距离显然不是最长的。下面分析有源配电网的最安全点。

以图 7-7 所示五边形截面为例。

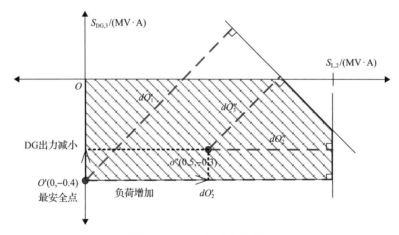

图 7-7　TQSR 最安全点分析

在图 7-7 中，取截面左下角点 $o'(0,-0.4)$，再任取域内另一点 O''。点从 O' 运行到 O'' 点对应 S_{DG3} 减少、$S_{L,2}$ 增加。O' 的安全性可以由其到斜线边界的安全距离 dO'_1 和 dO'_2 表示；O'' 的安全性由 dO''_1 和 dO''_2 表示。

从图 7-7 看出，因为 $dO''_1 < dO'_1$，$dO''_2 < dO'_2$，所以 O'' 的安全性低于 O' 的安全性。因此，最安全点不再是坐标系原点，而是安全域最左下点 O'，即 DG 满发、负荷空载工作点。

　　虽然最安全点发生变化，但是其广义安全性原理却仍与传统配电网一致：传统配电网安全性随负荷增加而下降的性质称为安全性的单调减性[6]。TQSR 的安全性也具有广义单调减性，采用割集概念可以很好地解释[5]。本质上，在以供电为主的有源配电网中，DG 看作负的负荷，因此 TQSR 与传统 DSSR 均在割集净负荷最大时取到最安全点。

7.2　DG 和微网的运行域

　　主动配电网可以将 DG 作为可控可调度资源参与最优潮流运行调度，达到增强 DG 接纳能力，并提高电网可靠性和供电质量的目的。目前，配电网对 DG 消纳的研究主要集中在 DG 的最大准入容量以及渗透率等方面，根据传统机组调节范围、潮流等限制条件，可得出配电网对 DG 的最大消纳能力。但其研究的消纳能力是安装在系统内所有 DG 的出力总和，并未给出每个 DG 的出力范围。由于很多 DG 具有间歇性特征，此时配合负荷和储能形成微网接入配电网，增强了可控性，但对微网出力范围控制研究也很少。

　　这里针对 DG 大量接入主动配电网可能带来的安全性问题，介绍了主动配电网中 DG 和微网运行域，考虑 DG 出力范围、节点电压、支路容量等约束条件，得出配电网中多个相关 DG 的完整运行范围，并适用于接入配电网的微网。

7.2.1　概念和模型

　　1. 定义、用途与模型

　　1) 运行域定义

　　首先，配电网 N-0 安全域(TQSR0)定义为配电网运行中使所有节点均满足正常运行即 N-0 约束条件下工作点的集合。

　　DG 和微网的运行域是指在主动配电网中多个相关 DG 或微网，满足正常运行即 N-0 约束条件下的运行范围。

　　可见，DG 和微网的运行域属于配电网 N-0 安全域的一部分。

　　计算运行域时关注 3 类 N-0 安全域边界：①电压边界，定义为使系统节点电压极值等于电压偏移上下限的工作点的集合；②反向潮流边界，定义为馈线出口处潮流为 0 的工作点的集合；③线路容量边界，定义为系统中馈线容量最大值等于馈线额定容量的工作点的集合。

　　2) DG 运行域的模型

　　在 TQSR0 中，如果观察 DG 或微网出力范围，以 DG 或微网功率为变量，则得到 DG 或微网的运行域，记 $\Omega_{\text{TQSR0-G}}$，模型如下：

$$\Omega_{\text{TQSR0-G}} = \{S_{\text{DG}}|W(f_i) \leqslant 0\}, \quad i = 1, 2, \cdots, n \tag{7-8}$$

式中，S_{DG} 表示 DG 或微网的功率值；$W(f_i)$ 表示满足系统安全运行的约束条件；n 代表约束条件的个数。

2. 运行约束条件

考虑 DG 或微网接入配电网后，对电压和潮流带来的影响以及 DG 本身的出力限制，为满足系统安全运行，共考虑以下 5 个运行约束条件。

(1) DG 出力约束

$$0 \leqslant P_{\text{DG}}^{\min} \leqslant P_{\text{DG},i} \leqslant P_{\text{DG}}^{\max}, \quad i = 1, 2, \cdots, m \tag{7-9}$$

$$0 \leqslant Q_{\text{DG},i}^{\min} \leqslant Q_{\text{DG},i} \leqslant Q_{\text{DG},i}^{\max}, \quad i = 1, 2, \cdots, m \tag{7-10}$$

式中，$P_{\text{DG},i}$、$Q_{\text{DG},i}$ 分别表示 DG 有功和无功出力；m 表示系统中 DG 的个数；$P_{\text{DG}}^{\max}$、$Q_{\text{DG}}^{\max}$ 分别表示 DG 有功和无功出力上限；$P_{\text{DG}}^{\min}$、$Q_{\text{DG}}^{\min}$ 分别表示 DG 有功和无功出力下限。

对于 PQ 型 DG，其有功和无功出力分别满足式(7-9)和式(7-10)即可；对于 PV 型 DG，其有功出力需满足式(7-9)，在潮流计算中如果无功出力超出式(7-10)范围，则其出力设为极限值，同时转化为 PQ 型 DG。

(2) 馈线容量约束

$$S_{\text{F}} \leqslant c_{\text{F}} \tag{7-11}$$

式中，c_{F} 为馈线额定容量；S_{F} 表示负荷功率大小。与传统馈线容量约束不同的是，当系统中 PV 型 DG 有功出力过大时，DG 会吸收较大的无功导致馈线出口潮流超出容量限制。

(3) 反向潮流约束

为防止逆流对上一级电网产生较大的影响，导致上一级电网需要在继电保护设置等方面做出大范围的调整，在网络根节点处设定反向潮流约束，保证馈线出口处潮流正向流动，具体约束如下：

$$S_{\text{F1}} \geqslant 0 \tag{7-12}$$

式中，S_{F1} 为馈线出口处的线路功率。式(7-12)表示馈线出口潮流不反向。

需要指出，是否考虑反向潮流约束可根据电网情况调整，如文献[7]以嘉兴电网为研究对象，在 DG 渗透率较大的情况下，就允许馈线出口处潮流反向。

(4) 电压偏移约束

$$U_{\min} \leqslant U \leqslant U_{\max} \tag{7-13}$$

式中，$U_{\max}$ 和 $U_{\min}$ 分别为电压偏移上下限；U 为节点电压。如果系统中某 PQ 型 DG 出力过大，可能导致该 DG 接入点电压偏移过大，超出电压限制。

(5) 潮流方程

$$\begin{cases} P_i = U_i \sum_{j \in \boldsymbol{\Omega}_n} U_j (G_{ij} \cos\theta_{ij} + B_{ij} \sin\theta_{ij}), & i \in \Omega_l \\ Q_i = U_i \sum_{j \in \boldsymbol{\Omega}_n} U_j (G_{ij} \sin\theta_{ij} - B_{ij} \cos\theta_{ij}), & i \in \Omega_l \end{cases} \tag{7-14}$$

式中，P_i、Q_i 分别为节点 i 的有功和无功功率；U_i 为节点 i 电压幅值；G_{ij} 为节点间导纳的实部；B_{ij} 为节点间导纳的虚部；Ω_n 为与负荷节点 i 直接相连的所有负荷节点集合；Ω_l 为负荷节点集合。

7.2.2　边界求解方法

求解 DG 或微网的运行域即求出配电网的电压边界、反向潮流边界以及馈线容量边界所围成的区域。为研究二维空间上的运行域边界，除 2 个研究的负荷节点外，其余节点负荷情况保持不变，通过仿真拟合方法计算安全边界。

1. 电压边界求解算法

首先，对每个二维断面，利用电压约束求出一系列临界工作点，具体如下：①在 DG 或微网出力范围内，对 2 个工作点从最小出力值开始，以一定步长取一系列值；②对于每个值，进行系统潮流计算，并将节点电压极值与电压上下限比较，以近似得出一系列电压临界点。然后，利用所得出的一系列电压临界点，即可拟合成电压安全边界。

根据式(7-9)、式(7-10)、式(7-13)，任意选取 2 个工作点，分析工作点的电压安全边界，算法流程如图 7-8 所示。其中：S_1、S_2 分别为 2 个工作点出力大小；$S_{\max}$、$S_{\min}$ 分别为 DG 或微网的最大和最小出力；$U_{\max}$、$U_{\min}$ 分别为节点电压上下限；h 为步长。

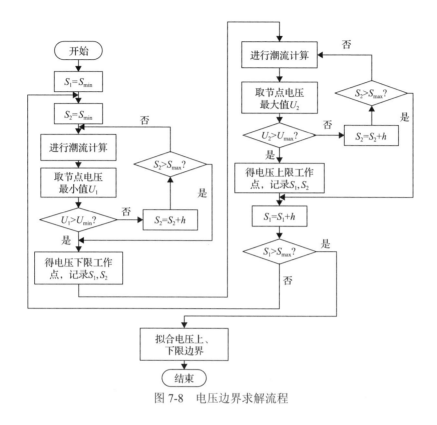

图 7-8　电压边界求解流程

2. 容量边界求解算法

采用与 7.2.2 节电压边界求解类似过程，根据式(7-9)～式(7-11)，拟合成馈线容量边界，算法流程见图 7-9。

7.2.3　算例分析

微电网的接入条件只针对其与大电网的公共连接点(point of common coupling，PCC)，而不需要细化到各具体微电源；DG 的运行域比微网运行域更简单，可以看成其特例，因此着重讨论微网运行域，也可推知其中 DG 的安全出力范围，此时只需考虑 2 个条件：①DG 不超过自身出力上限约束；②DG 与负荷、储能配合后，微网整体出力在运行域内。

首先求出系统不加任何 DG 或微网的负荷运行域；之后加入微网，观察不同类型的微网运行域。最后，研究同时含有不同类型的 DG 和微网的综合算例。对于 PI 型和 PQ(V)型节点，在迭代过程中均会通过一定方法转换成传统潮流计算所能处理的 PQ 和 PV 节点[8]，因此，主要对 PQ 型和 PV 型的 DG 及微网运行域进行研究。采用 IEEE 33 系统进行验证，以发出功率为正方向。

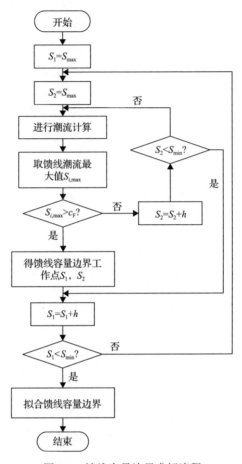

图 7-9 馈线容量边界求解流程

1. 算例及负荷 N-0 安全域

1) 算例概况

算例中有 32 条支路，1 个电源，首端基准电压为 12.66kV，功率基准值取 10MV·A。馈线容量为 5.28MW，电压偏移允许范围为±5%。接线如图 7-10 所示。

2) 负荷二维 N-0 安全域

取二维断面，除观测负荷节点外，其余节点出力保持不变。令 15 节点和 30 节点处负荷最大值为 2kW，得出 15 节点、30 节点处负荷 N-0 安全域，如图 7-11 所示。

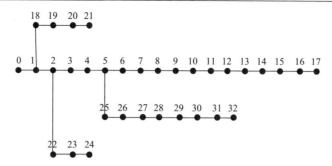

图 7-10　算例网络

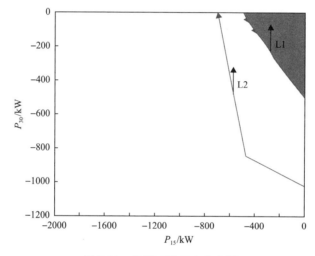

图 7-11　负荷二维 N-0 安全域

图 7-11 中 P_{15}、P_{30} 分别为 15 节点和 30 节点处负荷的有功功率，边界箭头方向指向域方向，灰色区域为 15 节点、30 节点负荷的 N-0 安全域。具体分析如下所示。

L1 为正向潮流的馈线容量边界：若 15 节点处的负荷过大，会导致节点 0 和节点 1 之间的潮流过大，超出馈线的容量限制。

L2 为电压边界：由于 17 节点距离根节点最远，在 15 节点处负荷有功功率小于–460kW 范围内，如果 30 节点处负荷的功率没有达到一个相对较大的值，可能导致 17 节点电压低于电压下限；15 节点处负荷大于–460kW 时，主干线上的负荷不至于使 17 节点电压低于下限，如果 30 节点负荷过大，可能会导致 32 节点处电压低于系统电压下限。

从图 7-11 中看出，N-0 安全域由馈线容量限制围成。相比于电压约束，馈线容量约束更严格。

3) 负荷一维 N-0 安全域

在图 7-10 的算例结构中,在 17 节点处考虑负荷变动,令最大负荷变动为 2kW, 得出 17 节点处的一维负荷 N-0 安全域,如表 7-4 所示。

由所得出的负荷一维 N-0 安全域可知,结果与二维 N-0 安全域对应,即 N-0 安全域由馈线容量限制围成,长度为 430kW。

表 7-4 负荷一维 N-0 安全域

约束条件	节点电压约束	馈线容量约束	反向潮流约束	所有约束
N-0 安全域/kW	−460~0	−430~0	−2000~0	−430~0

2. PQ 型微网运行域

PQ 型微网即含有 PQ 型 DG 和储能、负荷的微网。

1) 算例修改

在 15 节点和 30 节点处分别安装 PQ 型微网,设定 PQ 型微网或 DG 的功率因数均为 0.894,15 节点和 30 节点处微网具体出力情况如表 7-5 所示;在 21 节点和 24 节点处分别接入 PQ 型 DG,在二维断面下,21 节点处 DG 出力设定为 280kW, 24 节点处 DG 出力设定为 670kW。修改后的电网接线见图 7-12。

表 7-5 15 和 30 节点处微网出力情况

节点	风机额定有功功率/MW	单点储能额定容量/MW	最大负荷变化值/MW	总出力变化/MW
15	3	1	1	−2~4
30	3	1	1	−2~4

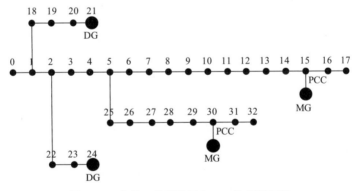

图 7-12 含单一类型微网和 DG 的算例网络

2) PQ 型微网二维运行域

利用前面给出的约束条件,得出 15 节点、30 节点处微网运行域,如图 7-13

所示。图 7-13 中的 P_{15}、P_{30} 分别为 15 节点和 30 节点处微网的有功出力大小；L1 为馈线容量边界，L2 为潮流反向边界，L3~L6 为电压边界，其中：L2 为支路出口处的反向潮流边界：若 15 节点处的微网和 30 节点处的微网出力和为较大的正值时，会导致节点 0 和节点 1 之间的潮流反向，使得馈线出口出现潮流反送。

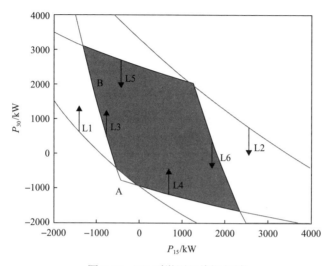

图 7-13　PQ 型微网二维运行域

由 PQ 型微网运行域不难得到以下结论：

(1)微网运行域方便了调度人员判断系统安全运行状态以及不同方向上的安全裕量。在图 7-13 中，如果工作点在 A 处，则工作点越过了 L1 馈线容量边界，此时调度人员应增加 15 节点处微网或 30 节点处微网的功率，使得工作点重新回到域内。如果系统工作点在 B 处，虽然工作点在域内部，但距离边界过近，DG 出力的波动随时有可能使得工作点越界而导致不安全运行状态，调度人员可适当增加 15 节点处微网或 30 节点处微网的功率，使得工作点的安全裕度增加。

(2)传统的 DSSR 考虑 N-1 容量限制而不考虑电压约束，得出的安全边界一般为近似线性的关系；考虑电压约束后，所得出的电压运行边界出现了折线型，使得运行域形状更为复杂。

(3)负荷 N-0 安全域和 PQ 型微网运行域的对比见图 7-14。

①对 N-0 安全域范围的影响。

DG 的加入，使得加入 DG 的节点有出力为正的部分，N-0 安全域分布由原来的单象限变为 4 个象限，范围相比不含 DG 时更大。

②对边界组成形式的影响。

图 7-11 中的负荷 N-0 安全域由馈线容量边界围成，而 PQ 型微网运行域在微网出力为负(即等效为负荷)的部分主要由节点电压约束围成，这是由于在 21 节

点、24 节点分别加入 DG 导致的，DG 的加入相当于增大了支路容量。

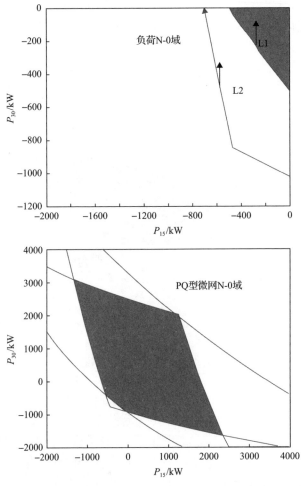

图 7-14　负荷 N-0 安全域与 PQ 型微网运行域对比

③对节点电压的影响。

算例得出的运行域上限主要由电压限制围成，这说明如果 DG 的选址或定容不当，会导致电压偏差过大，造成电能质量问题；而图 7-11 中的负荷 N-0 安全域不包含电压上限。

3) PQ 型微网一维运行域

一维运行域可直接得到当时某台 DG 或微网的安全出力范围，对一维运行域进行研究。令 30 节点处微网出力分别固定为 0、2000kW 及-970kW 时，系统中其他参数保持不变，观察 15 节点处微网运行域，结果如表 7-6 所示。

表 7-6 PQ 型微网一维运行域

约束条件	节点 30 微网状态		
	出力为-970kW	出力为 0	出力为 2000kW
节点电压	−300～2300	−740～1980	−1180～1460
支路容量	−280～4000	−1180～4000	−2000～4000
反向潮流	−2000～4000	−2000～3540	−2000～1280
所有约束	−280～2300	−740～1980	−1180～1280
域长度	2580	2720	2460

所得出的 PQ 型微网一维运行域有以下特点。

(1)一维结果与二维运行域相对应。例如，30 节点处微网出力为 0 时，相当于在图 7-13 中，从纵轴 0 位置画出的水平线，与二维运行域相交的两点为 15 节点微网的一维运行域。

(2)对于 PQ 型微网，运行域的安全边界主要由电压限制组成。

(3)当 30 节点处微网出力不同时，运行域可由不同的约束条件组成：线路容量和电压或反向潮流和电压或仅由电压限制构成。其中，运行域仅由电压限制构成时，域长度最大。

3. PV 型微网运行域

PV 型微网即含有 PV 型 DG 和储能、负荷的微网。

1)算例修改

在 15 节点和 30 节点分别接入 PV 型微网，电压标幺值均设定为 1，微网出力情况同表 7-5。在 21 节点和 24 节点分别接入光伏电池，在二维断面下，21 节点处 DG 出力为 210kW，电压标幺值为 1；24 节点处 DG 出力设定为 350kW，电压标幺值为 1.01。修改后接线见图 7-12。

2)PV 型微网二维运行域

利用前面给出的约束条件，得出图 7-12 中 15 节点、30 节点处微网运行域，如图 7-15 所示。图 7-15 中：L1 为电压边界，L2 为支路容量边界，L3 为支路容量边界，L4 为潮流反向边界。

其中，L3 为支路容量边界：若 15 节点处的微网和 30 节点处的微网有功较大时，由于 15 节点和 30 节点处的电压标幺值固定为 1，因此 15 节点和 30 节点需要吸收较大的无功功率以使电压稳定在 1。这导致 0 节点和 1 节点处的潮流超出支路容量限制。

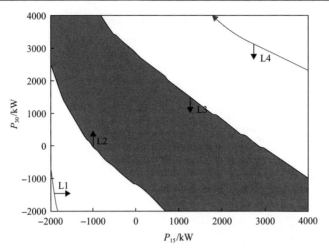

图 7-15　PV 型微网二维运行域

PV 型微网和 PQ 型微网的运行域的对比见图 7-16,分析如下:

(1)由于 PV 型 DG 本身对于电压直接的支撑作用,PV 型微网运行域不再像 PQ 型那样主要由电压边界围成,而以潮流边界为主要运行边界。

(2)当微网出力较大时,PQ 型微网更容易违反馈线出口反向潮流约束,而 PV 型微网更容易违反馈线容量约束。

(3)在相同的系统结构下,PV 型微网的运行域比 PQ 型范围更大。

3)PV 型微网一维运行域

令 30 节点处微网出力分别固定为 0、2000kW 以及-1000kW,系统中其他参数保持不变,观察 15 节点处微网运行域,结果见表 7-7。

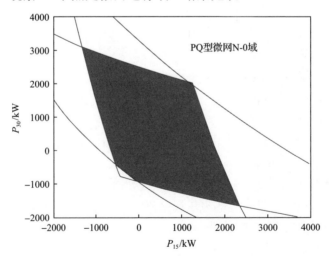

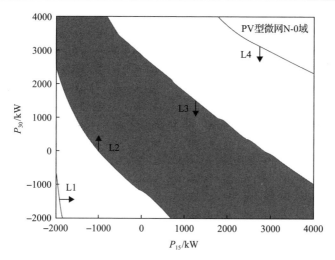

图 7-16　PQ 型与 PV 型 DG 的运行域对比

表 7-7　PV 型微网一维运行域

约束条件	30 节点微网出力状态		
	出力为–1000kW	出力为 0	出力为 2000kW
节点电压	–2000～4000	–2000～4000	–2000～4000
馈线容量	–150～3310	–940～2280	–1840～450
反向潮流	–2000～4000	–2000～4000	–2000～4000
所有约束	–150～3310	–940～2280	–1840～450
域长度	3460	3220	2290

PV 型微网一维运行域有如下特点:

(1)相同条件下, PV 型一维运行域一般比 PQ 型范围更大。

(2)PV 型微网运行域主要由容量边界围成。

(3)当 30 节点处微网出力变化时, 15 节点处微网的运行域仅由线路容量限制构成, 但各运行域长度不同。这是由于当 30 节点处微网出力不同时, 在 15 节点处微网有功功率一定的情况下, 为平衡节点电压, 所发出的无功功率不同。

4. DG 和微网运行域综合算例

1)算例修改

算例结构见图 7-17, 分别在 15 节点接入 PQ 型 MG, 在 21 节点接入 PV 型 MG, 在 24 节点接入 PQ 型 DG, 在 30 节点接入 PV 型 DG。

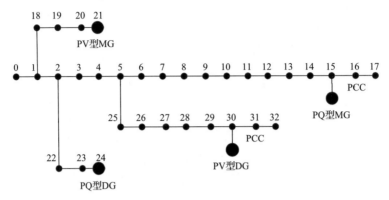

图 7-17　综合算例网络

2) DG 和微网一维运行域

依次在 17 节点处接入 PQ 型和 PV 型的微网、DG,其中微网的出力为–2~4kW,DG 的出力范围为 0~3kW。将 15 节点处 PQ 型微网有功功率设定为 210kW,功率因数设定为 0.894;21 节点处 PV 型微网有功功率设定为 260kW,电压标幺值设定为 1.02;24 节点处 PQ 型 DG 有功功率设定为 150kW,功率因数设定为 0.894;30 节点处 PV 型 DG 有功功率设定为 110kW,电压标幺值设定为 0.98;得出相应的 17 节点一维运行域如表 7-8 所示。

表 7-8　DG 和微网一维运行域

约束条件	运行域/kW			
	PQ 型 DG	PV 型 DG	PQ 型 MG	PV 型 MG
节点电压	0~1241	0~3000	–59~1241	–2000~4000
馈线容量	0~3000	0~1220	–550~4000	–1790~1220
反向潮流	0~3000	0~3000	–2000~3580	–2000~3910
所有约束	0~1241	0~1220	–59~1241	–1790~1220
运行域长度	1241	1220	1300	3010

观察所得出的运行域,可得出如下结论:

(1) DG 出力相同的条件下,DG 的运行域相当于微网运行域的一部分,微网运行域的范围更大。

(2) PQ 型 DG 或 MG 的运行域主要由节点电压限制条件构成;而 PV 型 DG 或 MG 的运行域主要由线路容量边界围成。

3) DG 和微网二维运行域

以 15 节点和 30 节点为例进行二维运行域研究,15 节点处 PQ 型微网出力情况同表 7-5,30 节点处 PV 型 DG 额定功率为 4MW,电压标幺值为 1,其余节点

出力情况不变,所得出的二维运行域如图 7-18 所示。L1、L2 为馈线容量边界,
L3 为反向潮流边界,L4、L5 为电压边界。其中,L2 为支路容量边界的原理如下:
15 节点 PQ 型微网发出功率对电压产生影响,30 节点 PV 型 DG 需要发出不同的
无功功率来使 30 节点电压稳定在 1,这就可能导致支路出口处无功功率过大,超
出馈线容量限制。

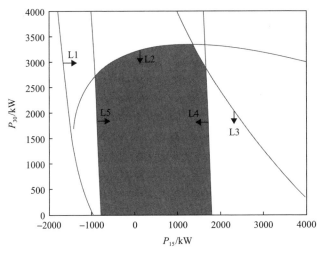

图 7-18　DG 和微网二维运行域

其他边界综合前面分析的 PQ 型和 PV 型微网边界特性便可得出。

将 15 节点处的微网换成可变负荷,设定最大负荷为 2kW,其余节点不变,
即得到 DG 和负荷的二维运行域,所得到的图像见图 7-19。

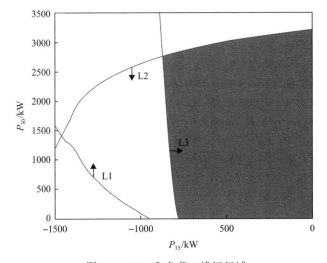

图 7-19　DG 和负荷二维运行域

从图 7-19 中可以看出，共有 L1～L3 共 3 条边界，其中，L1、L2 为馈线容量边界，L3 为电压边界。可以看出，由于此处的最大负荷与图 7-18 所对应的微网最大负荷相同，图 7-19 相当于图 7-18 的一部分。

与文献[9]不同，这里考虑多个 DG 的关系，二维运行域反映了 2 个 DG 同时变化时的各自的范围；同时考虑了不同类型的 DG，并计及线路潮流，因此得出的 DG 出力范围也更准确。

7.3　计及 DG 与需求响应的 DSSR

考虑智能配电网的两个主要元素：分布式电源(distributed generation，DG)和需求响应(demand response，DR)。DG 的接入是智能配电网的首要特征，7.1 节给出了有源配电网的全象限安全域，分析了 TQSR 二维截面的象限及形状特点。DR 是智能电网框架下重要的用户互动资源。文献[10]讨论了 DR 与 TSC 的关系，提出了计及 DR 的最大供电能力模型，指出 DR 可以增加 TSC。文献[11]指出 DR 会扩大 DSSR 的体积。

同时考虑 DG 和 DR 后，DSSR 的内涵将进一步延伸。首先是系统潮流由单向变为双向，此时从节点净功率视角观察，DSSR 将从传统的状态空间第一象限扩展到全部象限，同时呈现新的几何特征以及工作点越限模式。其次，传统配电网一般只能通过网络重构等少数手段调整工作点在 DSSR 中的位置，而 DG 和 DR 增强了系统的可控性，可以进一步发挥 DSSR 在优化决策方面的作用。

在较长时间里，城市配电网功能将仍然以向用户供电服务为主，消纳 DG 为辅，负荷安全性将优先被关注。因此这里将从负荷视角，建立计及 DG 和 DR 的 DSSR 模型，分析 DG、DR 对 DSSR 的影响。

7.3.1　计及 DG 和 DR 后的安全性

安全性涉及工作点、正常运行(N-0)约束与 N-1 安全约束，是建立安全域模型的基础。采用 7.1 节给出的含 DG 的配电安全域研究场景与假设。

1. 工作点与状态空间

工作点定义为配电系统正常运行时所有非平衡节点的负荷功率(不含 DG)构成的向量。辐射结构配电网中，平衡节点为支路出口。若系统非平衡节点数为 n，工作点 W 表示为

$$W = [S_{L,1}, \cdots, S_{L,i}, \cdots, S_{L,n}] \tag{7-15}$$

式中，W 为工作点向量；i 为节点编号，$1 \leqslant i \leqslant n, i \in N$；$n$ 为工作点维度；$S_{L,i}$ 为

节点 i 所接负荷功率；$S_{L,i}$ 运行在一定范围内，例如，不超过其配变容量。用户有基本的最小用电功率，$S_{L,i}$ 最小值通常不为 0，因此有

$$0 \leqslant S_{L,i}^{\min} \leqslant S_{L,i} \leqslant S_{L,i}^{\max} \tag{7-16}$$

式中，$S_{L,i}$ 为节点 i 所接负荷功率；$S_{L,i}^{\min}$ 和 $S_{L,i}^{\max}$ 分别为 $S_{L,i}$ 的下限和上限。所有合理范围工作点组成的有界集合定义为状态空间，记为 $\varTheta$。

2. 潮流方程

采用直流潮流假设，此时配电网潮流可简化为功率平衡方程，即支路流过功率等于其下游所有节点功率的代数和，如式(7-17)所示。

$$\begin{cases} S_{B,i} = |\sum\limits_{j \in \varLambda_{B,i}} (S_{L,j} + S_{DG,j})| \\ S_{T,i} = |\sum\limits_{j \in \varLambda_{T,i}} (S_{L,j} + S_{DG,j})| \end{cases} \tag{7-17}$$

式中，$S_{B,i}$ 和 $S_{T,i}$ 分别为支路 i 和主变 i 的功率；i 为主变或支路编号，$i \in N$；$\varLambda_{B,i}$ 和 $\varLambda_{T,i}$ 分别为支路 i 和主变 i 下游节点集合；$S_{L,j}$ 为节点 j 所接负荷功率；$S_{DG,j}$ 为节点 j 连接的所有 DG 出力。

3. 正常运行(N-0)约束

系统正常运行时，支路和主变功率不能超过其元件的额定容量。

(1) 支路容量约束：$\forall i \in B$ 有

$$S_{B,i} = |\sum\limits_{j \in \varLambda_{B,i}} (S_{L,j} + S_{DG,j})| \leqslant c_{B,i} \tag{7-18}$$

式中，$S_{B,i}$ 为支路 i 功率；$\varLambda_{B,i}$ 为支路 i 下游节点集合；$S_{L,j}$ 为节点 j 所接负荷功率；$S_{DG,j}$ 为节点 j 连接的所有 DG 出力；$c_{B,i}$ 为支路 i 容量；j 为节点编号；B 为所有支路的集合。

(2) 主变容量约束：$\forall i \in T$ 有

$$S_{T,i} = |\sum\limits_{j \in \varLambda_{T,i}} (S_{L,j} + S_{DG,j})| \leqslant c_{T,i} \tag{7-19}$$

式中，$S_{T,i}$ 为主变 i 功率；$\varLambda_{T,i}$ 为主变 i 下游节点集合；$S_{L,j}$ 为节点 j 所接负荷功率；$S_{DG,j}$ 为节点 j 连接的所有 DG 出力；$c_{T,i}$ 为主变 i 容量；j 为节点编号；T 为所有主变的集合。

4. N-1 安全约束

N-1 后某时刻工作点记为 $W(t+1)$。N-1 后的 S_L，S_{DG} 也以 $(t+1)$ 为记号。

1)N-1 后 DG 运行模式

DG 是网络固有元件的一部分，不是观测量，DG 类型不同对安全性影响也不同。DG 从可控性角度分为半可控型 DG；可控型 DG。

(1)半可控型 DG：出力单向可控，只可减不可增，如光伏。N-1 后为了保证网络可用容量，调度策略为保持 DG 的瞬时出力。进一步简化认为故障前后 DG 瞬时出力不变。

$$S_{DG}(t+1) = S_{DG} \qquad\qquad (7\text{-}20)$$

式中，$S_{DG}(t+1)$ 为 DG 在系统 N-1 后的出力；S_{DG} 为 DG 正常运行出力。

(2)可控型 DG：出力双向可控，可增可减，如小型柴油机。N-1 后，为了保证网络可用容量充分，调度策略为保持 DG 出力为额定值。

$$S_{DG}(t+1) = S_{DG,max} \qquad\qquad (7\text{-}21)$$

式中，$S_{DG}(t+1)$ 为 DG 在系统 N-1 后的出力；$S_{DG,max}$ 为 DG 额定出力。

DG 从 N-1 动作模式分为脱网型 DG；并网型 DG；孤岛型 DG。

(1)脱网型 DG：N-1 后直接脱网运行。

$$S_{DG}(t+1) = 0 \qquad\qquad (7\text{-}22)$$

式中，$S_{DG}(t+1)$ 为 DG 在系统 N-1 后的出力。

(2)并网型 DG：N-1 后并网运行，且系统不形成孤岛，DG 出力与式(7-21)和式(7-22)相同。

(3)孤岛型 DG：均为全可控型，N-1 后并网运行但形成孤岛，岛内满足功率平衡：

$$\begin{cases} \sum\limits_{i\in\varOmega_{ISD}} [S_{DG,i}(t+1) + S_{L,i}(t+1)] = 0 \\ S_{DG}(t+1) \leqslant S_{DG,max} \end{cases} \qquad (7\text{-}23)$$

式中，$\varOmega_{ISD}$ 为孤岛所含节点的集合；$S_{DG,i}(t+1)$ 和 $S_{L,i}(t+1)$ 分别为系统 N-1 后节点 i 的 DG 出力和负荷功率；i 为节点编号；$S_{DG}(t+1)$ 为 DG 在系统 N-1 后的出力；$S_{DG,max}$ 为 DG 额定出力。

2) N-1 后 DR 运行模式

以可中断负荷为典型对象研究: DR 在 N-1 后的模型简化为用户允许系统 N-1 后主动削减一定的负荷比例:

$$S_{L,i}(t+1)=(1-\alpha_i)S_{L,i} \tag{7-24}$$

式中, $S_{L,i}(t+1)$ 为系统 N-1 后节点 i 的负荷功率; $S_{L,i}$ 为节点 i 的负荷功率; α_i 为节点 i 的用户负荷允许削减的比例系数, $0\leqslant\alpha_i\leqslant1$; $\alpha_i=1$ 表示用户 i 允许在系统 N-1 后完全停电; $\alpha_i=0$ 表示用户 i 不参与互动。

由于观测变量是 N-0 时刻的 W, 而模型又要计及 N-1 时刻 $W(t+1)$ 的安全约束, 因此需要将 $W(t+1)$ 转化为 W, 这个转化关系可以用映射 h 描述, $h:W\rightarrow W(t+1)$。

传统 N-1 安全性分析认为 $W=W(t+1)$, 因为 N-1 前后负荷瞬时功率不变(时间很短)。但是含 DR 的情况则不是恒等的映射, 有

$$h:\quad W(t+1)=(E-E\alpha)W$$
$$\alpha=[\alpha_1,\cdots,\alpha_i,\cdots,\alpha_n] \tag{7-25}$$

式中, E 为单位矩阵; α 为各个可中断负荷削减负荷比例系数组成的向量, $0\leqslant\alpha\leqslant1$。映射 h 只由 DR 决定而与 DG 无关, 原因是 W 定义中不含 DG。

3) N-1 后安全约束表达式

元件 k 发生 N-1 后, 为恢复非故障区供电, 配电网将重构形成新的拓扑结构, 元件 k 相关的功率平衡方程也会相应变化。

(1) N-1 支路容量约束: $\forall i\in B,\psi_k\notin B$ 有

$$S_{B,i}(k)=\Big|\sum_{j\in\Lambda_{B,i}(k)}[(1-\alpha_i)\cdot S_{L,j}+S_{DG,j}(t+1)]\Big|\leqslant c_{B,i} \tag{7-26}$$

式中, ψ_k 为元件 k 故障; $S_{B,i}(k)$ 和 $\Lambda_{B,i}(k)$ 分别为元件 k 发生 N-1 后支路 B_i 的功率以及 B_i 下游节点集合。

(2) N-1 主变容量约束: $\forall i\in T,\psi_k\notin T$ 有

$$S_{T,i}(k)=\Big|\sum_{j\in\Lambda_{T,i}(k)}[(1-\alpha_i)\cdot S_{L,j}+S_{DG,j}(t+1)]\Big|\leqslant c_{T,i} \tag{7-27}$$

式中, $S_{T,i}(k)$ 和 $\Lambda_{T,i}(k)$ 分别为元件 k 发生 N-1 后主变 T_i 的功率以及 T_i 下游节点集合。

设故障集为 $\Psi=\{\psi_1,\cdots,\psi_i,\cdots,\psi_k\}$, 若某工作点 W 下, $\forall\psi_k\in\Psi$, 式(7-26)和式(7-27)均成立, 那么 W 满足 N-1 安全准则。

7.3.2　数学模型

由 7.3.1 节可得 DSSR 模型见式(7-28)：

$$\Omega_{\mathrm{DSSR}} = \{W = [S_{\mathrm{L},1}, \cdots, S_{\mathrm{L},i}, \cdots, S_{\mathrm{L},n}] \in \Theta\}$$

$$\text{s.t. A} \quad 0 \leqslant S_{\mathrm{L},i}^{\min} \leqslant S_{\mathrm{L},i} \leqslant S_{\mathrm{L},i}^{\max}$$

$$\text{s.t. B} \begin{cases} S_{\mathrm{B},i} = |\sum_{j \in \Lambda_{\mathrm{F},i}} (S_{\mathrm{L},j} + S_{\mathrm{DG}_j})| \leqslant c_{\mathrm{B},i}, \quad \forall i \in B \\ S_{\mathrm{T},i} = |\sum_{j \in \Lambda_{\mathrm{T},i}} (S_{\mathrm{L},j} + S_{\mathrm{DG}_j})| \leqslant c_{\mathrm{T},i}, \quad \forall i \in T \end{cases}$$

$$\text{s.t. C}, \forall \psi_k \in \Psi,$$

$$\begin{cases} S_{\mathrm{B},i}(k) = |\sum_{j \in \Lambda_{\mathrm{B},i}(k)} [(1-\alpha_i) \cdot S_{\mathrm{L},j} + S_{\mathrm{DG},j}(t+1)]| \leqslant c_{\mathrm{B},i}, \\ \forall i \in B, \psi_k \notin B \\ S_{\mathrm{T},i}(k) = |\sum_{j \in \Lambda_{\mathrm{T},i}(k)} [(1-\alpha_i) \cdot S_{\mathrm{L},j} + S_{\mathrm{DG},j}(t+1)]| \leqslant c_{\mathrm{T},i}, \\ \forall i \in T, \psi_k \notin T \end{cases} \tag{7-28}$$

式中，s.t.A 为式(7-16)所示状态空间约束，表示负荷运行范围；s.t.B 为式(7-18)和式(7-19)所示的 N-0 安全约束，表示正常运行时支路和主变容量不越限；s.t.C 为 N-1 安全准则约束，对于故障集 Ψ 任一故障，式(7-26)和式(7-27)所示 N-1 安全约束均成立。

相比 7.1 节的 TQSR 模型，计及 DG 和 DR 的 DSSR 模型区别在于：

(1)工作点视角不同，这里为负荷，TQSR 为节点的总功率；

(2)DG 类型方面，TQSR 只考虑了并网型；

(3)N-1 后考虑了 DR 作用，TQSR 没有考虑。

7.3.3　算例分析

1. 总体思路

通过观测 DSSR 的二维截面，分析 DG 和 DR 对 DSSR 的影响，思路如下：

(1)先根据模型(7-28)列写安全边界表达式，再投影到二维平面进行观测。

(2)先分别研究 DG、DR 单独对 DSSR 的影响，与传统无源配电网进行对比。再研究同时含 DG 和 DR 场景下的 DSSR。

2. DG 对 DSSR 的影响

首先研究不同类型 DG 对 DSSR 的影响，采用算例 1 如图 7-20 所示。

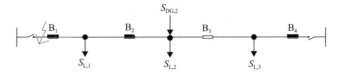

图 7-20　含 DG 配电网算例

不同场景(case)下 DG$_2$ 的类型不同，见表 7-9。

表 7-9　算例 1 不同场景下的 DG 类型

场景	DG 动作模式	可控类型	S_{DG}(N-0)/(MV·A)	S_{DG} (t+1)/(MV·A)
C0	传统无源配电网	传统无源配电网	—	—
C1	I	A	0.3	0
C2	I	B	0.3	0
C3	II	A	0.3	0.3
C4	II	B	0.3	0.4
C5	III (DG$_2$,L$_1$,L$_2$ 形成孤岛)	B	0.3	0.4

注：I 脱网型 DG，II 并网型 DG，III 孤岛型 DG；A 半可控型 DG，B 可控型 DG。

所有节点负荷范围均为[0.1MV·A,0.8MV·A]，所有支路容量为1MV·A。

1)边界方程

根据 N-1 后 DG 动作方式的不同，列写边界方程，见表 7-10。为简化分析只考虑支路 B$_1$ 退出运行。

表 7-10　算例 1 TQSR 边界表达式

运行模式	C0	C1	C2	C3	C4	C5
N-0	$S_{L,1}+S_{L,2}$=1 $S_{L,3}$=1	$S_{L,1}+S_{L,2}$=1.3 $S_{L,3}$=1	$S_{L,1}+S_{L,2}$=1.3 $S_{L,3}$=1	$S_{L,1}+S_{L,2}$=1.3 $S_{L,3}$=1	$S_{L,1}+S_{L,2}$=1.3 $S_{L,3}$=1	$S_{L,1}+S_{L,2}$=1.3 $S_{L,3}$=1
N-1	$S_{L,1}+S_{L,2}+S_{L,3}$=1	$S_{L,1}+S_{L,2}+S_{L,3}$=1	$S_{L,1}+S_{L,2}+S_{L,3}$=1	$S_{L,1}+S_{L,2}+S_{L,3}$=1.3	$S_{L,1}+S_{L,2}+S_{L,3}$=1.4	$S_{L,1}+S_{L,2}$=0.4 $S_{L,3}$=1

2)图像分析

将表 7-10 的边界方程投影到二维平面上，选择 2 个观测变量，固定其他变量为常数。选择观察负荷 $S_{L,1}$，$S_{L,2}$，固定 $S_{L,3}$=0.2MV·A。N-0 和 N-1 域的投影分别如图 7-21 和图 7-22 所示。

图 7-21、图 7-22 中虚线围成的矩形为状态空间截面，斜实线为不同场景(由 C0～C5 表示)的 N-0 或 N-1 安全边界。安全边界切割状态空间靠原点 O 的部分为安全域截面。

首先采用文献[12]的 N-1 逐点仿真法对 DSSR 计算结果进行验证，验证结果表明计算所得边界是有效的，部分校验结果见表 7-11。

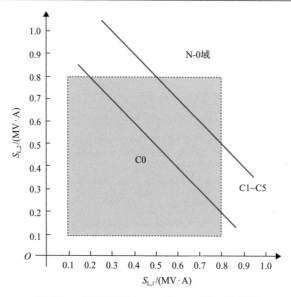

图 7-21　不同场景含 DG 的 N-0 域二维截面

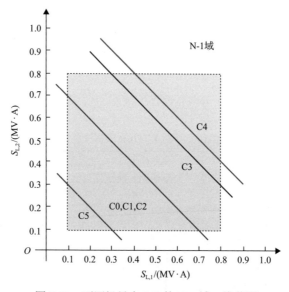

图 7-22　不同场景含 DG 的 N-1 域二维截面

表 7-11　算例 1 中 C3 场景的 N-1 边界校验结果

工作点	相对边界 C3 位置	校验支路	转带支路	剩余容量/(MV·A)			违背约束	校验结果
				B_2	B_3	B_4		
(0.5，0.4，0.2)	内	B_1	B_4	0.5	0.4	0.2	无	安全
(0.6，0.5，0.2)	边界上	B_1	B_4	0.4	0.2	0	无	临界安全
(0.6，0.7，0.2)	外	B_1	B_4	0.4	0	-0.1	有	不安全

观察分析图 7-21、图 7-22 有如下结论：

(1)DG 对 N-0 域的影响。

将图 7-21 中的二维 N-0 域从小到大排序：C0<C1=C2=C3=C4=C5。可知相比于传统无源配电网(C0)，DG 接入后可以扩大 N-0 域的大小。

分析：DG 的接入等效于增加其上游支路的可用容量，而这些支路容量又往往是 N-0 安全性的瓶颈，因此会扩大工作点的 N-0 安全运行范围。又因为算例正常运行时不同类型 DG 出力都相同，因此 C1～C5 相比于 C0 的扩大程度相同。

(2)DG 对 N-1 域的影响。

将图 7-22 中的二维 N-1 域从小到大排序：C5<C0=C1=C2<C3<C4。可知：①相比于传统无源配电网，脱网型 DG 的 N-1 域面积不变，即 C0=C1=C2；②含孤岛型 DG 的系统 N-1 域缩小了，即 C5<C0。③并网型 DG 接入可以扩大 N-1 域的面积，且全可控 DG 比半可控 DG 的增幅要大，即 C2<C3<C4。

分析：首先，脱网型 DG 在系统 N-1 后会主动脱离电网，此时系统退变成为无源网，因此 C0=C1=C2。

其次，对于含孤岛型 DG 的系统，除了支路容量约束，还有孤岛内 DG 发电容量约束。而城市电网的 DG 容量往往小于所在支路容量，从而孤岛内 DG 的容量成为系统整体的瓶颈约束，对应 N-1 域的面积更小。换言之，图 7-22 中 C5 的边界含义是 DG 出力约束，而 C0～C4 都是支路容量约束。

C5 的 N-1 域比传统无源配电网 N-1 安全域都要小(C5<C0)，这是因为 N-1 后 C5 失去了上游主变这个最大的电源。因此，在结构满足 N-1 安全的系统中，建议不采用 DG 孤岛运行的模式。当系统结构上不满足 N-1 安全(例如，辐射线无联络)或系统发生 N-2 故障后，孤岛运行才能反映其优势。

最后，并网型 DG 会扩大 N-1 域，其机理与 DG 对 N-0 域的影响相同，都是等效扩大了支路容量。C3<C4 是因为 N-1 后 DG 出力大小不同，C3 是半可控型，出力为瞬时功率；C4 是全可控型，出力为额定功率，由此也可看出域的扩大程度与 DG 的 N-1 后出力大小是正相关的。

3. DR 对 DSSR 的影响

采用算例 2 如图 7-23 所示，网架结构与算例 1 相同，无 DG。

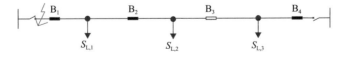

图 7-23　含 DR 配电网算例

所有节点负荷范围均为[0.1MV·A,0.7MV·A]，所有支路容量为 1MV·A。设定不同 DR 场景如表 7-12。

表 7-12　DR 场景描述与削减负荷系数

场景	描述	α_1	α_2	α_3
C0	传统配电网无需求响应	0	0	0
C1	用户 L_1, L_2, L_3 都签订可中断负荷协议	0.4	0.2	0.4
C2	只一个用户 L_1 签订可中断负荷协议	0.4	0	0

1)边界方程

根据 DR 策略的不同,列写边界方程,见表 7-13。

表 7-13　算例 2 DSSR 边界表达式

运行模式	C0	C1	C2
N-0	$S_{L,1}+S_{L,2}=1$, $S_{L,3}=1$	$S_{L,1}+S_{L,2}=1$, $S_{L,3}=1$	$S_{L,1}+S_{L,2}=1$, $S_{L,3}=1$
N-1	$S_{L,1}+S_{L,2}+S_{L,3}=1$	$0.6S_{L,1}+0.8S_{L,2}+0.6S_{L,3}=1$	$0.6S_{L,1}+S_{L,2}+S_{L,3}=1$

2)图像分析

将表 7-13 的边界方程投影到二维平面上,选择观察 $S_{L,1}$、$S_{L,2}$,固定 $S_{L,3}=0.2$MV·A, 如图 7-24 所示。

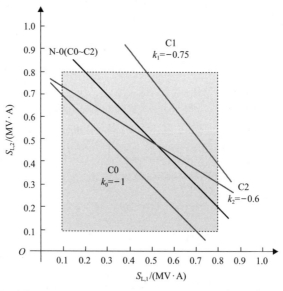

图 7-24　不同场景下含 DR 的 DSSR 二维截面

图 7-24 中虚线围成的矩形为状态空间截面。N-0(C0~C2)为 N-0 边界,因为 DR 定义在 N-1 之后,因此三个场景的 N-0 域是相同的(均为传统无源配电网)。 单独的 C0、C1、C2 分别为场景 C0~C2 的 N-1 安全边界,k 为边界的斜率。安全 边界切割状态空间靠原点 O 的部分为安全域截面。

观察分析图 7-24 可知：

(1) DR 会扩大 N-1 域的范围。

将图 7-24 中的二维 N-1 域大小排序：C0＜C2＜C1。

首先，对比 C1 和 C0 可知，多个参与 DR 的用户会共同扩大 N-1 域的大小，获得 N-1 安全性收益。其次，对比 C2 和 C0 可知，一个用户参与 DR，则不参加 DR 的用户也会有 N-1 安全性收益。最后，对比 C2 和 C1 可知，从系统 N-1 安全收益角度，多个用户参加 DR 比某个用户单独参加 DR 的收益更多。

(2) DR 会改变 N-1 域和 N-0 域的相交模式。

对比 C1-C0 以及 C2-C0 均发现：含 DR 系统其 DSSR 的 N-1 边界比 N-0 边界更靠外，或者与 N-0 边界互相有交错。这与传统 DSSR 的结论"N-0 边界一定在 N-1 边界外侧"有很大不同[13]。原因是 DR 用户在 N-1 后牺牲的负荷等效扩大了支路的备用容量，带来了 N-1 安全性的提升，而 N-0 安全性却没有改变。

因此，在刻画含 DR 系统的 DSSR 时，N-0 安全边界不可省略。建议对于可中断负荷比例较大的用户，其 N-0 负荷水平也需要额外注意，不能因为 N-1 校验通过就忽视了 N-0 安全。

(3) DR 会改变 N-1 域斜边界的斜率（角度）。

由 C1 和 C2 可知，含 DR 的 DSSR 边界斜率不一定为–1，本算例分别为 k_1= –0.75 和 k_2=0.6。而传统 DSSR 斜边斜率均为–1（即使考虑网损和电压约束），两者有很大不同。

不同用户参与 DR 后，在不同方向上域的面积扩大的程度不同，这表明了不同用户对系统 N-1 安全性做出让步意愿的差异，如图 7-25 所示，用户 L_1 比 L_2 的

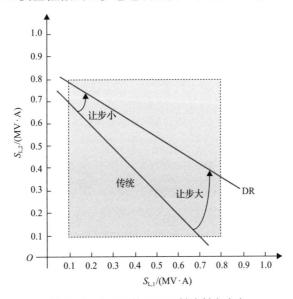

图 7-25　含 DR 的 DSSR 斜边斜率含义

让步意愿更强烈。因此，建议通过主动调整 DR 的策略，优化 DSSR 的形状，达到优化系统安全性的目的。

4. DG 和 DR 对 DSSR 的综合影响

以算例 1 网架结构(图 7-20)为基础，DG 选择并网全可控型(表 7-11 中的 C4)。DR 的策略为表 7-11 中的 C2：$\alpha_1=0.4$，$\alpha_2=0$，$\alpha_3=0$。边界方程如表 7-14 所示。

表 7-14　DSSR 边界方程表达式

运行模式	C0	C2
N-0	$S_{L,1}+S_{L,2}=1$ $S_{L,3}=1$	$S_{L,1}+S_{L,2}=1.3$ $S_{L,3}=1$
N-1	$S_{L,1}+S_{L,2}+S_{L,3}=1$	$0.6S_{L,1}+S_{L,2}+S_{L,3}=1.4$

将表 7-14 的边界方程投影到二维平面上，选择观察 $S_{L,1}$,$S_{L,2}$,固定 $S_{L,3}=0.2\text{MV}\cdot\text{A}$，如图 7-26 所示。

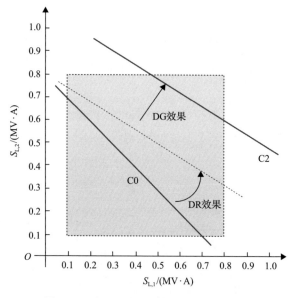

图 7-26　含 DG 和 DR 的 DSSR 二维截面

图 7-26 中，下方斜实线 C0 是传统配电网 DSSR 的 N-1 安全边界，与图 7-21 和图 7-22 中的 C0 相同；斜虚线是图 7-24 中的 C2 线，只考虑了 DR；上方斜实线是本算例 DSSR 的 N-1 边界线，考虑了 DG 和 DR。

由图 7-26 可知，同时考虑 DG 和 DR 的系统 DSSR 边界，等效于 DG 和 DR 单独作用效果的叠加。其中，C0 到斜虚线是 DR 带来的改变，而斜虚线到 C2 的平移是 DG 带来的改变。

7.4　柔性配电网的安全域

随着电力电子技术的发展，通过电力电子柔性化是未来电网发展的一个重要特征。先进的电力电子技术可以构建灵活、可靠、高效的配电网，既能提升电网的可靠性、电能质量与运行效率，还能提高对可再生能源的消纳能力。

电力电子大规模应用于配电网后，将形成柔性配电网(flexible distribution network，FDN)[14,15]。已有研究涉及 FDN 的组网形态、运行方式、过渡方法、N-1安全校验以及最大供电能力等。本节介绍 FDN 的安全域，并与传统配电网(traditional distribution network，TDN)进行对比。

7.4.1　FDN 与智能配电网相关概念

1. FDN 的概念

TDN 闭环设计开环运行的原因是为了控制短路电流、电磁环网等问题，这种运行方式对供电可靠性、安全性以及设备利用率等都有一定影响。

为解决 TDN 运行模式所带来的不足，文献[14]、[15]提出 FDN 的概念，FDN 可实现柔性闭环运行，优势主要体现在两方面：①闭环。闭环点可以阻断短路电流，配合先进的自动化设备，能做到故障后避免短时停电，提高用户供电可靠性。②柔性。柔性可使闭环点对所连的多回馈线进行潮流连续调节，充分地利用多回馈线之间的联络通道和容量，提高了电网的安全性以及设备利用率。

FDN 的关键组网设施为柔性开闭站(flexible switching station，FSS)[14]，FSS核心是一台多端柔性装置，可以看成通过母线连接的多个柔性开关构成的开闭站，其中柔性开关本质上是电力电子装置，通常情况为两端设备，常用在联络开关处，单台柔性开关可以看作两端 FSS(等价为软开关(soft open point，SOP))的特例。

FDN 并非全面采用 FSS，而是在部分关键位置(节点/支路)安装 FSS[15]，这是由于目前电力电子设备价格昂贵、控制复杂、损耗以及可靠性等问题，尚不适合大规模应用。随着科学技术发展以及新型电力电子器件的出现，未来 FSS 将有广阔的应用前景。

2. 与智能配电网相关概念的关系

目前，新一代配电网已有若干提法，例如，智能配电网、有源配电网、主动配电网(active distribution network，ADN)、直流配电网及交直流混合配电网等。

智能配电网是新一代配电网的统称，其他概念都属于智能配电网，其主要特征分为外在和内在。外在是指电网服务对象(电源、负荷)的变化，包括：分布式

电源、分布式储能、用户互动等。内在是指电网自身(网络)变化,包括两方面:
①电力电子技术对一次系统(物理系统)的升级;②信息与通信技术对二次系统(信息系统)的换代改造。FDN属于智能配电网子集,也源自智能配电网,是针对内在变化第①个方面来说的。

　　FDN与有源配电网/ADN从概念上既有联系也有区别,联系是柔性化能从一次系统角度提高电网潮流转移调节能力,对提高整个配电网主动调节性也是有益的。电网含有DG后提出有源配电网的概念。区别是ADN主要针对DG主动调度,使其与电网协同工作,而FDN针对电网,让其具备柔性能力,柔性化有助于ADN提高主动调节能力和消纳DG。

　　FDN与直流配电网/交直流混合配电网联系最为紧密,也有明显区别。联系是都大量采用电力电子设备,区别在于FDN是对电网的柔性调节,交直流讨论的是能量的形式。FDN既适合新的直流配电网、交直流混合配电网的升级,更适合目前普遍存在的传统交流配电网的升级。

　　FDN概念的建立有利于研究及应用人员对智能配电网概念的理解,这个概念能清楚地说明一次系统部分电力电子化后的网络特征。若仅仅提电力电子化,可能理解为用户侧(负荷、DG、储能)的电力电子接口,而FDN概念清晰地明确了网中采用电力电子设备后,对潮流具有柔性闭环调控能力,为后续电力电子应用到配电网(例如,FSS位置选点、柔性化程度论证等)中打好概念基础。

7.4.2　FDN的安全约束

　1. 预备工作

　　在FDN中,选取馈线中的节点负荷作为状态变量,而不是TDN选取的馈线出口负荷。原因如下:TDN闭环设计开环运行,单个负荷供电只来自一个电源,馈线出口功率等于负荷加上网损,近似等于负荷。为与配电网数据采集实际情况以及调度人员习惯一致,在研究TSC、DSSR以及N-1安全性时,一般都选取馈线出口(多联络部分为馈线段)的功率作为状态变量。而FDN柔性闭环运行,一个节点的负荷可能同时来自多方向的馈线供电,典型情况为一端来自馈线出口,另一端来自FSS,馈线中负荷可能大于馈线出口负荷,此时馈线负荷不能代表该馈线中所有负荷,需要采用馈线中的负荷作为状态变量。

　　与目前TSC和DSSR的大部分文献相同,也采用直流潮流,不详细计及电压降和网损。为与N-1对应,将不计N-1的情况称为N-0(正常运行),N-0时电网最大供电能力称为TSC0。

　　FDN以图7-27为主要拓扑结构进行说明,分析FDN的N-0/N-1安全约束。

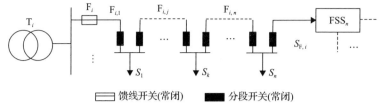

馈线开关(常闭)   分段开关(常闭)

图 7-27   FDN 局部网络拓扑结构

图 7-27 中，T_i 为主变 i；F_i 为馈线 i；$F_{i,j}$ 为馈线段；S_k 为节点 k 的功率；$S_{F,i}$ 为馈线 F_i 注入 FSS 的功率。

2. N-0 安全约束

1）N-0 潮流方程

定义馈线 F_i 流入 FSS 功率为 $S_{F,i}$，流过 F_i 的馈线段 $F_{i,j}$ 功率为下游所有节点功率与 $S_{F,i}$ 之和，即

$$S_{F_{i,j}} = \sum_{k \in \Lambda_{F_{i,j}}} S_k + S_{F,i} \tag{7-29}$$

$$\sum_{F_i \in FSS_n} S_{F,i} = 0 \tag{7-30}$$

式中，$S_{F_{i,j}}$ 为流过 F_i 的馈线段 $F_{i,j}$ 的功率；S_k 为节点 k 的功率且 $0 \leqslant S_k \leqslant S_{k,\max}$（$S_{k,\max}$ 为节点允许最大功率）；$\Lambda_{F_{i,j}}$ 为 $F_{i,j}$ 下游的所有节点集合；FSS_n 为第 n 个 FSS；$F_i \in FSS_n$ 为 F_i 与 FSS_n 有联络。

式(7-29)表示流过 $F_{i,j}$ 功率为其下游所有节点功率与流入 FSS_n 的功率 $S_{F,i}$ 之和；式(7-30)表示流入 FSS_n 功率为 0，遵守能量守恒。

在上述馈线段潮流方程的基础上，主变 T_i 的功率可表示为所属 T_i 的馈线出口功率之和，即

$$S_{T,i} = \sum_{F_i \in \Lambda_{T,i}} \left(\sum_{k \in \Lambda_{F_{i,1}}} S_k + S_{F,i} \right) \tag{7-31}$$

式中，$S_{T,i}$ 为 T_i 功率；$\Lambda_{T,i}$ 为所属 T_i 的馈线集合；$F_{i,1}$ 为所属 F_i 出口馈线段；S_k 为节点 k 的功率且 $0 \leqslant S_k \leqslant S_{k,\max}$（$S_{k,\max}$ 为节点允许最大功率）；$S_{F,i}$ 为馈线 F_i 流入 FSS 功率。

相比 TDN 的 N-0 潮流方程，FDN 最大特点在于与 FSS 相联络的馈线处于柔性闭环运行，馈线之间相互连通，N-0 运行时存在端口调节量 $S_{F,i}$；而 TDN 馈线间在 N-0 运行时处于断开状态，即上述所述潮流方程中没有 $S_{F,i}$ 这一项。

需要指出，如果 F_i 与 FSS_n 无联络，则 $S_{F,i}$ 为 0，即无功率注入 FSS_n。

2) N-0 安全约束

在忽略电压降以及无功约束的情况下，FDN 的 N-0 安全约束主要考虑全网馈线段容量、主变容量以及 FSS 端口调节量等约束，由上面 N-0 潮流方程可得 N-0 安全约束：

$$S_{F_{i,j}} = \sum_{k \in \varLambda_{F_{i,j}}} S_k + S_{F,i} \leqslant c_{F_{i,j}}, \qquad \forall F_{i,j} \in F \tag{7-32}$$

$$S_{T,i} = \sum_{F_i \in \varLambda_{T,i}} \left(\sum_{k \in \varLambda_{F_{i,1}}} S_k + S_{F,i} \right) \leqslant c_{T,i}, \qquad \forall T_i \in T \tag{7-33}$$

$$|S_{F,i}| \leqslant c_{FSS,n}, \qquad \forall FSS_n \in F_{SS} \tag{7-34}$$

式中，$c_{F_{i,j}}$ 为馈线段 $F_{i,j}$ 容量；$c_{T,i}$ 为 T_i 容量；$c_{FSS,n}$ 为与第 n 个 FSS 相连的馈线段容量；F 为全网馈线段集合；T 为全网主变集合；F_{SS} 为全网 FSS 集合。

式(7-32)为馈线段容量约束，表示流过馈线段的功率不大于该馈线段的容量；式(7-33)为主变容量约束，表示所属 T_i 的馈线出口功率之和不大于该主变容量；式(7-34)为 FSS 端口调节量约束，表示流入 FSS 功率的绝对值不能超过与之相连的馈线段容量，由于 FSS 端口调节量可取"±"，因此，FSS 端口调节量约束需要加绝对值。

需要指出，上述约束忽略 FSS 端口容量约束，这是由于通常情况下，为了发挥 FSS 最大优势，其端口容量一般不小于与之相连的馈线段容量。

3. N-1 安全约束

FDN 在闭环点可等效为负荷-发电机模型，视为开环处理。因此，馈线 N-1 仍考虑现有配电网规划中最常用的馈线出口故障情况。

1) N-1 潮流方程

N-1 故障后，FDN 与 TDN 的潮流方程都会发生变化。TDN 某元件 ψ（馈线/主变）发生 N-1 故障后，为恢复非故障区供电，TDN 将故障区的负荷通过开关操作转带出去，开关操作后将形成新的拓扑结构，因此，TDN N-1 故障后流过 $B_{i,j}$ 潮流与 T_i 功率将发生变化；而在 FDN 中由于电网处于柔性闭环运行状态，某元件 ψ 发生 N-1 故障后，相关的 FSS 端口将进行功率紧急支援，因此，FDN N-1 故障后，非故障元件的功率也将改变，但 FDN 中的潮流变化并非像 TDN 中由于开关操作而引起。

同理，某元件 ψ 发生 N-1 故障后，定义流入 FSS 功率为 $F'_{i,j}$，因此，流过 F_i 的馈线段 $F_{i,j}$ 功率为 $F_{i,j}$ 下游的所有节点功率与 $F'_{i,j}$ 之和，即

$$S_{\mathrm{F}_{i,j}} = \sum_{k \in \Lambda_{\mathrm{F}_{i,j}}} S_k + S'_{\mathrm{F},i}, \qquad \forall \psi \notin F, \forall \mathrm{F}_{i,j} \in F \tag{7-35}$$

$$\sum_{\mathrm{F}_i \in \mathrm{FSS}_n} S'_{\mathrm{F},i} = 0 \tag{7-36}$$

式中，$S_{\mathrm{F}_{i,j}}$ 为流过 F_i 的馈线段 $\mathrm{F}_{i,j}$ 的功率；S_k 为节点 k 的功率且 $0 \leqslant S_k \leqslant S_{k,\max}$（$S_{k,\max}$ 为节点允许最大功率）；$\Lambda_{\mathrm{F}_{i,j}}$ 为 $\mathrm{F}_{i,j}$ 下游的所有节点集合；FSS_n 为第 n 个 FSS；$\mathrm{F}_i \in \mathrm{FSS}_n$ 为 F_i 与 FSS_n 有联络；F 为全网馈线段集合。

式(7-35)表示流过非故障元件 $\mathrm{F}_{i,j}$ 功率为其下游所有节点功率与流入 FSS_n 功率之和；式(7-36)表示故障后流入 FSS_n 功率为 0，遵守能量守恒。

若故障发生在馈线段，与故障元件相连的 FSS 端口将进行紧急功率支援，其端口输出功率，功率大小等于故障馈线段下游的总负荷，其余端口吸收功率。根据流入 FSS_n 功率为 0，式(7-36)改写为

$$\sum_{\mathrm{F}_i \in \mathrm{FSS}_n} S'_{\mathrm{F},i} = \left(\sum_{k \in \Omega(\psi)} S_k, 0 \right) \tag{7-37}$$

式中，$\Omega(\psi)$ 为故障馈线段下游所有节点功率的集合。

式(7-37)表示 F_i 与 FSS 有联络且所属 F_i 上的馈线段发生故障时，式(7-37)结果取 $\sum_{k \in \Omega(\psi)} S_k$；反之，非所属 F_i 上的馈线段发生故障时，式(7-37)结果取 0。

在主变发生 N-1 故障时，在不考虑站内转带的情况下，故障主变所带负荷通常需要通过联络馈线转带出去，因此，同样可以简化为所属故障主变的多回馈线同时发生馈线出口故障，同样与 FSS 相连的馈线(所属故障主变)端口将进行功率紧急支援。根据 T_i 功率为所属 T_i 的馈线出口功率之和，即

$$S_{\mathrm{T},i} = \sum_{\mathrm{F}_i \in \Lambda_{\mathrm{T},i}} \left(\sum_{k \in \Lambda_{\mathrm{F}_{i,1}}} S_k + S'_{\mathrm{F},i} \right), \qquad \forall \psi \notin T, \forall \mathrm{T}_i \in T \tag{7-38}$$

2）N-1 安全约束

FDN 的 N-1 安全约束同样主要考虑全网馈线段容量、主变容量以及 FSS 端口调节量等约束，由上面的 N-1 潮流方程可得 N-1 安全约束：

$$S_{\mathrm{F}_{i,j}} = \sum_{k \in \Lambda_{\mathrm{F}_{i,j}}} S_k + S'_{\mathrm{F},i} \leqslant c_{\mathrm{F}_{i,j}}, \qquad \forall \psi \notin F, \forall \mathrm{F}_{i,j} \in F \tag{7-39}$$

$$S_{\mathrm{T},i} = \sum_{\mathrm{F}_i \in \Lambda_{\mathrm{T},i}} \left(\sum_{k \in \Lambda_{\mathrm{F}_{i,1}}} S_k + S'_{\mathrm{F},i} \right) \leqslant c_{\mathrm{T},i}, \qquad \forall \psi \notin T, \forall \mathrm{T}_i \in T \tag{7-40}$$

$$\left| S'_{\mathrm{F},i} \right| \leqslant c_{\mathrm{FSS},n}, \forall \mathrm{FSS}_n \in F_{\mathrm{SS}} \tag{7-41}$$

式(7-39)为馈线段容量约束,表示故障元件 ψ 退出运行后,流过馈线段功率不大于该馈线段容量;式(7-40)为主变容量约束,表示故障元件 ψ 退出运行后,所属 T_i 的馈线出口功率之和不大于该主变容量;式(7-41)为 FSS 端口调节量约束,表示故障元件 ψ 退出运行后,流入 FSS 功率的绝对值不超过与之相连的馈线段容量。

设 FDN 工作点 W 为所有非平衡节点功率所构成的向量,即

$$W = [S_1, \cdots, S_k, \cdots, S_n] \tag{7-42}$$

因此,定义在故障集 Ψ 下,若对 $\forall \psi \in \Psi$,FSS 存在一种转带策略,使得工作点 W 满足式(7-39)~式(7-41),则称工作点 W 满足 N-1 安全准则。

7.4.3　数学模型

FDN 安全域中工作点 W 需要满足 N-0 约束以及元件 ψ 发生 N-1 后的约束(满足 N-1 安全准则)。

在任意工作点 $W=[S_1, \cdots, S_k, \cdots, S_n]$ 以及系统故障集 Ψ 下,可得 FDN 安全域模型如下:

$$\text{s.t.A}, 0 \leqslant S_k \leqslant S_{k,\max}$$

$$\text{s.t.B}\begin{cases} S_{\mathrm{F}_{i,j}} = \displaystyle\sum_{k \in \Lambda_{\mathrm{F}_{i,j}}} S_k + S_{\mathrm{F},i} \leqslant c_{\mathrm{F}_{i,j}}, & \forall \mathrm{F}_{i,j} \in F \\[3mm] S_{\mathrm{T},i} = \displaystyle\sum_{\mathrm{F}_i \in \Lambda_{\mathrm{T},i}} \left(\sum_{k \in \Lambda_{\mathrm{F}_{i,1}}} S_k + S_{\mathrm{F},i} \right) \leqslant c_{\mathrm{T},i}, & \forall \mathrm{T}_i \in T \end{cases}$$

$$\text{s.t.C}\begin{cases} |S_{\mathrm{F},i}| \leqslant c_{\mathrm{FSS},n}, \forall \mathrm{FSS}_n \in F_{\mathrm{SS}} \\[3mm] \displaystyle\sum_{\mathrm{F}_i \in \mathrm{FSS}_n} S_{\mathrm{F},i} = 0 \end{cases}$$

$$\text{s.t.D}\begin{cases} S_{\mathrm{F}_{i,j}} = \displaystyle\sum_{k \in \Lambda_{\mathrm{F}_{i,j}}} S_k + S'_{\mathrm{F},i} \leqslant c_{\mathrm{F}_{i,j}}, & \forall \psi \notin F, \forall \mathrm{F}_{i,j} \in F \\[3mm] S_{\mathrm{T},i} = \displaystyle\sum_{\mathrm{F}_i \in \Lambda_{\mathrm{T},i}} \left(\sum_{k \in \Lambda_{\mathrm{F}_{i,1}}} S_k + S'_{\mathrm{F},i} \right) \leqslant c_{\mathrm{T},i}, & \forall \psi \notin T, \forall \mathrm{T}_i \in T \end{cases}$$

$$\text{s.t.E}\begin{cases} |S'_{\mathrm{F},i}| \leqslant c_{\mathrm{FSS},n}, \forall \mathrm{FSS}_n \in F_{\mathrm{SS}} \\[3mm] \displaystyle\sum_{\mathrm{F}_i \in \mathrm{FSS}_n} S'_{\mathrm{F},i} = \left(\sum_{k \in \Omega(\psi)} S_k, 0 \right) \end{cases} \tag{7-43}$$

在式(7-43)中,式 s.t.A 为节点功率约束;式 s.t.B 为 N-0 运行时馈线段与主变容量约束;式 s.t.C 为 N-0 运行时 FSS 端口调节量约束;式 s.t.D 为 N-1 运行时馈线段与主变容量约束;式 s.t.E 为 N-1 运行时 FSS 端口调节量约束。

7.4.4　算例分析

1. 单联络算例

1) 算例概况

图 7-28 所示为 TDN 与 FDN 的单联络结构示意图。

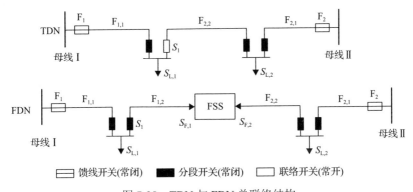

图 7-28　TDN 与 FDN 单联络结构

图 7-28 中，$S_{L,i}$ 表示等效负荷；$S_{F,i}$ 为注入 FSS 的功率，$S_{F,i}$ 为正表示功率从 F_i 侧流入 FSS，反之流出。图 7-31 单联络算例基本参数如表 7-15 所示。

表 7-15　单联络算例基本参数

算例	馈线段容量/(MV·A)	负荷功率范围/(MV·A)	FSS 端口容量/(MV·A)
TDN	8.92	[0,8.92]	—
FDN	8.92	[0,17.84]	10

在 TDN 规划原则中，馈线所连接负荷应该小于该馈线容量，但是 FDN 可突破这一原则，馈线所连负荷可大于馈线容量，即 FDN 有进一步扩大供电能力的潜力，表 7-15 负荷功率范围反映了这一点。

2) 安全约束

通过写出 N-0 及 N-1 安全约束，剔除无效约束后可以得到有效安全约束，如表 7-16 所示。

表 7-16　单联络 N-0 与 N-1 有效安全约束

场景	FDN	TDN
N-0	$S_{L,1}+S_{L,2}\leqslant17.84$	$S_{L,1}\leqslant8.92$、$S_{L,2}\leqslant8.92$
N-1	$S_{L,1}+S_{L,2}\leqslant8.92$	$S_{L,1}+S_{L,2}\leqslant8.92$

3) N-0 安全域对比

根据 N-0 有效约束画出 N-0 域, 如图 7-29 所示。N-0 域对比结果如表 7-17 所示。

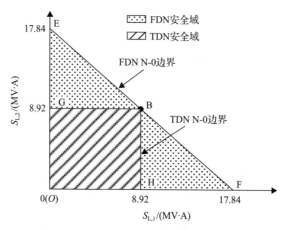

图 7-29　单联络算例的 N-0 域

表 7-17　单联络 N-0 域对比

指标	N-0 域	域面积/(MV·A)^2	TSC0/(MV·A)	TSC0 工作点
FDN	三角形 OEF	159.13	17.84	线段 EF
TDN	四边形 OGBH	79.56	17.84	B 点

(1) 域对比。

FDN 域面积相比 TDN 提高 100%, 即正常运行工作点相比 TDN 多 1 倍。

(2) TSC0 对比。

TSC0 均为 17.84MV·A, 但 TDN 仅为一个点 B(8.92, 8.92), 而 FDN 为线段 EF, 即 TSC0 工作点相比 TDN 多很多, 与文献[14]结论一致。

(3) 单回馈线最大负荷对比。

TDN 为 8.92MV·A, FDN 为 17.84MV·A。

TDN 开环运行, 从设计上馈线所带负荷不大于馈线容量; 而 FDN 则突破这一限制, 负荷能够超过馈线容量, 这是因为闭环运行使得某个负荷能由不同方向电源同时供电。需要指出, 扩大为 2 倍馈线容量是理论最大值, 针对多个负荷间用无穷大母线连接能等效为一个负荷的情况; 当馈线串接多个负荷的实际情况下, 扩大量小于 2 倍馈线容量。

FDN 的这一优势对规划技术原则可能具有很大的正面影响, 意味着 FDN 若利用好不同馈线负荷同时率的差异, 将具有更大的单回馈线负荷供电能力, 同时,馈线负荷节点数较少更适合发挥这一优势。在含 DG 配电网中，由于 DG 和负荷的局部抵偿作用，更有利于发挥这一优势。

4）N-1 安全域对比

N-1 安全域要同时满足 N-0 和 N-1 约束。画出 N-1 域，如图 7-30 所示。N-1 域对比结果如表 7-18 所示。

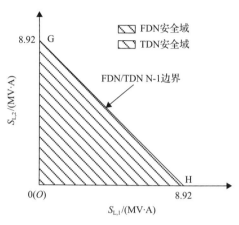

图 7-30　单联络算例的 N-1 域

表 7-18　单联络 N-1 域对比

指标	N-1 域	域面积/(MV·A)^2	TSC/(MV·A)	TSC 工作点
FDN/TDN	三角形 OGH	39.78	8.92	线段 GH

可看出，单联络考虑 N-1 安全下，两者的安全域、TSC 以及 TSC 工作点均相同。原因是发生 N-1 故障后，只有一个电源，FDN 的 FSS 不能发挥负荷连续分配作用，仅仅是接通，相当于联络开关的作用，与 TDN 没有区别。

综上，单联络 N-0 采用 FDN 效果明显，其安全运行范围能增加一倍。但考虑N-1 后，从安全性和供电能力角度看，单联络 FDN 改造没有作用，后续还需从避免短时停电以及网损等方面分析。

需要指出，当考虑主变容量约束后，在较大 FDN 算例中单联络部分相比 TDN，在域面积、TSC 以及 TSC 工作点上将有一定优势[16]。

2. 多联络算例

1）算例基本概况

图 7-31 所示为具有可比性的 TDN 与 FDN 多联络结构示意图，基本参数与单联络算例相同。

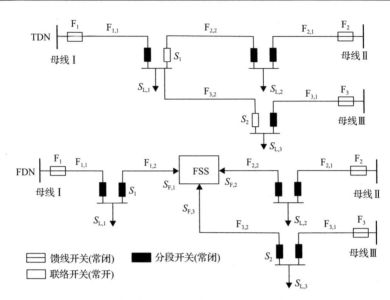

图 7-31   TDN 与 FDN 多联络结构

2)安全约束

通过写出 N-0 及 N-1 安全约束，剔除无效约束后可以得到有效安全约束，如表 7-19 所示。

表 7-19   多联络 N-0 与 N-1 有效安全约束

场景	FDN	TDN
N-0	$S_{L,1}\leq17.84$，$S_{L,2}\leq17.84$，$S_{L,3}\leq17.84$ $S_{L,1}+S_{L,2}+S_{L,3}\leq26.76$	$S_{L,1}\leq8.92$，$S_{L,2}\leq8.92$ $S_{L,3}\leq8.92$
N-1	$S_{L,1}\leq8.92$，$S_{L,2}\leq8.92$，$S_{L,3}\leq8.92$ $S_{L,1}+S_{L,2}+S_{L,3}\leq17.84$	$S_{L,1}+S_{L,2}\leq8.92$ $S_{L,1}+S_{L,3}\leq8.92$

3)N-0 安全域对比

情况 1：$S_{L,3}$ 都取 TSC0 下均衡工作点。

$S_{L,3}$ 取 8.92MV·A，$S_{L,1}$ 与 $S_{L,2}$ 的 N-0 域如图 7-32 所示。N-0 域对比结果如表 7-20 所示。

图 7-32（多联络 N-0）与图 7-29（单联络 N-0）相同，因为 $S_{L,3}$ 取 8.92MV·A 时，馈线 F_3 满载，实际可利用容量为 F_1 与 F_2 的剩余容量，相当于单联络结构。

为研究 FDN 与 TDN 的区别，再研究情况 2。

情况 2：$S_{L,3}$ 取小于 TSC0 下均衡工作点。

例如，$S_{L,3}$ 取 5.946MV·A，二维视图见图 7-33；N-0 域对比见表 7-21。

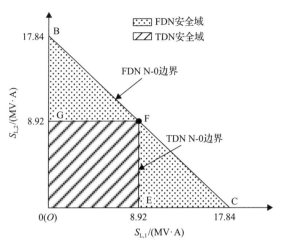

图 7-32　多联络算例的 N-0 域$(S_{L,3}=8.92\text{MV} \cdot \text{A})$

表 7-20　多联络 N-0 域对比$(S_{L,3}=8.92\text{MV} \cdot \text{A})$

指标	N-0 域	域面积/(MV·A)^2	TSC0/(MV·A)	TSC0 工作点
FDN	三角形 OBC	159.13	26.76	线段 BC
TDN	四边形 OGFE	79.56	26.76	F 点

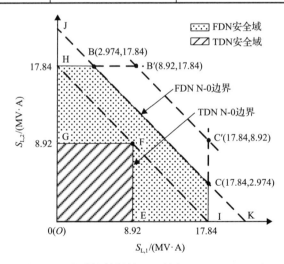

图 7-33　多联络算例的 N-0 域$(S_{L,3}=5.946\text{MV} \cdot \text{A})$

表 7-21　多联络 N-0 域对比$(S_{L,3}=5.946\text{MV} \cdot \text{A})$

指标	N-0 域	域面积/(MV·A)^2	TSC0/(MV·A)	TSC0 工作点
FDN	五边形 OHBCI	207.76	26.76	线段 BC
TDN	四边形 OGFE	79.56	26.76	F 点

由图 7-26 和表 7-18 可知:

(1)域对比。

①当 $S_{L,3}$ 取比 TSC0 工作点小的值时,FDN 的斜线边界向右上平移,两坐标轴方向位移量均为 2.974MV·A,等于(8.92−5.946)MV·A。FDN 域面积进一步提高,比 TDN 提高了 161.13%。当 $S_{L,3}$ 取 0 时,N-0 边界为 B′C′,平移量达到最大 8.92MV·A,域面积相比 TDN 提高 250%。

②FDN 的 N-0 域左上角和右下角各出现 2 个小三角形的缺口(HBJ、CIK),分析原因如下:边界 HB 和 CI 是由于在 N-0 情况下,单回馈线负荷不能超过闭环运行同时给其供电的 2 回馈线容量之和 17.84MV·A 所形成的。

此外还发现,FDN 具有很好的馈线负载均衡能力。在 N-0 域中大部分区域下能够做到馈线负载完全均衡,其余少部分区域,由于 FSS 端口调节量限制(不能超过馈线容量),能做到一定程度的馈线负载均衡。后续将专题讨论均衡。

(2)TSC0 对比。

TSC0 均为 26.76MV·A,TDN 的 TSC0 仅为一个点 F(8.92, 8.92),而 FDN 的 TSC0 为线段 BC。

总之,在 N-0 情况下,多联络 FDN 比单联络 N-0 域扩大更多,这是由于多端 FSS 比两端 FSS(SOP)充分地利用了多回馈线之间的联络通道和容量。

4)N-1 安全域对比

N-1 域要同时满足 N-0 和 N-1 约束。$S_{L,3}$ 取 FDN 在 TSC 下的均衡工作点 5.946MV·A,$S_{L,1}$ 与 $S_{L,2}$ 的 N-1 域二维视图如图 7-34 所示。N-1 域对比见表 7-22。

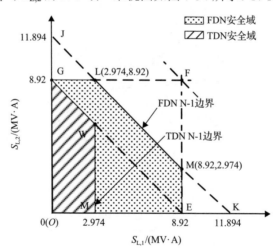

图 7-34　多联络算例 N-1 域($S_{L,3}$=5.946MV·A)

表 7-22　多联络 N-1 域对比($S_{L,3}$=5.946MV·A)

指标	N-1 域	域面积/(MV·A)^2	TSC/(MV·A)	TSC 工作点
FDN	五边形 OGLME	61.88	17.84	线段 LM
TDN	四边形 OGWM	22.10	17.84	G 点

由图 7-34 和表 7-19 可以得出以下结论。

(1)域对比。

①TDN 的 N-1 域因出现切线 WM 切割而明显减小,原因如下:该算例网架结构不完全对称,F_3 发生 N-1,$S_{L,3}$ 只能转带给 F_1,需要满足 $S_{L,3}$+ $S_{L,1}$≤8.92MV·A,因此 $S_{L,1}$ 的范围必须小于等于 F_1 容量与 $S_{L,3}$ 之差。FDN 通常没有这个问题。

需要指出,TDN 即使采用更多开关实现完全对称结构也无法完全解决上述问题。一种常用的对称结构是两供一备接线,但备用线也接负荷。若某一回线有负荷时,其他 2 回必须有一回作为转带线路,其安全域也会受到切割。另一种对称结构是两分段两联络,能一定程度地避免该问题,但条件是需转移负荷能恰好按联络线路裕量分为 2 部分转移到 2 回馈线,很多时候无法做到,开关操作也显著增加,因而实际中常常也只转带到一回馈线。

②FDN 的 N-1 斜线边界比 TDN 边界向右上平移,位移量为 2.974MV·A,等于(8.92–5.946)MV·A。FDN 域面积相比 TDN 提高 180%。

当 $S_{L,3}$ 取 0 时,TDN 的域变到最大,为三角形 OGE;FDN 斜边界由线段 LM 变为点 F,向右上平移量为最大值 8.92MV·A,域面积相对 TDN 仍然能提高 100%。当 $S_{L,3}$ 取 8.92MV·A 时,FDN 的 N-1 域为三角形 OGE,而 TDN 的 N-1 域则退化为线段 OG,FDN 域面积远远大于 TDN。

③FDN 的 N-1 域左上角和右下角各出现 2 个小三角形的缺口(JLG、MEK),分析原因如下:边界 LG 和 ME 是由于在 N-1 情况下,单回馈线负荷不能超过馈线容量 8.92MV·A 所形成的。

(2)TSC 对比。

TSC 均为 17.84MV·A。TDN 仅为点 G(0, 8.92),这是由于 TSC 点仅有(0, 8.92, 8.92),即两供一备;而 FDN 的 TSC 工作点为线段 LM,比 TDN 多更多,即实际中更容易实现 TSC,结论同文献[14]。

选取常见的联络结构(单/多联络),对 FDN 与 TDN 的对比结论为 FDN 相比于 TDN,在域面积、TSC0/TSC、TSC0/TSC 工作点以及单回馈线所能带的最大负荷上,都优于 TDN。此外,选取同台主变出线的组合进行二维视图分析,也可得出同样结论,当考虑主变容量约束影响后,结论类似[17,18]。

7.5 本 章 小 结

　　本章介绍了在分布式电源、储能、微电网、需求响应、柔性互联等智能电网新条件下的配电安全域方法，主要结论如下所示。

　　(1)本章给出了全象限配电系统安全域(TQSR)模型，充分反映了有源配电网节点和支路潮流出现反向的特征，安全域从传统配电网的单象限域(第Ⅰ象限)变为全象限域(任一象限)。

　　(2)本章介绍了主动配电网中的 DG 和微网的 N-0 安全域。在 DG 出力相同的条件下，由于微网含负荷和储能，微网比 DG 域范围更大；PV 型微网 N-0 安全域主要由馈线容量边界构成，PQ 型微网 N-0 安全域主要由电压边界构成；相同条件下，PV 型微网 N-0 安全域范围更大。

　　(3)本章给出了计及储能的 TQSR。储能的加入不仅可以提升系统的带负荷能力，还可以提升 DG 出力范围。在负荷低谷 DG 出力充足情况下，储能后可以有效起到填谷的作用，同时还使得反向潮流不会发生突破安全边界的情况。

　　(4)从负荷视角观测了 DG 和 DR 对 DSSR 的影响：并网型 DG 可以扩大 DSSR；脱网型 DG 不会影响 DSSR 大小；孤岛型 DG 可能缩小 DSSR；需求响应可以扩大 DSSR，且 DSSR 斜边界斜率可能不为–1。

　　(5)本章给出了电力电子柔性配电网 FDN 的安全域模型，并与 TDN 对比分析：FDN 的面积更大；从域形状上看，TDN 常见的是四边形(梯形和矩形)，FDN 常见的是五边形；多联络更适合 FDN 发挥作用。根本原因在于 FDN 具有四象限连续潮流调控能力。

参 考 文 献

[1] 郭志忠, 刘伟. 配电网安全性指标的研究[J]. 中国电机工程学报, 2003, 23(8): 85-90.

[2] 刘佳, 程浩忠, 李思韬, 等. 考虑 N-1 安全约束的分布式电源出力控制可视化方法[J]. 电力系统自动化, 2016, 40(11): 24-30.

[3] 向月, 刘俊勇, 姚良忠, 等. 故障条件下含分布式电源配电网的孤岛划分与重构优化策略研究[J]. 电网技术, 2013, 37(4): 1025-1032.

[4] Xiao J, Zu G Q, Gong X X, et al. Model and topological characteristics of power distribution system security region[J]. Journal of Applied Mathematics, 2014(6): 1-13.

[5] 肖峻, 祖国强, 周欢, 等. 有源配电网的全象限安全域[J]. 电力系统自动化, 2017, 41(21): 79-85.

[6] 肖峻, 祖国强, 白冠男, 等. 配电系统安全域的数学定义与存在性证明[J]. 中国电机工程学报, 2016, 36(18): 4828-4836.

[7] 赵波, 韦立坤, 徐志成, 等. 计及储能系统的馈线光伏消纳能力随机场景分析[J]. 电力系统自动化, 2015, 39(9): 34-40.

[8] 王守相, 黄丽娟, 王成山, 等. 分布式发电系统的不平衡三相潮流计算[J]. 电力自动化设备, 2007, 27(8): 11-15.

[9] 余贻鑫, 李鹏, 孙强, 等. 电力系统潮流可行域边界拓扑性质及边界算法[J]. 电力系统自动化, 2006, 30(10): 6-11.

[10] 肖峻, 李思岑, 王丹. 计及用户分级与互动的配电网最大供电能力模型[J]. 电力系统自动化, 2015, 39(17): 19-25.

[11] 李思岑. 计及用户分级与互动的配电网最大供电能力及安全域模型[D]. 天津: 天津大学, 2017.

[12] Xiao J, Zu G Q, Gong X X, et al. Observation of security region boundary for smart distribution grid[J]. IEEE Transactions on Smart Grid, 2015, 8(4): 1731-1738.

[13] 肖峻, 苏步芸, 贡晓旭. 基于馈线互联关系的配电网安全域模型[J]. 电力系统保护与控制, 2015, 43(20): 36-44.

[14] 肖峻, 刚发运, 黄仁乐, 等. 柔性配电网的最大供电能力模型[J]. 电力系统自动化, 2017, 41(5): 30-38.

[15] 肖峻, 刚发运, 蒋迅, 等. 柔性配电网: 定义、组网形态与运行方式[J]. 电网技术, 2017, 41(5): 1435-1442.

[16] 肖峻, 刚发运, 邓伟民, 等. 柔性配电网的安全域模型[J]. 电网技术, 2017, 41(12): 3764-3771.

[17] 王博, 肖峻, 周济, 等. 主动配电网中分布式电源和微网的运行域[J]. 电网技术, 2017, 41(2): 363-370.

[18] 祖国强, 肖峻, 穆云飞, 等. 计及分布式电源与需求响应的智能配电系统安全域[J]. 电力系统自动化, 2020, 44(8): 100-107.

第8章 结 语

　　配电安全域刻画了配电系统满足一定安全准则下允许运行的最大范围。本书首次系统地总结了 DSSR 的研究成果，覆盖现有 DSSR 研究的主要内容。首先，讨论了安全域的普遍存在性。其次，梳理了 DSSR 的起源、发展历程以及研究现状。然后，按照理论体系全面介绍了 DSSR，包括：定义、存在性、建模、求解、性质、机理以及应用。最后，介绍了 DSSR 在智能配电网新条件下的扩展。

　　目前，DSSR 基础理论的一些主要研究结论如下所示。

　　(1) 安全域刻画了满足安全性要求的系统最大允许运行范围，是研究一个系统最基本的问题。安全域在不同系统中普遍存在，配电网也存在安全域，本书从观测、推导、实证三个途径进行了证明。

　　(2) DSSR 的定义为满足所规定安全性的所有工作点的集合，满足以下 4 个条件：存在边界点、边界封闭、边界内所有点安全、边界外所有点不安全。

　　(3) DSSR 边界由安全边界和状态空间边界组成；安全边界由严格边界和非严格边界组成；严格边界由相交型严格边界和独立型严格边界组成。

　　(4) DSSR 的模型求解的主要目标是得到安全边界，仿真法适用于局部边界的精确求解，解析法能得到完整的边界方程。

　　(5) DSSR 是配电网安全性的完整映射，包含丰富信息，通过观测安全域能更深入揭示配电网的规律和机理，发掘现有方法难以发现的配电网缺陷。

　　(6) DSSR 是高维状态空间的一个超多面体，DSSR 的形状、体积、半径等空间几何属性反映了配电网结构、安全性与效率特征。

　　(7) DSSR 几何观测结果包括二维形状图谱、全维形状视图、边界凹陷视图以及体积、半径、凹陷等指标。DSSR 的观测方法包括二维直接观测、全维直接观测和全维间接观测。

　　(8) DSSR 具有稠密性，其边界近似线性，可用超平面来描述；N-1 后负荷转带模式唯一的配电网，其 DSSR 是凸的，实际配电网一般具有多种转带模式，故其 DSSR 是凹的。

　　对于理论研究，DSSR 提供了新的配电网分析方法，发展了配电网分析理论。DSSR 包含了配电运行状态空间中所有工作点的安全性分析信息，这是配电网结构容量等关键信息在安全性上的一个完整映射，具有很高的观测和分析价值。DSSR 还是一个几何体，非常适合观测。DSSR 为观察分析配电系统提供了一个全新视角，能帮助人们深入了解配电系统的规律和机理。安全域的大小形状、工作点安全距离等新指标为发展新的配电规划和运行方法提供了条件。

对于实际应用，DSSR 理论已有初步尝试，并取得良好效果。我们与天津市电力公司合作，在天津市城南核心区域完成了 DSSR 的实证研究，计算所得的馈线安全裕度结果与调度部门的夏季大负荷方式分析报告相符，并发现了调度人员没有掌握的配电网问题。我们与中国电力科学研究院合作，开发了含分布式电源配电安全域的计算软件，成功应用在浙江嘉兴电网的调度部门。我们与北京市电力公司合作，提出了柔性配电网的概念、组网结构和运行方式；再进一步提出了柔性配电网的 DSSR 计算分析方法，并在北京八达岭经济技术开发区的国内外首个 10kV 三端柔性配电网示范工程中得到应用。

DSSR 未来可能具有广阔的应用前景。在智能配电网乃至综合能源网和能源互联网中，DSSR 都是实现系统安全高效的一项关键技术，因为只有确定系统的允许运行范围(安全域)后，调度运行人员才敢于让系统运行在接近其安全边界的位置，做到既安全又高效。DSSR 在安全评价、监视预警、态势感知、预防控制等高级运行功能上都有独特优势。经过多年大规模建设改造后，我国很多城市配电网的裕度较大，安全性没有大问题，但效率还有很大提升空间。作者认为，DSSR 真正在实际中发挥作用的前提是管理因素，即配电公司追求资产的高效率。在此条件下，DSSR 理论及技术才可能在配电运行中实现。作者期待未来运行调度人员直观地看到他们所运行配电网的安全域，实时精确地了解系统状态与安全边界的位置，还能实现预防控制等高级功能，让配电系统同时做到安全和高效。

最后需要说明，DSSR 理论诞生时间不到十年，研究还在进行中，本书仅对现有成果进行了总结，内容中一定存在不成熟的地方，还需不断完善。

致　谢

　　本书得到了国家重点研发计划"高比例可再生能源并网的电力系统规划与运行基础理论"(2016YFB0900100)、国家自然科学基金面上项目(51477112)和(51877144)的资助，特此致谢。感谢天津大学余贻鑫老师和王成山老师在安全域方法论上的指导；感谢天津市电力公司李晓辉先生和谭向红女士对配电系统安全域在实际验证中的帮助；感谢天津大学硕士生周欢在本书的格式整理中的工作；还要感谢天津大学已毕业研究生张宝强、贡晓旭、李鑫、苏步芸、贺琪博、甄国栋、李思岑、刚发运、龙梦皓、王博、伊丽达、左磊、林启思、苏亚贝以及本科生张寒、刘柔嘉、肖居承的相关研究工作。

本书相关成果清单

[1] 贡晓旭. 面向智能电网的配电系统安全域研究[D]. 天津: 天津大学, 2013.

[2] 李鑫. 配电系统安全域的数学原理研究[D]. 天津: 天津大学, 2015.

[3] 苏步芸. 配电系统安全域与复杂网络理论的交叉研究[D]. 天津: 天津大学, 2015.

[4] 贺琪博. 基于安全域的配电网安全高效运行框架设计、软件模拟与实际验证[D]. 天津: 天津大学, 2015.

[5] 甄国栋. 配电系统的安全距离[D]. 天津: 天津大学, 2016.

[6] 李思岑. 计及用户分级与互动的配电网最大供电能力及安全域模型[D]. 天津: 天津大学, 2016.

[7] 刚发运. 柔性配电网的最大供电能力与安全域模型[D]. 天津: 天津大学, 2017.

[8] 龙梦皓. 配电网络的安全域与交通网络理论的交叉研究[D]. 天津: 天津大学, 2017.

[9] 王博. 含分布式电源配电网的运行域和安全域[D]. 天津: 天津大学, 2017.

[10] 张苗苗. 基于TSC/DSSR的配电网能力评价[D]. 天津: 天津大学, 2017.

[11] 祖国强. 智能配电系统安全域的原理[D]. 天津: 天津大学, 2017.

[12] 伊丽达. 影响配电系统安全性的关键故障集研究[D]. 天津: 天津大学, 2018.

[13] 左磊. 基于交流潮流的智能配电系统安全域模型[D]. 天津: 天津大学, 2018.

[14] 林启思. 有源配电网的安全距离[D]. 天津: 天津大学, 2019.

[15] 苏亚贝. 配电网安全域的维度[D]. 天津: 天津大学, 2019.

[16] 张宝强. 配电网安全域的观测方法与性质机理研究[D]. 天津: 天津大学, 2019.

[17] 肖峻. 城市电网协同规划方法及典型问题研究[R]. 国家自然科学基金面上项目(50977060)结题报告. 2013.

[18] 肖峻. 智能配电网的供电能力模型与机理研究[R]. 国家自然科学基金面上项目(51277129)结题报告. 2017.

[19] 肖峻. 复杂运行环境下配电系统的安全域理论与方法[R]. 国家自然科学基金面上项目(51477112)结题报告. 2019.

[20] 肖峻. 智能配电系统的安全运行范围与能力极限研究[R]. 国家自然科学基金面上项目(51877144)年度进展报告. 2020.

[21] Xiao J, Gu W Z, Wang C S, et al. Distribution system security region: Definition, model and security assessment[J]. IET Generation, Transmission and Distribution, 2012, 6(10): 1029-1035.

[22] Xiao J, Zu G Q, Gong X X, et al. Model and topological characteristics of power distribution system security region[J]. Journal of Applied Mathematics, 2014(6): 1-13.

[23] Xiao J, He Q B, Zu G Q. Distribution management system framework based on security region for future low carbon distribution systems[J]. Journal of Modern Power Systems and Clean Energy, 2015, 3(4): 544-555.

[24] Xiao J, Zu G Q, Gong X X, et al. Observation of security region boundary for smart distribution grid[J]. IEEE Transactions on Smart Grid, 2017, 8(4): 1731-1738.

[25] Xiao J, Zhang M M, Bai L Q, et al. Boundary supply capability for distribution systems: Concept, indices and calculation[J]. IET Generation Transmission and Distribution, 2018, 12(2): 499-506.

[26] Zu G Q, Xiao J, Sun K. Mathematical base and deduction of security region for distribution systems with DER[J]. IEEE Transactions on Smart Grid, 2019, 10(3): 2892-2903.

[27] Xiao J, Lin Q S, Bai L Q, et al. Security distance for distribution system: Definition, calculation, and application[J]. International Transactions on Electrical Energy Systems, 2019, 29(5): 2838.

[28] Xiao J, Zhang B Q, Luo F Z. Distribution network security situation awareness method based on security distance[J]. IEEE Access, 2019, 7(1): 37855-37864.

[29] Xiao J, Zu G Q, Wang Y, et al. Model and observation of dispatchable region for flexible distribution network[J]. Applied Energy, 2020, (261): 114425.

[30] Xiao J, Su Y B, Zhang H. Dimension of security region for distribution system: Definition, calculation and application[J]. IET Generation, Transmission and Distribution, 2020, doi: 10.1049/iet-gtd/2019.0999.

[31] 肖峻, 谷文卓, 王成山. 面向智能配电系统的安全域模型[J]. 电力系统自动化, 2013, 37(8): 14-19.

[32] 肖峻, 贡晓旭, 贺琪博, 等. 智能配电网 N-1 安全边界拓扑性质及边界算法[J]. 中国电机工程学报, 2014, 34(4): 545-554.

[33] 肖峻, 贺琪博, 苏步芸. 基于安全域的智能配电网安全高效运行模式[J]. 电力系统自动化, 2014, 38(19): 52-60.

[34] 肖峻, 祖国强, 白冠男, 等. 配电系统安全域的数学定义与存在性证明[J]. 中国电机工程学报, 2016, 36(18): 4828-4836.

[35] 肖峻, 甄国栋, 祖国强, 等. 配电网安全域法的改进及与 N-1 仿真法的对比验证[J]. 电力系统自动化, 2016, 40(8): 57-63.

[36] 肖峻, 龙梦皓, 林启思. 交通网络的安全域[J]. 交通运输系统工程与信息, 2016, 16(4): 31-38.

[37] 肖峻, 张苗苗, 祖国强, 等. 配电系统安全域的体积[J]. 中国电机工程学报, 2017, 37(8): 2222-2230.

[38] 肖峻, 甄国栋, 王博, 等. 配电网的安全距离: 定义与方法[J]. 中国电机工程学报, 2017, 37(10): 2840-2851.

[39] 祖国强, 肖峻, 左磊, 等. 基于安全域的配电网重构模型[J]. 中国电机工程学报, 2017, 37(5): 1401-1409.

[40] 肖峻, 祖国强, 贺琪博, 等. 配电网安全域的实证分析[J]. 电力系统自动化, 2017, 41(3): 153-160.

[41] 王博, 肖峻, 周济, 等. 主动配电网中分布式电源和微网的运行域[J]. 电网技术, 2017, 41(2): 363-370.

[42] 肖峻, 左磊, 祖国强, 等. 基于潮流计算的配电系统安全域模型[J]. 中国电机工程学报, 2017, 37(17): 4941-4949.

[43] 肖峻, 张宝强, 李敬如, 等. 基于安全边界的高渗透率可再生能源配电系统规划研究思路[J]. 电力系统自动化, 2017, 41(9): 28-35.

[44] 肖峻, 张宝强, 张苗苗, 等. 配电网安全边界的产生机理[J]. 中国电机工程学报, 2017, 37(20): 5922-5932.

[45] 肖峻, 刚发运, 邓伟民, 等. 柔性配电网的安全域模型[J]. 电网技术, 2017, 41(12): 3764-3771.

[46] 肖峻, 祖国强, 周欢, 等. 有源配电网的全象限安全域[J]. 电力系统自动化, 2017, 41(21): 79-85.

[47] 肖峻, 张寒, 张宝强, 等. 配电网安全域的维度[J]. 电力系统自动化, 2018, 42(1): 16-22.

[48] 肖峻, 张宝强, 邵经鹏, 等. 配电网安全域的全维观测[J]. 电力系统自动化, 2018, 42(16): 73-79.

[49] 肖峻, 林启思, 左磊, 等. 有源配电网的安全距离与安全性分析方法[J]. 电力系统自动化, 2018, 42(17): 76-86.

[50] 肖峻, 伊丽达, 佘步鑫, 等. 部分元件 N-1 下的配电网供电能力与安全域[J]. 电网技术, 2019, 43(4): 1170-1178.

[51] 肖峻, 肖居承, 张黎元, 等. 配电网的严格与非严格安全边界[J]. 电工技术学报, 2019, 34(12): 2637-2648.

[52] 肖峻, 周欢, 祖国强. 配电网安全域的二维图谱[J]. 电力系统自动化, 2019, 43(24): 96-117.

[53] 肖峻, 苏亚贝, 张宝强, 等. 配电网安全域的 N×N 形式维度[J]. 电网技术, 2019, 43(7): 2441-2452.

[54] 肖峻, 屈玉清, 张宝强, 等. N-0 安全的城市配电网安全域与供电能力[J]. 电力系统自动化, 2019, 43(17): 12-19.

[55] 祖国强, 肖峻, 穆云飞, 等. 计及分布式电源与需求响应的智能配电系统安全域[J]. 电力系统自动化, 2020, 44(8): 100-108.

[56] 肖峻, 焦衡, 屈玉清, 等. 配电网安全域的特殊二维图像: 发现、机理和用途[J/OL]. 中国电机工程学报, [2020-03-19].

附 录　术 语 符 号

　　DSSR 研究体系的常用术语及其英文缩写见附表 A1。DSSR 理论用到的 TSC 常用数学符号见附表 A2。DSSR 常用数学符号见附表 A3。DSSR 基础概念的主要数学符号见附表 A4。

附表 A1　DSSR 研究体系的常用术语及其英文缩写

类别	中文术语	英文术语	缩写
DSSR	配电系统安全域	distribution system security region	DSSR
	安全距离	security distance	SD
	平均安全距离	average security distance	ASD
	最小安全距离	minimum security distance	MSD
TSC	最大供电能力	total supply capability	TSC
	可用供电能力	available supply capability	ASC
配电网络	传统配电网	traditional distribution network	TDN
	主动配电网	active distribution network	ADN
	容量渗透率	capacity penetration	CP
	分布式发电	distributed generation	DG
	分布式储能系统	distributed energy storage system	DESS
	分布式能源	distributed energy resources	DER
	需求响应	demand response	DR
	微电网	micro-grids	MG
	柔性开环点	soft open point	SOP
	柔性开闭站	flexible switch station	FSS
	柔性配电网	flexible distribution network	FDN

附表 A2　TSC 常用数学符号

类别	符号	含义
TSC 常用	TSC	N-1 最大供电能力（最大供电能力）
	TSC0	N-0 最大供电能力
	ASC	N-1 可用供电能力
TSC 分布值	T_{TSC}	TSC 主变负载分布
	F_{TSC}	TSC 馈线负载分布
TSC 曲线	TSC_{curve}	供电能力曲线-TSC 曲线
	$\overline{TSC}$	平均供电能力
	TSC_{min}	最小供电能力，曲线最低点

附表 A3　DSSR 常用数学符号

类别	符号	含义
域相关	Ω_{SR}	通用安全域
	Ω_{DSSR}	无源配电网 N-1 安全域
	Ω_{TQSR}	有源配电网 N-1 全象限安全域
	Ω_{DSSR0}	无源配电网 N-0 安全域
	Ω_{TQSR0}	有源配电网 N-0 全象限安全域
边界相关	$\partial\Omega_{DSSR}$	DSSR 边界
	$\partial\Omega_{ss}$	DSSR 状态空间边界
	$\partial\Omega_{se}$	DSSR 安全边界
	$\partial\Omega_{st}$	DSSR 严格安全边界
	$\partial\Omega_{nst}$	DSSR 非严安全格边界
	β_i	第 i 个安全边界
几何性质相关	R_i	原点到第 i 个安全边界的距离
	R_{DSSR}	DSSR 半径，边界点距离 R_i 平均值
	V_{DSSR}	DSSR 体积
	$S_{DSSR\text{-}RSV}$	域螺旋图面积
	$S_{DSSR\text{-}2D}$	DSSR 二维视图面积

附表 A4　DSSR 基础概念的主要数学符号

类别	符号	名称
静态元件	N	节点集合
	B	支路集合
	T	主变集合
	L	负荷集合
	F	馈线集合
	G	分布式电源集合
	D	DG 与 DESS 节点的集合
	T_i	主变压器(主变) i
	F_i	馈线 i
	B_{us}	母线集合
	S_w	开关集合
	$\Lambda_{B,i}$; $\Lambda_{T,i}$	支路 i 下游节点的集合；主变 i 下游节点的集合

续表

类别	符号	名称
物理量	S_i	工作点元素 i：节点 i 或馈线 i 或馈线段 i 的视在功率幅值
	$S_{i,\max}$；$S_{i,\min}$	S_i 的上限和下限
	$S_{\mathrm{B},i}/S_{\mathrm{F},i}$	支路/馈线 i 的视在功率幅值
	$S_{\mathrm{T},i}$	主变 i 的视在功率幅值
	$c_{\mathrm{B},i}/c_{\mathrm{F},i}$	线路/馈线 i 的容量
	$c_{\mathrm{T},i}$	主变 i 的容量
工作点状态空间安全性	W	工作点向量
	Θ；Θ_{N}；Θ_{F}	状态空间；节点状态空间；馈线段状态空间
	E	欧氏空间
	C_{V}；C_{C}	电压幅值约束；元件容量约束
	Ψ	故障集
	ψ_k	故障元件 k
	$g_{\mathrm{N\text{-}0}}(W) \leqslant 0$	N-0 安全约束
	$g_{\mathrm{N\text{-}1}}(W) \leqslant 0$	N-1 安全约束
	$f_{\mathrm{N\text{-}1}}$	N-1 安全函数